李良
概率论与数理统计
辅导讲义

基础强化一本通

编著：李良

天津大学出版社
TIANJIN UNIVERSITY PRESS

图书在版编目(CIP)数据

概率论与数理统计辅导讲义：基础强化一本通 / 李良编著 . -- 天津：天津大学出版社，2024.3

经验超市考研数学系列

ISBN 978-7-5618-7684-8

Ⅰ.①概… Ⅱ.①李… Ⅲ.①概率论—研究生—入学考试—自学参考资料②数理统计—研究生—入学考试—自学参考资料 Ⅳ.① O21

中国国家版本馆 CIP 数据核字 (2024) 第 055130 号

GAILÜLUN YU SHULI TONGJI FUDAO JIANGYI：
JICHU QIANGHUA YIBENTONG

出版发行	天津大学出版社
地　　址	天津市卫津路92号天津大学内(邮编:300072)
电　　话	发行部:022-27403647
网　　址	www.tjupress.com.cn
印　　刷	清淞永业（天津）印刷有限公司
经　　销	全国各地新华书店
开　　本	787mm×1092mm　1/16
印　　张	16.75
字　　数	343千
版　　次	2024年3月第1版
印　　次	2024年3月第1次
定　　价	70.00元

序 言

"概率论与数理统计"在考研数学试卷里占22%，这部分内容相较于"高等数学""线性代数"来说更好掌握也更容易拿满分．而这本书，笔者也是抱着能够带大家从概率论入门到精通的心态来编写的．

接下来对本书的特点进行几点说明．

（1）本书的编写在基础篇的每章开头都加入了"大纲要求"，是针对大纲里对这部分知识点的考察要求先进行解读，可以明确对这部分知识的掌握程度，在后续的学习中做到心中有数．

（2）依据大纲要求，每一章的学习重点也在章节开头进行了说明，同学们在每章的学习后如果把这些重点都掌握了，那这章的学习就达到了要求．

（3）在一些不好理解的定理或者容易混淆出错的定理下面，都有加注一个"良哥解读"，这部分解读都是在良哥这么多年的日常教学中，从学生实际学习反馈中用更浅显易懂的话术总结出来的．

（4）对于"数学一"专属考点内容，这部分知识后面都有标注"数学一"，"数学三"的同学就不用学习了，没有特别标注的知识都是"数学一"和"数学三"通学的．

本书的强化篇主要以"概率论与数理统计"考察的典型题型为主线编写．首先是对每章的基础知识进行回顾，然后是一些强化难度的例题及对例题的解析．强化篇的每章结尾都有一个考点及方法小结，这部分也希望同学们学到后期了然于心．

由于强化篇对基础知识的回顾也比较完善，所以如果你是一个有基础的概率论学习者，可以直接从强化篇开始学习，若对强化篇回顾的知识点有遗忘，可以再回归基础篇进行对应章节学习．

最后，希望同学们通过对本书的学习，"概率论与数理统计"部分都能取得满分！

李良

2024 年 1 月于成都

CONTENTE 目录

基础篇

第一章 随机事件和概率

第一章

📖 **大纲要求**

（1）了解样本空间（基本事件空间）的概念，理解随机事件的概念，掌握事件的关系及运算.

（2）理解概率、条件概率的概念，掌握概率的基本性质，会计算古典概率和几何型概率，掌握概率的加法公式、减法公式、乘法公式、全概率公式及贝叶斯公式.

（3）理解事件独立性的概念，掌握用事件独立性进行概率计算，理解独立重复试验的概念，掌握计算有关事件概率的方法.

⛵ **本章重点**

（1）计算概率的五大公式（加法、减法、乘法、全概率及贝叶斯公式）.

（2）条件概率及事件的独立性.

（3）计算概率的三种概型（古典概型、几何概型、伯努利概型）.

📝 **基础知识**

一、两个基本原理

1. 乘法原理

完成某事需要 k 个步骤，每一步分别有 $n_1, n_2, \cdots, n_k$ 种方法，则完成此事共有 $n_1 n_2 \cdots n_k$ 种方法.

2. 加法原理

完成某事有 k 类方法，每一类分别对应有 $n_1, n_2, \cdots, n_k$ 种方法，则完成此事共有 $n_1 + n_2 + \cdots + n_k$ 种方法.

二、排列、组合

（一）排列

1. 排列的定义

从 n 个不同的元素中任取 r 个（ $0 \le r \le n$ ），按照一定顺序排成一列，则称为从 n 个元素中取出 r 个元素的一个排列，其个数记为 P_n^r 或 A_n^r.

2. 排列的种类及计算公式

1）不放回抽样

选排列 从 n 个不同的元素中一次取一个不放回地取 r 次，一共的方法数：若 $0 < r < n$，则 $A_n^r = n(n-1)\cdots(n-r+1)$；若 $r = n$，则 $A_n^n = n!$，此时也称为全排列.

2）有放回抽样

有重复的排列 从 n 个不同的元素中一次取一个有放回的取 r 次，一共的方法数：$U_n^r = n^r$.

从 n 个不同的元素中一次取一个，无论是放回或不放回取 r 次，都对应排列，数数时需考虑元素间的顺序．

例 共有 20 件产品，其中有 3 件次品：

（1）若一次取一件不放回取 3 次，问有两件正品一件次品的取法有多少种？

（2）若一次取一件有放回取 3 次，问有两件正品一件次品的取法有多少种？

解析 两件正品一件次品有三种顺序：{ 正、正、次 }、{ 正、次、正 }、{ 次、正、正 }．

（1）不放回抽样：

因第一次取正品、第二次取正品、第三次取次品共有 $17×16×3$ 种取法，从而两件正品一件次品的取法共有 $17×16×3×3 = 2\,448$ 种．

（2）放回抽样：

因第一次取正品、第二次取正品、第三次取次品共有 $17×17×3$ 种取法，从而两件正品一件次品的取法共有 $17×17×3×3 = 2\,601$ 种．

（二）组合

1. 组合的定义

从 n 个不同的元素中任取 r 个（$0 \leq r \leq n$），不计顺序拼成一组，称为从 n 个元素中取出 r 个元素的组合，记为 C_n^r．

2. 组合的计算公式：

$$C_n^r = \frac{A_n^r}{r!}.$$

3. 组合的性质：

$$C_n^r = C_n^{n-r}.$$

从 n 个不同的元素中一次取出 r 个（俗称一把抓），对应的是组合，数数时不用考虑元素的顺序．其计算公式相当于用排列 A_n^r 除以 r 个元素的 $r!$ 种顺序．

例 共有 20 件产品，其中有 3 件次品，现从中任取 3 件，问：

（1）共有多少种不同的取法？

（2）恰有一件次品的取法？

（3）至少有一件次品的取法？

解析 （1）C_{20}^3 种．

（2）恰有一件次品，表示取到两件正品一件次品，则共有 $C_{17}^2 C_3^1$ 种．

（3）至少有一件次品，表示有一件次品或两件次品或三件次品，故共有 $C_{17}^2 C_3^1 + C_{17}^1 C_3^2 + C_{17}^0 C_3^3$ 种取法．也可以用下述方法：由于至少一件次品的逆事件表示都为正品，故可以用总的取法减去都为正品的取法，即 $C_{20}^3 - C_{17}^3$ 种．

定义 满足如下三个条件的试验称为随机试验：

（1）可以在相同的条件下重复地进行；

（2）进行一次试验之前不能确定哪一个结果会出现；

（3）每次试验的可能结果不止一个，并且能事先明确试验的所有可能结果．

四、样本空间

（1）**样本点 W**：随机试验的每一个可能的结果称为一个样本点．

（2）**样本空间 Ω**：所有样本点组成的集合称为样本空间．

五、随机事件

（1）**随机事件**：样本空间 Ω 的子集称为随机事件，通常用大写字母 A, B, C 等表示．

（2）**基本事件**：由一个样本点组成的单点集．

（3）**事件发生**：在每次试验中，当且仅当事件中有一个样本点出现时，称这一事件发生（出现）．

（4）**必然事件**：样本空间 Ω 包含所有样本点，它是 Ω 自身的子集，在每次试验中总发生，称其为必然事件，记为 Ω．

（5）**不可能事件**：空集 $\varnothing$ 不包含任何样本点，它也是样本空间的子集，在每次试验中都不发生，称其为不可能事件，记为 $\varnothing$．

六、随机事件的关系

（1）**包含关系**：$A \subset B$，它表示事件 A 发生一定导致事件 B 发生．

（2）**事件相等**：若 $A \subset B$ 且 $B \subset A$，则称事件 A 与 B 相等，即 $A = B$．

（3）**A 和 B 的和事件**：称事件 $A \cup B = \{x | x \in A \text{ 或 } x \in B\}$ 为事件 A 和 B 的和事件．它表示 A, B 两个事件至少有一个发生时事件 $A \cup B$ 发生．

类似地，称 $\bigcup\limits_{k=1}^{n} A_k$ 为 n 个事件 $A_1, A_2, \cdots, A_n$ 的和事件．

> **良哥解读**
>
> （1）若出现几个事件至少一个发生，可用这几个事件的和事件表示．比如事件 A, B, C 至少一个发生，可表示为 $A + B + C$．
>
> （2）隐含的包含关系：$A \subset A + B$；$B \subset A + B$．

（4）**A 和 B 的积事件**：称事件 $A \cap B = \{x | x \in A \text{ 且 } x \in B\}$ 为事件 A 和 B 的积事件．它表示 A, B 两个事件同时发生时事件 $A \cap B$ 发生，$A \cap B$ 也记为 AB．

类似地，称 $\bigcap\limits_{k=1}^{n} A_k$ 为 n 个事件 $A_1, A_2, \cdots, A_n$ 的积事件．

> **良哥解读**
>
> 隐含的包含关系：$AB \subset A$；$AB \subset B$．

（5）**A 和 B 的差事件**：事件 $A - B = \{x | x \in A \text{且} x \notin B\}$ 称为事件 A 和 B 的差事件．它表示 A 发生且 B 不发生时事件 $A - B$ 发生．$A - B$ 也可记为 $A\overline{B}$．

（6）**互斥事件（互不相容）**：当 $AB = \varnothing$ 时，称事件 A 与 B 互不相容（或互斥）．它表示事件 A 与 B 不能同时发生．

（7）**对立事件（逆事件）**：若 $A \cup B = \Omega$ 且 $A \cap B = \varnothing$，则称 A 与 B 互为逆事件，也称互为对立事件．A 的对立事件记为 $\overline{A}$．

> **良哥解读**
>
> 互斥事件与对立事件的关系：两个事件对立则一定互斥，但互斥不一定对立．

（8）**完全（备）事件组**：若事件组 $A_1, A_2, \cdots, A_n$ 满足：

$A_1 \cup A_2 \cup \cdots \cup A_n = \Omega, A_i A_j = \varnothing, 1 \leqslant i \neq j \leqslant n$，则称事件 $A_1, A_2, \cdots, A_n$ 是一个完全（备）事件组，也称为样本空间的一个划分．

例 设 A, B, C 是三个随机事件，试用 A, B, C 表示下列事件：

（1）A, B, C 中只有 A 发生； （2）A, B 都发生，而 C 不发生；

（3）A, B, C 同时发生； （4）A, B, C 至少有一个发生；

（5）A, B, C 至少有两个发生； （6）A, B, C 只有一个发生；

（7）A, B, C 不多于一个发生．

解析 （1）A, B, C 中只有 A 发生，表示 A 发生但 B, C 都不能发生，即 $A\overline{B}\overline{C}$；

（2）$AB\overline{C}$；

（3）ABC；

（4）A, B, C 至少有一个发生，表示 A, B, C 的和事件，即 $A + B + C$；

（5）A, B, C 至少有两个发生，表示 A, B, C 中两个事件发生的和事件，即 $AB + AC + BC$；

（6）A, B, C 只有一个发生，表示只有 A 发生或只有 B 发生或只有 C 发生，即 $A\overline{B}\overline{C} + B\overline{A}\overline{C} + C\overline{A}\overline{B}$；

（7）A, B, C 不多于一个发生，表示 A, B, C 中只有一个发生或者一个都不发生，即 $A\overline{B}\overline{C} + B\overline{A}\overline{C} + C\overline{A}\overline{B} + \overline{A}\overline{B}\overline{C}$，也可以表示为 A, B, C 中至少有两个不发生，即 $\overline{A}\overline{B} + \overline{A}\overline{C} + \overline{B}\overline{C}$．

七、随机事件的运算律

（1）**交换律**：$A \cup B = B \cup A$；$A \cap B = B \cap A$．

（2）**结合律**：$A \cup (B \cup C) = (A \cup B) \cup C$；$A \cap (B \cap C) = (A \cap B) \cap C$．

（3）**分配律**：$A \cup (B \cap C) = (A \cup B) \cap (A \cup C)$；$A \cap (B \cup C) = (A \cap B) \cup (A \cap C)$．

（4）**对偶律（德摩根律）**：$\overline{A \cup B} = \overline{A} \cap \overline{B}, \overline{A \cap B} = \overline{A} \cup \overline{B}$．

例 设 A, B 为两个事件，且 $A \neq \varnothing$，$B \neq \varnothing$，则 $(A + B)(\overline{A} + \overline{B})$ 表示（ ）

（A）必然事件． （B）不可能事件．

（C）A 与 B 不能同时发生． （D）A 与 B 中恰有一个发生．

解析 因 $(A + B)(\overline{A} + \overline{B}) = A\overline{A} + A\overline{B} + B\overline{A} + B\overline{B} = A\overline{B} + B\overline{A}$，故表示 A 与 B 中恰有一个发生，应选 D．

（一）古典概型

1. 定义

具有以下两个特点的试验称为古典概型.

（1）样本空间有限：$\Omega = \{e_1, e_2 \cdots e_n\}$；

（2）等可能性：$P(e_1) = P(e_2) = \cdots = P(e_n)$.

2. 计算方法

$$P(A) = \frac{A\text{中基本事件的个数}k}{\Omega\text{中基本事件总数}n}.$$

3. 古典概型的性质

（1）非负性：$\forall A \subseteq \Omega$，$0 \leqslant P(A) \leqslant 1$.

（2）规范性：$P(\varnothing) = 0, P(\Omega) = 1$.

（3）有限可加性：设 $A_1, A_2, \cdots, A_n$ 是两两互不相容的事件，即对于 $i \neq j$，$A_i A_j = \varnothing, i, j = 1, 2, \cdots, n$，

则 $P(A_1 \bigcup A_2 \cdots \bigcup A_n) = P(A_1) + P(A_2) + \cdots + P(A_n)$.

例 设 100 件产品中，有 60 件正品，40 件次品，令 $A = \{$三件均为次品$\}$，$B = \{$两正品一次品$\}$.

（1）从 100 件产品中一次取一件，任取三件，按照放回与不放回抽样，求 $P(A), P(B)$.

（2）从 100 件产品中一次取三件，求 $P(A), P(B)$.

解析 （1）放回抽样：$P(A) = \dfrac{40 \times 40 \times 40}{100 \times 100 \times 100} = 0.064$，$P(B) = \dfrac{60 \times 60 \times 40 \times 3}{100 \times 100 \times 100} = 0.432$.

不放回抽样：$P(A) = \dfrac{40 \times 39 \times 38}{100 \times 99 \times 98} \approx 0.06$，$P(B) = \dfrac{60 \times 59 \times 40 \times 3}{100 \times 99 \times 98} \approx 0.438$.

（2）一次取三件的情况：

$P(A) = \dfrac{C_{40}^3}{C_{100}^3} = \dfrac{40 \times 39 \times 38}{100 \times 99 \times 98} \approx 0.06$，$P(B) = \dfrac{C_{60}^2 C_{40}^1}{C_{100}^3} = \dfrac{60 \times 59 \times 40 \times 3}{100 \times 99 \times 98} \approx 0.438$.

良哥解读

古典概率计算中，往往要用到排列、组合数数. 若是一次取一件无论是放回还是不放回抽样，我们都将其当成排列来计算，此时最易犯错误的是漏掉产品间的顺序. 从上面这个例子，我们容易看到：一次取一件不放回取三次与一次取三件的事件概率是一样的. 这不是巧合，适用于一般情况，以后如果遇到计算一次取一件不放回取几次事件的概率，我们可以将其当成一次取几件，此时我们可用组合计算，这样也可避免漏掉产品间的顺序.

例 将 n 个球随机地放入 N（$N \geqslant n$）个盒子中去，试求每个盒子至多有一个球的概率（设盒子数有限）.

解析 因每个球都可以放入 N 个盒子中的任一个盒子，故共有 N^n 种不同的放法，而每个盒子至多有一个球共有 $N(N-1)(N-2)\cdots[N-(n-1)]$ 种不同的方法，从而所求概率为

$$p = \frac{N(N-1)(N-2)\cdots(N-n+1)}{N^n}.$$

（二）几何概型

如果试验E是从某一线段（或平面、空间中有界区域）Ω上任取一点，并且所取得点位于Ω中任意两个长度（或面积、体积）相等的子区间（或子区域）内的可能性相同，则所取得点位于Ω中任意子区间（或子区域）A内这一事件（仍记作A）的概率为$P(A)=\dfrac{A\text{的长度（或面积、体积）}}{\Omega\text{的长度（或面积、体积）}}$.

> **良哥解读**
>
> 几何概型的两个要点如下：
>
> （1）何时用几何概型？
>
> 以后遇到试验满足如下条件的某一个时，立即想到是考查几何概型：
>
> ①在某个区间（区域）内随机取数或者任意取点；
>
> ②在某个时间段内随机到达某个地方；
>
> ③在某个区间（区域）内任意子区间（区域）上取值概率与该区间（区域）的长度（面积）成正比.
>
> （2）何时用长度比？何时用面积比？
>
> ①通过实验条件若只产生一个变量时用长度比，产生两个变量时用面积比.例如：在一个区间随机取一个数，求该数落在某个区间的概率，用长度比；在一个区间随机取两个数，求两数之差小于多少的概率，用面积比.
>
> ②若条件是在某个区间内任何子区间上取值概率与该区间长度成正比，则用长度比；若条件为在某个区域内任何子区域上取值概率与该区域面积成正比，用面积比.

例　在区间$(0,1)$中随机地取两个数，则事件"两数之和小于$\dfrac{6}{5}$"的概率为_____.

解析　将在$(0,1)$区间中随机取的两个数分别记为x,y."两数之和小于$\dfrac{6}{5}$"即"$x+y<\dfrac{6}{5}$".

如图所示，求$P(x+y<\dfrac{6}{5})$即用$(x+y<\dfrac{6}{5})$所在区域阴影部分面积

除以总面积即可，即$P(x+y<\dfrac{6}{5})=\dfrac{1-\frac{1}{2}\times\frac{4}{5}\times\frac{4}{5}}{1}=\dfrac{17}{25}=0.68$.

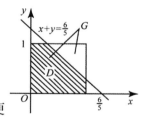

例　星期天，甲乙约定上午9—10点在某地见面，先到者等15分钟便离开，求两人能会面的概率？

解析　设甲在9~10点的第x分钟到达，乙在第y分钟到达，由于9~10点共有60分钟，相当于x和y是在区间$[0,60]$上随机取值.由于先到者等15分钟便离开，故两人能会面即两人到达时刻相差不超过15分钟，所求概率为$P(|x-y|\leqslant 15)=\dfrac{60\times60-45\times45}{60\times60}=\dfrac{7}{16}$.

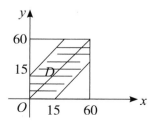

例 随机地向半圆 $0 < y < \sqrt{2ax - x^2}$（a 为正常数）内掷一点，点落在半圆内任何区域的概率与该区域的面积成正比，则原点与该点的连线与 x 轴的夹角小于 $\frac{\pi}{4}$ 的概率为 _____.

解析 "在一个区域内任何子区域上取值概率与该区域的面积成正比"，说明是考查几何概型.

设 A 表示事件"掷的点和原点连线与 x 轴的夹角小于 $\frac{\pi}{4}$"，如图所示，要求概率只需用图中阴影部分面积除以半圆的面积即可，即 $P(A) = \dfrac{\frac{1}{2}a^2 + \frac{1}{4}\pi a^2}{\frac{1}{2}\pi a^2} = \dfrac{1}{\pi} + \dfrac{1}{2}$.

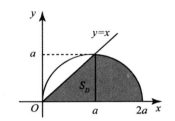

九、概率的公理化定义及性质

（一）概率的公理化定义

设 E 是随机试验，Ω 是它的样本空间，对于 E 上的每一个事件 A 赋予一个实数，记为 $P(A)$，称 $P(A)$ 为事件 A 的概率，如果集合函数 $P(\cdot)$ 满足下列条件：

（1）非负性：对于每一个事件 A，有 $P(A) \geqslant 0$；

（2）规范性：对于必然事件 Ω，有 $P(\Omega) = 1$；

（3）可列可加性：设 $A_1, A_2, \cdots$ 是两两互不相容的事件，即对于 $i \neq j$，$A_i A_j = \varnothing, i, j = 1, 2, \cdots$，则有 $P(A_1 \bigcup A_2 \bigcup \cdots) = P(A_1) + P(A_2) + \cdots$.

（二）概率的性质

性质 1（非负性） 设 A 为随机事件，则 $0 \leqslant P(A) \leqslant 1$.

性质 2（规范性） $P(\varnothing) = 0, P(\Omega) = 1$.

良哥解读

不可能事件的概率为 0，必然事件的概率为 1，但概率为 0 的事件不一定是不可能事件，概率为 1 的事件不一定是必然事件.

例如，在 $[0,1]$ 区间上随机取一个数记为 x，事件 $\{x = \frac{1}{2}\}$ 的概率为 0，但 $\{x = \frac{1}{2}\}$ 不是不可能事件. 同理 $P\{x \neq \frac{1}{2}\} = 1$，但 $\{x \neq \frac{1}{2}\}$ 不是必然事件.

性质 3（有限可加性） 设 $A_1, A_2, \cdots, A_n$ 是两两互不相容的事件，即对于 $i \neq j, A_i A_j = \varnothing, i, j = 1, 2, \cdots, n$，则有 $P(A_1 \bigcup A_2 \cdots \bigcup A_n) = P(A_1) + P(A_2) + \cdots + P(A_n)$.

性质 4（逆事件的概率） 对于任一事件 A，有 $P(\overline{A}) = 1 - P(A)$.

良哥解读

逆事件概率公式是概率论中计算复杂事件概率的一个重要思维. 若计算某事件的概率遇到困难，首先考虑其逆事件的概率是否容易解决.

性质5 设A,B是两个事件，若$A \subset B$，则有$P(A) \leqslant P(B)$且$P(B-A) = P(B) - P(A)$.

一般地，设A,B是两个事件，则$P(B-A) = P(B) - P(AB)$称为减法公式.

┌─ 良哥解读 ─────────────────────────────────┐

性质1与性质5中都出现概率的不等式：

①$0 \leqslant P(A) \leqslant 1$；②若$A \subset B$，则有$P(A) \leqslant P(B)$，若题目是解决事件概率的不等式问题先考虑从这两个性质入手.

└──┘

性质6 加法公式对于任意两个随机事件A与B，有$P(A+B) = P(A) + P(B) - P(AB)$.

对于任意三个事件A，B，C，有

$$P(A+B+C) = P(A) + P(B) + P(C) - P(AB) - P(BC) - P(AC) + P(ABC).$$

例 若二事件A,B满足$P(\overline{A} + \overline{B}) = 1$，则（　　　　）

（A）A,B互不相容（互斥）.　　　　　（B）$\overline{A} + \overline{B}$是必然事件.

（C）AB未必是不可能事件.　　　　　（D）$P(A) = 0$或$P(B) = 0$.

解析 由$1 = P(\overline{A} + \overline{B}) = P(\overline{AB})$，故有$P(AB) = 0$.

因概率为0的事件不一定是不可能事件，故应选（C）.

对于（D）选项，由于$P(AB)$不一定等于$P(A)P(B)$，从而得不到$P(A) = 0$或$P(B) = 0$.

例 设一袋中装有$n-1$个黑球，1个白球，现随机地从中摸出一球，并放入一黑球，这样连续进行$m-1$次，求此时再从袋中摸出一球为黑球的概率.

解析 设事件B：表示第$m-1$次摸球后再从袋中取出一球为黑球，$\overline{B}$表示第$m-1$次摸球后再从袋中取出一球为白球．$P(\overline{B})$表示前$m-1$次都取黑球，第m次取白球的概率，故

$P(\overline{B}) = \left(\dfrac{n-1}{n}\right)^{m-1} \times \dfrac{1}{n}$，所以$P(B) = 1 - P(\overline{B}) = 1 - \left(\dfrac{n-1}{n}\right)^{m-1} \times \dfrac{1}{n}$.

例 若A,B为任意两个随机事件，则（　　　　）

（A）$P(AB) \leqslant P(A)P(B)$.　　　　　（B）$P(AB) \geqslant P(A)P(B)$.

（C）$P(AB) \leqslant \dfrac{P(A) + P(B)}{2}$.　　　　　（D）$P(AB) \geqslant \dfrac{P(A) + P(B)}{2}$.

解析 由于$AB \subset A$，$AB \subset B$，故由概率的比较性质，有$P(AB) \leqslant P(A)$，$P(AB) \leqslant P(B)$，

从而$2P(AB) \leqslant P(A) + P(B)$，即$P(AB) \leqslant \dfrac{P(A) + P(B)}{2}$.故应选（C）.

若取$B \subset A, 0 < P(A) < 1, 0 < P(B) < 1$，则$P(AB) = P(B) > P(A) \cdot P(B)$，排除（A）；

若取$P(A) > 0, P(B) > 0$，且$P(AB) = 0$，排除（B）（D）.

例 已知$P(A) = 0.8$，$P(A-B) = 0.1$，则$P(\overline{AB}) = $_____.

解析 因$0.1 = P(A-B) = P(A) - P(AB)$，又$P(A) = 0.8$，故$P(AB) = 0.7$，从而

$P(\overline{AB}) = 1 - P(AB) = 0.3$.

例 已知A,B两个随机事件满足$P(AB) = P(\overline{A}\,\overline{B})$，且$P(A) = p$．则$P(B) = $_____.

解析 因为

$$P(\overline{AB}) = P(\overline{A+B}) = 1 - P(A+B)$$
$$= 1 - [P(A) + P(B) - P(AB)]$$
$$= 1 - P(A) - P(B) + P(AB),$$

又 $P(AB) = P(\overline{AB})$，故有 $1 - P(A) - P(B) = 0$，$P(B) = 1 - P(A) = 1 - p$．

例 已知 $P(A) = P(B) = P(C) = \dfrac{1}{4}$，$P(AB) = 0$，$P(AC) = P(BC) = \dfrac{1}{12}$，则事件 A，B，C 都不发生的概率为_____．

解析 由题意即求概率 $P(\overline{ABC}) = P(\overline{A+B+C}) = 1 - P(A+B+C)$．

由加法公式 $P(A+B+C) = P(A) + P(B) + P(C) - P(AB) - P(AC) - P(BC) + P(ABC)$，

因为 $P(AB) = 0$，可知 $P(ABC) = 0$．

又因为 $P(A) = P(B) = P(C) = \dfrac{1}{4}$，$P(AC) = P(BC) = \dfrac{1}{12}$，故

$$P(A+B+C) = \dfrac{3}{4} - 0 - \dfrac{1}{12} - \dfrac{1}{12} = \dfrac{7}{12},$$

则 $P(\overline{ABC}) = 1 - \dfrac{7}{12} = \dfrac{5}{12}$．

例 在 $1 \sim 300$ 的整数中随机地取一个数，问取到的整数既不能被 3 整除也不能被 5 整除的概率．

解析 设事件 A 为 "取到的数能被 3 整除"，事件 B 为 "取到的数能被 5 整除"，则所求概率为

$$P(\overline{AB}) = P(\overline{A \cup B}) = 1 - P(A \cup B)$$
$$= 1 - [P(A) + P(B) - P(AB)],$$

因为 $1 \sim 300$ 的整数中能被 3 整除的数有 $\dfrac{300}{3} = 100$ 个，能被 5 整除的数有 $\dfrac{300}{5} = 60$ 个，故

$$P(A) = \dfrac{100}{300} = \dfrac{1}{3}, P(B) = \dfrac{60}{300} = \dfrac{1}{5}.$$

一个数既能被 3 整除又能被 5 整除，相当于能被 15 整除，故有 $\dfrac{300}{15} = 20$ 个，则

$$P(AB) = \dfrac{20}{300} = \dfrac{1}{15}.$$

于是 $P(\overline{AB}) = 1 - \left(\dfrac{1}{3} + \dfrac{1}{5} - \dfrac{1}{15} \right) = \dfrac{8}{15}$．

十、条件概率及其性质

（一）条件概率的定义

设 A, B 是两个随机事件，且 $P(A) > 0$，称 $P(B|A) = \dfrac{P(AB)}{P(A)}$ 为在事件 A 发生的条件下事件 B 发生的条件概率．

（二）条件概率的性质

若 $P(A) > 0$，则有

（1）**非负性**：$P(B|A) \geq 0$．

（2）**规范性**：$P(\Omega|A) = 1$．

（3）**可列可加性**：设 $B_1, B_2, \cdots$ 是两两互不相容的事件，则有 $P\left(\bigcup\limits_{i=1}^{\infty} B_i \mid A\right) = \sum\limits_{i=1}^{\infty} P(B_i|A)$．

（4）**逆事件的概率**：$P(\overline{B}|A) = 1 - P(B|A)$．

（5）**加法公式**：$P\left[(B_1 + B_2)|A\right] = P(B_1|A) + P(B_2|A) - P(B_1B_2|A)$．

【良哥解读】

条件概率也是概率，它与概率有相类似的性质与公式．只要熟记概率的性质与公式，则条件概率的性质与公式可类似写出．

【例】 在 $1,2,\cdots,9$ 中任取一数，令 $A = \{\text{是3的倍数}\}$，$B_1 = \{\text{偶数}\}$，$B_2 = \{\text{大于8}\}$，求 $P(A), P(A|B_1), P(A|B_2)$．

【解析】 （1）在 $1,2,\cdots,9$ 中是 3 的倍数的共有 3 个，故 $P(A) = \dfrac{3}{9} = \dfrac{1}{3}$．

（2）在 $1,2,\cdots,9$ 中偶数共有 4 个，在偶数中是 3 的倍数的只有 1 个，从而 $P(A|B_1) = \dfrac{1}{4}$．

（3）在 $1,2,\cdots,9$ 中大于 8 的个数只有 1 个，在大于 8 的个数中是 3 的倍数的只有 1 个，从而 $P(A|B_2) = 1$．

【良哥解读】

事件 A 发生的概率与在某个事件的条件下事件 A 发生的条件概率没有明确的大小关系．例如本题中 $P(A|B_1) = \dfrac{1}{4} < P(A) = \dfrac{1}{3}$，$P(A|B_2) = 1 > P(A) = \dfrac{1}{3}$，在一定条件下两个概率也能相等（比如事件 A, B 相互独立），有 $P(A|B) = P(A)$（$P(B) > 0$）．若要比较事件概率与在某条件下该事件发生概率的大小，需要视具体情况而定．

【例】 已知 $P(B) = 0.4, P(A + B) = 0.5$，求 $P(A|\overline{B})$．

【解析】 因

$$P(A|\overline{B}) = \frac{P(A\overline{B})}{P(\overline{B})} = \frac{P(A) - P(AB)}{1 - P(B)},$$

又 $P(B) = 0.4$，$0.5 = P(A + B) = P(A) + P(B) - P(AB)$，则

$P(A) - P(AB) = 0.1$，故 $P(A|\overline{B}) = \dfrac{0.1}{0.6} = \dfrac{1}{6}$．

（三）乘法公式

设 A, B 是两个随机事件，若 $P(A) > 0$，则有 $P(AB) = P(B|A)P(A)$．

设 A, B, C 为三个随机事件，若 $P(AB) > 0$，则有 $P(ABC) = P(C|AB)P(B|A)P(A)$.

良哥解读

乘法公式本质是条件概率公式变形. 当 $P(A) > 0$ 时，由 $P(B|A) = \dfrac{P(AB)}{P(A)}$，得

$P(AB) = P(B|A)P(A)$；当 $P(B) > 0$ 时，由 $P(A|B) = \dfrac{P(AB)}{P(B)}$，得 $P(AB) = P(A|B)P(B)$，

故 $P(AB) = P(B|A)P(A) = P(A|B)P(B)$.

例 已知 $P(A) = 0.4$，$P(B|A) = 0.5$，$P(A|B) = 0.25$，则 $P(B) = $ _____.

解析 因 $P(B|A)P(A) = P(A|B)P(B)$，又 $P(A) = 0.4$，$P(B|A) = 0.5$，$P(A|B) = 0.25$，

故 $P(B) = 0.8$.

例 判断下列命题是否正确，为什么？

（1）三人排队抓阄，只一阄有物，则抓中物的概率与抓阄的先后次序有关，先抓者抓中物的概率大.

（2）三人排队抓阄，只一阄有物，若第一人未抓中，则第二人抓中物的概率将增大.

解析 （1）命题错误，理由如下：

设 A_i 表示"第 i 人抓阄有物"$(i = 1, 2, 3)$，则

第一人抓阄有物的概率为 $P(A_1) = \dfrac{1}{3}$；

第二人抓阄有物，表示第一人没抓中且第二人抓中，即

$$P(A_2) = P(\overline{A_1}A_2) = P(A_2|\overline{A_1})P(\overline{A_1}) = \frac{1}{2} \times \frac{2}{3} = \frac{1}{3};$$

第三人抓阄有物，表示第一、二人都没抓中且第三人抓中，即

$$P(A_3) = P(\overline{A_1}\,\overline{A_2}A_3) = P(A_3|\overline{A_1}\,\overline{A_2})P(\overline{A_1}\,\overline{A_2})$$
$$= P(A_3|\overline{A_1}\,\overline{A_2})P(\overline{A_2}|\overline{A_1})P(\overline{A_1}) = 1 \times \frac{1}{2} \times \frac{2}{3} = \frac{1}{3}.$$

综上知，三人抓中物的概率相等，而与三人抓阄的先后次序无关，这就是我们所说的"抽签原理"或"抓阄原理"，无论先抓还是后抓每个人抓中物的概率一样大，所以无论计算第几次（或第几人）取到物品的概率，我们均可以计算第一次（或第一人）取到的概率即可.

（2）由（1）知，$P(A_2) = \dfrac{1}{3}$，而在第一人未抓中的条件下第二人抓中的概率为

$P(A_2|\overline{A_1}) = \dfrac{1}{2}$，从而有 $P(A_2|\overline{A_1}) > P(A_2)$，故命题正确.

例 一批产品有 10 个正品和 2 个次品，任意抽取两次，每次抽一个，抽出后不放回，则第二次抽出的是次品的概率为 _____.

解析 由"抽签原理"知，第二次取次品的概率与第一次取次品的概率相等，故第二次取次品

的概率为 $\dfrac{2}{12}=\dfrac{1}{6}$.

（一）全概率公式

设 $A_1,A_2,\cdots,A_n$ 是一组完全事件组，且 $P(A_i)>0,i=1,2,\cdots,n$ ，则 $P(B)=\sum\limits_{i=1}^{n}P(A_i)P(B|A_i)$.

良哥解读

（1）全概率公式的推导 .

因 $A_1,A_2,\cdots,A_n$ 是一组完全事件组，故 $\sum\limits_{i=1}^{n}A_i=\boldsymbol{\Omega}$ ，且 $A_1,A_2,\cdots,A_n$ 两两互不相容 .

因 $P(B)=P(B\Omega)=P\big(B\sum\limits_{i=1}^{n}A_i\big)=P\big(\sum\limits_{i=1}^{n}BA_i\big)$ ，而事件 BA_1 ， BA_2 ， $\cdots$ ， BA_n 两两互不相容，故

$P\big(\sum\limits_{i=1}^{n}BA_i\big)=\sum\limits_{i=1}^{n}P(BA_i)=\sum\limits_{i=1}^{n}P(A_i)P(B|A_i)$ ，进而有 $P(B)=\sum\limits_{i=1}^{n}P(A_i)P(B|A_i)$.

（2）全概率公式的本质 .

全概率公式本质是通过样本空间上的一组完全事件组将一个复杂事件分解成若干个简单事件，通过解决简单事件的概率，进而解决复杂事件的概率问题，所以它是我们解决复杂事件概率的又一重要思维 .

（3）何时想到用全概率公式？

①思维层面：计算事件的概率若出现困难，立即启动两个重要思维：1. 逆事件思维，2. 全概率思维 . 先考虑逆事件概率是否容易计算，若逆事件的概率容易解决则该事件概率即可求出；若逆事件的概率也不好计算时，立即结合已知条件将复杂事件分解成若干个简单的事件用全概率公式解决 .

②具体试验：若一个试验可以看成分两个阶段完成，第一个阶段的具体结果未知，但所有可能结果已知，求第二个阶段某个结果发生的概率，用全概率公式 . 全概率公式的关键是完全事件组，而第一个阶段的所有可能结果即为完全事件组 .

例 从数 $1,2,3,4$ 中任取一个数，记为 X ，再从 $1,\cdots,X$ 中任取一个整数，记为 Y ，则 $P\{Y=2\}=$ _____ .

解析 由全概率公式，有

$$P\{Y=2\}=\sum_{i=1}^{4}P\{Y=2|X=i\}P\{X=i\}=\frac{1}{4}\left(0+\frac{1}{2}+\frac{1}{3}+\frac{1}{4}\right)=\frac{13}{48}.$$

良哥解读

此题的试验可以看成分两个阶段完成，第一个阶段是从数 $1,2,3,4$ 中取到 X ，第二个阶段是从 $1,\cdots,X$ 中取到一个整数 Y ，求事件 $\{Y=2\}$ 的概率，故用全概率公式，完全事件组为第一个阶段的所有可能结果： $\{X=i\}(i=1,2,3,4)$.

例 已知甲、乙两箱中装有同种产品，其中甲箱中装有 3 件合格品和 3 件次品，乙箱中仅装有 3 件合格品．从甲箱中任取 3 件产品放入乙箱后，求从乙箱中任取一件产品是次品的概率．

解析 设 A_i 表示从甲箱中取 $i(i=0,1,2,3)$ 件次品到乙箱，B 表示从乙箱中任取一件产品是次品，由题意有

$$P(A_0) = \frac{C_3^0 C_3^3}{C_6^3} = \frac{1}{20}, \quad P(A_1) = \frac{C_3^1 C_3^2}{C_6^3} = \frac{9}{20}, \quad P(A_2) = \frac{C_3^2 C_3^1}{C_6^3} = \frac{9}{20},$$

$$P(A_3) = \frac{C_3^3 C_3^0}{C_6^3} = \frac{1}{20}, \quad P(B|A_0) = 0, \quad P(B|A_1) = \frac{1}{6},$$

$$P(B|A_2) = \frac{2}{6} = \frac{1}{3}, \quad P(B|A_3) = \frac{3}{6} = \frac{1}{2},$$

故由全概率公式得

$$P(B) = \sum_{i=0}^{3} P(A_i)P(B|A_i) = \frac{1}{20} \times 0 + \frac{9}{20} \times \frac{1}{6} + \frac{9}{20} \times \frac{1}{3} + \frac{1}{20} \times \frac{1}{2} = \frac{1}{4}.$$

良哥解读
本题中两个阶段的意思也很明确，先从甲箱取三件产品到乙箱，再从乙箱取一件产品为次品，故用全概率公式解决．

例 据一份研究报导，某国家总的来说患肺癌的概率约为 0.1%，在人群中有 20% 的吸烟者，他们患肺癌的概率约为 0.4%，求不吸烟者患肺癌的概率．

解析 设 A 表示"吸烟"，B 表示"患肺癌"．由题意

$P(A) = 0.2$，$P(B) = 0.001$，$P(B|A) = 0.004$．现要计算的概率为 $P(B|\bar{A})$．

由全概公式有

$$P(B) = P(A)P(B|A) + P(\bar{A})P(B|\bar{A}),$$

故 $0.001 = 0.2 \times 0.004 + 0.8 \times P(B|\bar{A})$，解得

$$P(B|\bar{A}) = 0.000\,25.$$

良哥解读
本题的随机试验可以看成分两个阶段完成，第一个阶段看此人是否吸烟，第二个阶段再看其是否患肺癌．将第一个阶段的所有可能结果 A 与 $\bar{A}$ 作为完全事件组，现已知 $P(A)$，$P(\bar{A})$，$P(B|A)$ 及第二个阶段某结果的概率 $P(B)$，求 $P(B|\bar{A})$，故运用全概率公式即可解出．

（二）贝叶斯公式
设 $A_1, A_2, \cdots, A_n$ 是一组完全事件组，$P(B) > 0, P(A_i) > 0, i = 1, 2, \cdots, n$，则

$$P(A_i|B) = \frac{P(A_i)P(B|A_i)}{\sum\limits_{i=1}^{n} P(A_i)P(B|A_i)} \quad (i = 1, 2, \cdots, n).$$

（1）贝叶斯公式的推导

因 $P(A_i|B) = \dfrac{P(A_iB)}{P(B)}$，而 $P(A_iB) = P(A_i)P(B|A_i)$，由全概率公式

$P(B) = \sum\limits_{i=1}^{n} P(A_i)P(B|A_i)$，故 $P(A_i|B) = \dfrac{P(A_i)P(B|A_i)}{\sum\limits_{i=1}^{n} P(A_i)P(B|A_i)}$ $(i = 1, 2, \cdots, n)$.

（2）何时用贝叶斯公式？

若一个试验可以看成分两个阶段完成，第一个阶段的具体结果未知，但所有可能结果已知. 已知第二个阶段某结果发生的概率，现计算其受第一个阶段某结果影响的概率，用贝叶斯公式. 贝叶斯公式本质是求一个条件概率.

例 在一个生产线上，当机器无故障工作时，产品的合格率为 0.95，而当机器发生某故障时，产品合格率为 0.45. 每天机器刚开动时，机器无故障的概率为 0.94. 试求已知某天生成的第一件产品是合格品时，机器是无故障工作的概率.

解析 设 A 表示"机器无故障工作"，B 表示"产品合格". 由题意有 $P(A) = 0.94$，

$P(B|A) = 0.95$，$P(B|\overline{A}) = 0.45$，所求概率为 $P(A|B)$.

由贝叶斯公式 $P(A|B) = \dfrac{P(B|A)P(A)}{P(A)P(B|A) + P(\overline{A})P(B|\overline{A})} = \dfrac{0.94 \times 0.95}{0.94 \times 0.95 + 0.06 \times 0.45} \approx 0.97$.

十二、事件的独立性

（一）两个事件的独立性

1. 独立的定义

设 A, B 是两个随机事件，若满足等式 $P(AB) = P(A)P(B)$，则称事件 A, B 相互独立，简称事件 A, B 独立.

（1）事件独立性的本质：表示一个事件发生或不发生不影响另外一个事件发生的概率，即若 $0 < P(A) < 1$ 时，$P(B) = P(B|A)$，$P(B) = P(B|\overline{A})$.

由 $P(B) = P(B|A)$，有 $P(B) = \dfrac{P(AB)}{P(A)}$，进而有 $P(AB) = P(A)P(B)$；

由 $P(B) = P(B|\overline{A})$，有 $P(B) = \dfrac{P(B\overline{A})}{P(\overline{A})} = \dfrac{P(B-AB)}{1-P(A)}$，进而有 $P(AB) = P(A)P(B)$.

两种情况都得到相同结论 $P(AB) = P(A)P(B)$，故将其作为两个事件独立的定义.

（2）事件独立与事件互斥（互不相容）的关系

独立与互斥(互不相容)是考生在学习中容易混淆的概念. 抓住二者的本质就容易将其区分. 事件独立表示两个事件互相不影响彼此发生的可能性大小；互斥（互不相容）表示两个事件没有交集，二者根本是两件不同的事情，所以它们之间没关系，独立推不出互斥，互斥也推不出独立.

若对于非零概率事件，独立一定不互斥（互不相容），互斥一定不独立．事实上，若 $P(A) > 0, P(B) > 0$，当事件 A, B 相互独立时，有 $P(AB) = P(A)P(B) > 0$，故事件 A, B 不互斥；反之事件 A, B 互斥时，有 $P(AB) = 0$，但 $P(A)P(B) > 0$，故 $P(AB) \neq P(A)P(B)$，从而事件 A, B 不相互独立．

（3）概率为 0 或者概率为 1 的事件与任何事件都独立．

事实上，若 $P(A) = 0$，则 $P(AB) = 0$，从而有 $P(AB) = P(A)P(B)$，故事件 A, B 独立；

若 $P(A) = 1$，则 $P(A + B) = 1$，而 $P(A + B) = P(A) + P(B) - P(AB)$，从而有

$P(AB) = P(B)$，进而得 $P(AB) = P(A)P(B)$，故事件 A, B 独立．

2. 独立的性质

若事件 A, B 相互独立，则下列各对事件也相互独立：

A 与 $\bar{B}$，$\bar{A}$ 与 B，$\bar{A}$ 与 $\bar{B}$．

四对事件 A 与 B，A 与 $\bar{B}$，$\bar{A}$ 与 B，$\bar{A}$ 与 $\bar{B}$ 中，只要其中一对事件相互独立则其余三对事件也独立．简言之在事件的独立问题上，是否取对立事件不影响其独立性．如果事件独立，则取对立事件也独立，如果事件不独立，取对立事件也不独立．

3. 独立的等价说法

若 $0 < P(A) < 1$，则

事件 A, B 独立 $\Leftrightarrow P(B) = P(B \mid A) \Leftrightarrow P(B) = P(B \mid \bar{A}) \Leftrightarrow P(B \mid A) = P(B \mid \bar{A})$．

判断两个事件是否独立时，除了用定义 $P(AB) = P(A)P(B)$ 判定以外，也可以用等价说法中的某一个来判定．

例 设 A 和 B 是任意两个概率不为零的不相容事件，则下列结论中肯定正确的是（　　）

（A）$\bar{A}$ 与 $\bar{B}$ 不相容．　　　　　　　（B）$\bar{A}$ 与 $\bar{B}$ 相容．

（C）$P(AB) = P(A)P(B)$.　　　　　　　（D）$P(A - B) = P(A)$.

解析　因 $\overline{AB} = \overline{A \bigcup B}$，若 $A \bigcup B = \Omega$，则 $\overline{AB} = \varnothing$，即 $\bar{A}$ 与 $\bar{B}$ 互不相容；

若 $A \bigcup B \neq \Omega$，则 $\overline{AB} \neq \varnothing$，即 $\bar{A}$ 与 $\bar{B}$ 相容．

由于 A, B 的任意性，故选项（A）（B）均不正确．

因 $AB = \varnothing$，故 $P(AB) = 0$，又 $P(A) > 0, P(B) > 0$，故 $P(AB) \neq P(A)P(B)$，所以（C）不正确，故应选（D）．

事实上，对于（D）选项：由题意知 $P(A - B) = P(A) - P(AB) = P(A)$．

例 设 $0 < P(A) < 1, 0 < P(B) < 1$ 且 $P(A \mid B) + P(\bar{A} \mid \bar{B}) = 1$ 则（　　）

（A）A 与 B 互不相容．　　　　　　（B）A 与 B 互逆．

（C）A 与 B 相互独立．　　　　　　（D）A 与 B 不独立．

解析　当 $0 < P(B) < 1$ 时，A 与 B 相互独立的等价说法有

$$P(AB) = P(A)P(B) \Leftrightarrow P(A \mid B) = P(A)$$
$$\Leftrightarrow P(A \mid \overline{B}) = P(A)$$
$$\Leftrightarrow P(A \mid B) = P(A \mid \overline{B}).$$

由 $P(A \mid B) + P(\overline{A} \mid \overline{B}) = 1$，有 $P(A \mid B) = 1 - P(\overline{A} \mid \overline{B}) = P(A \mid \overline{B})$，故得 A 和 B 相互独立. 应选（C）.

（二）三个事件的独立性

设 A, B, C 是三个事件，如果满足等式

$$\begin{cases} P(AB) = P(A)P(B), \\ P(AC) = P(A)P(C), \\ P(BC) = P(B)P(C), \end{cases}$$

则称三个事件 A, B, C 两两独立.

如果满足等式

$$\begin{cases} P(AB) = P(A)P(B), \\ P(AC) = P(A)P(C), \\ P(BC) = P(B)P(C), \\ P(ABC) = P(A)P(B)P(C), \end{cases}$$

则称三个事件 A, B, C 相互独立.

良哥解读

（1）三个事件两两独立与相互独立的关系.

三个事件两两独立是指三个事件 A, B, C 任意两个都独立，而三个事件相互独立是在两两独立的基础上还需满足 $P(ABC) = P(A)P(B)P(C)$，故三个事件相互独立一定两两独立，但两两独立不一定相互独立.

（2）多个事件相互独立的结论.

设 $A_1, A_2, \cdots, A_n, B_1, B_2, \cdots, B_m$ 相互独立，则 $f(A_1, A_2, \cdots, A_n)$ 与 $g(B_1, B_2, \cdots, B_m)$ 也相互独立，其中 $f(\cdot)$ 与 $g(\cdot)$ 表示事件的运算. 例如 A, B, C, D 相互独立，则 $A + B$ 与 $C - D$ 相互独立，但 $A + B + C$ 与 $C - D$ 独立与否不确定.

例 设两两相互独立的三个事件 A, B 和 C 满足条件 $ABC = \varnothing, P(A) = P(B) = P(C) < \dfrac{1}{2}$，且已知

$P(A \cup B \cup C) = \dfrac{9}{16}$，则 $P(A) = \underline{\qquad}$.

解析 设 $P(A) = P(B) = P(C) = p$，由于 A, B, C 两两相互独立，故

$P(AB) = P(A)P(B) = p^2$，$P(AC) = P(A)P(C) = p^2$，$P(BC) = P(B)P(C) = p^2$.

又 $ABC = \varnothing$，故 $P(ABC) = 0$，

由加法公式，得

$$P(A \cup B \cup C) = P(A) + P(B) + P(C) - P(AC) - P(AB) - P(BC) + P(ABC)$$
$$= 3p - 3p^2 + 0 = 3p - 3p^2,$$

又 $P(A \cup B \cup C) = \dfrac{9}{16}$，故有 $3p - 3p^2 = \dfrac{9}{16}$，整理有 $p^2 - p + \dfrac{3}{16} = 0$，

解之得 $p = \dfrac{3}{4}$ 或 $p = \dfrac{1}{4}$．因 $P(A) < \dfrac{1}{2}$，故 $p = \dfrac{1}{4}$，即 $P(A) = \dfrac{1}{4}$．

例 将一枚硬币独立地掷两次，引进事件：$A_1 = \{$ 掷第一次出现正面 $\}$，$A_2 = \{$ 掷第二次出现正面 $\}$，$A_3 = \{$ 正，反面各出现一次 $\}$，$A_4 = \{$ 正面出现两次 $\}$，则事件（　　　）

（A）A_1, A_2, A_3 相互独立．　　　　　　　（B）A_2, A_3, A_4 相互独立．

（C）A_1, A_2, A_3 两两独立．　　　　　　　（D）A_2, A_3, A_4 两两独立．

解析 因三个事件相互独立一定两两独立，但两两独立不一定相互独立，故排除（A）（B）选项，只需检验（C）（D）选项即可．

又因

$$P(A_3 A_4) = P(\varnothing) = 0 \neq P(A_3) P(A_4) = \dfrac{1}{2} \times \dfrac{1}{4} = \dfrac{1}{8},$$

故 A_3 与 A_4 不独立，排除（D）选项．故应选（C）．

事实上对于（C）选项，因为

$$P(A_1) = \dfrac{1}{2}, \quad P(A_2) = \dfrac{1}{2}, \quad P(A_3) = \dfrac{2}{4} = \dfrac{1}{2}, \quad P(A_1 A_2) = \dfrac{1}{4},$$

$$P(A_1 A_3) = \dfrac{1}{4}, \quad P(A_2 A_3) = \dfrac{1}{4}, \quad \text{故}$$

$$P(A_1 A_2) = P(A_1) P(A_2), \quad P(A_1 A_3) = P(A_1) P(A_3), \quad P(A_2 A_3) = P(A_2) P(A_3),$$

但 $0 = P(A_1 A_2 A_3) \neq P(A_1) P(A_2) P(A_3) = \dfrac{1}{8}$，从而 A_1, A_2, A_3 只是两两独立而不相互独立．

例 设 A, B, C 是三个相互独立的随机事件，且 $0 < P(C) < 1$，则下列给定的四对事件中可能不相互独立的是（　　　）

（A）$\overline{A \cup B}$ 与 C．　　　　　　　　　（B）$\overline{AC}$ 与 $\overline{C}$．

（C）$\overline{A - B}$ 与 $\overline{C}$．　　　　　　　　（D）$\overline{AB}$ 与 $\overline{C}$．

解析 若随机事件 $A_1, A_2, \cdots, A_n, B_1, B_2, \cdots, B_m$ 相互独立，则 $f(A_1, A_2, \cdots, A_n)$，$g(B_1, B_2, \cdots, B_m)$ 也相互独立，其中 $f(\cdot)$，$g(\cdot)$ 表示事件的运算．所以（A）（C）（D）选项均相互独立．（B）选项中，$\overline{AC}$ 与 $\overline{C}$ 中均含有事件 C，故是否独立不确定，应选（B）．

例 设 A, B, C 为任意三个事件，则下列事件中一定独立的是

（A）$(A+B)(\overline{A}+B)(A+\overline{B})(\overline{A}+\overline{B})$ 与 AB．（B）$A - B$ 与 C．（C）$\overline{AC}$ 与 $\overline{C}$．（D）$\overline{AB}$ 与 $B + C$．

解析 因 $P\left[(A+B)(\overline{A}+B)(A+\overline{B})(\overline{A}+\overline{B})\right] = P(\varnothing) = 0$，由于概率为 0 的事件与任何事件都独立，故（A）选项正确．应选（A）．

此题很多同学容易误选（B），若前提条件为 A,B,C 相互独立，则（B）选项 $A-B$ 与 C 独立，但前提为 A,B,C 是任意三个事件，故独立与否不确定. 若涉及任意事件一定独立，我们需要想到概率为 0 或概率为 1 的事件与任何事件都独立这个知识点，进而判定选项中是否有概率为 0 或者概率为 1 的事件即可.

十三、n 重伯努利概型及概率计算

（一）定义

只有两个结果 A 和 $\overline{A}$ 的试验称为伯努利试验. 若将伯努利试验独立重复地进行 n 次，称为 n 重伯努利试验，也称为 n 次独立重复试验.

（二）二项概率公式

设在每次试验中，事件 A 发生的概率 $P(A)=p(0<p<1)$，在 n 重伯努利试验中，事件 A 发生 k 次记为 A_k，则事件 A 发生 k 次的概率为：

$P(A_k)=C_n^k p^k (1-p)^{n-k}(k=0,1,2,\cdots,n)$，

此公式称为二项概率公式.

例 一射手对同一目标独立地进行 4 次射击，若至少命中一次的概率为 $\dfrac{80}{81}$，则该射手至少命中两次的概率为_____.

解析 设射手的命中率为 p，由题意有

$1-C_4^0 p^0 (1-p)^4 = \dfrac{80}{81}$，

即 $(1-p)^4 = \dfrac{1}{81}$，得 $p=\dfrac{2}{3}$，

则射手至少命中两次的概率为：$1-C_4^0 p^0 (1-p)^4 - C_4^1 p^1 (1-p)^3 = \dfrac{8}{9}$.

在题干中只要看到做 n 次独立重复试验，且要计算某个事件发生或不发生多少次的概率问题，立即想到用二项概率公式解决. 应用二项概率公式的关键是找到两个参数：1、一共做的试验次数 n；2、每次事件发生的概率 p. 只要 n 和 p 确定，代入二项概率公式即可计算.

李良概率章节笔记

大纲要求

（1）理解随机变量的概念，理解分布函数 $F(x) = P\{X \le x\}$ $(-\infty < x < +\infty)$ 的概念及性质，会计算与随机变量相联系的事件的概率.

（2）理解离散型随机变量及其概率分布的概念，掌握 0-1 分布、二项分布 $B(n, p)$、几何分布、超几何分布、泊松（Poisson）分布 $p(\lambda)$ 及其应用.

（3）了解泊松定理的结论和应用条件，会用泊松分布近似表示二项分布.

（4）理解连续型随机变量及其概率密度的概念，掌握均匀分布 $U(a, b)$、正态分布 $N(\mu, \sigma^2)$、指数分布及其应用，其中参数为 $\lambda(\lambda > 0)$ 的指数分布 $E(\lambda)$ 的概率密度为

$$f(x) = \begin{cases} \lambda e^{-\lambda x}, & x > 0, \\ 0, & x \le 0. \end{cases}$$

（5）会求随机变量函数的分布.

本章重点

（1）一维离散型随机变量的分布律.
（2）一维连续型随机变量的概率密度函数，分布函数及其性质.
（3）几个常见的分布：0-1 分布、二项分布、泊松分布、均匀分布、指数分布、正态分布.
（4）一维随机变量函数的分布.

基础知识

一、随机变量的概念

（一）随机变量的定义

在样本空间 $\Omega = \{e\}$ 上定义的一个实值单值函数 $X = X(e)$（$e \in \Omega$），称为随机变量. 随机变量常用大写字母 X, Y, Z 等表示，其取值通常用小写字母 x, y, z 等表示.

良哥解读

随机变量本质是样本空间的样本点到实数建立的一种函数关系. 这种函数通常用大写字母表示，而用小写字母表示其取值. 习惯上随机变量 X 的取值用 x，Y 的取值用 y，但 X 的取值也可用 y, z, t 等. 随机变量只要取值就表示随机事件，比如 $\{X \le x\}, \{X > x\}, \{X = y\}$ 等均表示随机事件.

（二）随机变量的分类

随机变量有三种：（1）离散型随机变量；
（2）连续型随机变量；
（3）既非离散型也非连续型随机变量.

（一）随机变量分布函数的定义

设X是一个随机变量，对于任意实数x，令$F(x) = P\{X \leq x\}$ $(-\infty < x < +\infty)$，称$F(x)$为随机变量X的概率分布函数，简称为分布函数.

（二）利用分布函数求各种随机事件的概率

已知随机变量X的分布函数$F(x) = P\{X \leq x\}$，则有

（1）$P\{X \leq a\} = F(a)$.

（2）$P\{X > a\} = 1 - F(a)$.

（3）$P\{X < a\} = \lim\limits_{x \to a^-} F(x) = F(a-0)$.

（4）$P\{X \geq a\} = 1 - F(a-0)$.

（5）$P\{X = a\} = F(a) - F(a-0)$.

（6）$P\{a < x \leq b\} = F(b) - F(a)$.

（7）$P\{a \leq x < b\} = F(b-0) - F(a-0)$.

（8）$P\{a < x < b\} = F(b-0) - F(a)$.

（9）$P\{a \leq x \leq b\} = F(b) - F(a-0)$.

良哥解读

概率论中的核心问题之一是解决随机事件发生的可能性大小. 引入随机变量这个概念，可以将随机事件量化，因为任何一个随机事件均可由随机变量在某个范围上的取值表示. 在随机变量基础上引入分布函数的概念，只要分布函数已知，所有随机事件的概率均可通过分布函数计算（比如上面9种情况的概率均可由分布函数表示），因此分布是随机变量理论的灵魂，在研究随机变量时，只要找到其分布，其他问题就可迎刃而解.

例　设随机变量X的分布函数为$F(x) = \begin{cases} 0, & x < 0, \\ \dfrac{1}{2}, & 0 \leq x < 1, \\ 1 - e^{-x}, & x \geq 1. \end{cases}$，则$P\{X = 1\} = ($　　　$)$

（A）0.　　　　　（B）$\dfrac{1}{2}$.　　　　　（C）$\dfrac{1}{2} - e^{-1}$.　　　　　（D）$1 - e^{-1}$.

解析　因$P\{X = 1\} = F(1) - F(1-0) = 1 - e^{-1} - \lim\limits_{x \to 1^-} F(x)$

$= 1 - e^{-1} - \lim\limits_{x \to 1^-} \dfrac{1}{2} = \dfrac{1}{2} - e^{-1}$.

故应选（C）.

（三）分布函数的性质

设随机变量X的分布函数为$F(x) = P\{X \leq x\}$，则$F(x)$满足

（1）**非负性**：$0 \leq F(x) \leq 1$；

（2）**规范性**：$F(-\infty) = \lim\limits_{x \to -\infty} F(x) = 0$，$F(+\infty) = \lim\limits_{x \to +\infty} F(x) = 1$；

（3）**单调不减性**：对于任意$x_1 < x_2$，有$F(x_1) \leq F(x_2)$；

（4）**右连续性**：$F(x_0) = F(x_0 + 0)$.

（1）分布函数的四条性质是一个函数能否成为某个随机变量分布函数的充要条件．若要判定一个函数是否为分布函数，只需逐一验证这四条性质．若四条皆满足，则一定是分布函数，四条性质只要有一条不满足，则一定不是分布函数．

（2）当分布函数中含有未知参数时，通常用性质（2）（4）计算未知参数．

例 下列函数中能够作为分布函数的是（　　　）

（A）$F(x) = \begin{cases} 0, & x < -1, \\ \dfrac{1}{3}, & -1 \leqslant x \leqslant 2, \\ 1, & x > 2. \end{cases}$
（B）$F(x) = \begin{cases} 0, & x < 0, \\ \dfrac{\ln(1+x)}{1+x}, & x \geqslant 0. \end{cases}$

（C）$F(x) = \begin{cases} 0, & x < 0, \\ \dfrac{x+2}{5}, & 0 \leqslant x < 2, \\ 1, & x \geqslant 2. \end{cases}$
（D）$F(x) = \begin{cases} 0, & x < 0, \\ \sin x, & 0 \leqslant x < \pi, \\ 1, & x \geqslant \pi. \end{cases}$

解析 对于（A）选项：因为 $F(2) = \dfrac{1}{3} \neq F(2+0) = 1$，不满足右连续性，故排除（A）；

对于（B）选项：因为 $F(+\infty) = \lim\limits_{x \to +\infty} \dfrac{\ln(1+x)}{1+x} = 0 \neq 1$，故排除（B）；

对于（D）选项：因为当 $0 \leqslant x < \pi$ 时，$F(x) = \sin x$ 非单调不减函数，故排除（D）．

对于（C）选项：由于分布函数的四条性质均满足，故一定是分布函数．应选（C）．

例 设 X_1 和 X_2 的分布函数分别为 $F_1(x)$ 和 $F_2(x)$，则（　　　）

（A）$F_1(x) + F_2(x)$ 必为某一随机变量的分布函数．

（B）$F_1(x) - F_2(x)$ 必为某一随机变量的分布函数．

（C）$F_1(x)F_2(x)$ 必为某一随机变量的分布函数．

（D）$-\dfrac{1}{3}F_1(x) + \dfrac{4}{3}F_2(x)$ 必为某一随机变量的分布函数．

解析 对于（A）选项：因为 $\lim\limits_{x \to +\infty}[F_1(x) + F_2(x)] = 2 \neq 1$，故 $F_1(x) + F_2(x)$ 不是分布函数；

对于（B）选项：因为 $\lim\limits_{x \to +\infty}[F_1(x) - F_2(x)] = 1 - 1 = 0 \neq 1$，故 $F_1(x) - F_2(x)$ 不是分布函数；

对于（D）选项：因为函数 $F_1(x)$ 与 $F_2(x)$ 单调不减，故函数 $-\dfrac{1}{3}F_1(x)$ 单调不增，函数 $\dfrac{4}{3}F_2(x)$ 单调不减，但函数 $-\dfrac{1}{3}F_1(x) + \dfrac{4}{3}F_2(x)$ 单调性不定，故不确定 $-\dfrac{1}{3}F_1(x) + \dfrac{4}{3}F_2(x)$ 是否为分布函数，从而排除（D）．

对于（C）选项：函数 $F_1(x)F_2(x)$ 满足分布函数的四条性质，故一定是分布函数．应选（C）．

例 设随机变量的分布函数为 $F(x) = \begin{cases} 0, & x < 0, \\ A\sin x, & 0 \leqslant x \leqslant \dfrac{\pi}{2}, \\ 1, & x > \dfrac{\pi}{2}. \end{cases}$ 则 $A = $ _____，$P\left\{|X| < \dfrac{\pi}{6}\right\} = $ _____.

解析 由分布函数的右连续性有 $F\left(\dfrac{\pi}{2} + 0\right) = F\left(\dfrac{\pi}{2}\right)$，即 $\lim\limits_{x \to \frac{\pi}{2}^+} F(x) = \lim\limits_{x \to \frac{\pi}{2}^+} 1 = 1 = A\sin\dfrac{\pi}{2}$，得 $A = 1$.

而 $P\left\{|X| < \dfrac{\pi}{6}\right\} = P\left\{-\dfrac{\pi}{6} < X < \dfrac{\pi}{6}\right\} = F\left(\dfrac{\pi}{6} - 0\right) - F\left(-\dfrac{\pi}{6}\right) = \sin\dfrac{\pi}{6} - 0 = \dfrac{1}{2}$.

三、一维离散型随机变量及其概率分布

（一）离散型随机变量的定义

若随机变量 X 的取值是有限个或者可列无穷多个，则称 X 为离散型随机变量.

（二）离散型随机变量的分布律

设 X 为离散型随机变量，其所有可能取值为 $x_1, x_2, \cdots, x_k, \cdots$，且 X 取各个值 x_k 的概率为

$P\{X = x_k\} = p_k$，其中 $p_k \geqslant 0$，$(k = 1, 2, \cdots)$，$\sum\limits_{k=1}^{\infty} p_k = 1$，

则称 $P\{X = x_k\} = p_k (k = 1, 2, \cdots)$ 为随机变量 X 的概率分布或分布律，也可记为

X	x_1	x_2	x_3	$\cdots$	x_k	$\cdots$
P	p_1	p_2	p_3	$\cdots$	p_k	$\cdots$

良哥解读

若已知离散型随机变量的分布律，则就容易解决与之相关的问题，因此对于离散型随机变量最核心的是找到其分布律. 计算分布律的三个步骤：1. 定取值（找到随机变量的所有可能取值）；2. 算概率（计算随机变量对应的每个取值的概率）；3. 验证 1（将所有取值概率加起来看是否为 1）.

例 设 10 件产品中有 2 件次品，现任取 3 件，以 X 表示取到的次品数，求 X 的概率分布.

解析 由题意，X 的所有可能取值为 0，1，2，其对应概率分别为

$P\{X = 0\} = \dfrac{C_8^3}{C_{10}^3} = \dfrac{7}{15}$；$P\{X = 1\} = \dfrac{C_8^2 C_2^1}{C_{10}^3} = \dfrac{7}{15}$；$P\{X = 2\} = \dfrac{C_8^1 C_2^2}{C_{10}^3} = \dfrac{1}{15}$，

故 X 的概率分布为

X	0	1	2
p	$\dfrac{7}{15}$	$\dfrac{7}{15}$	$\dfrac{1}{15}$

例 一袋中装有 5 只球，编号为 1，2，3，4，5，在袋中同时取 3 只，以 X 表示取出的 3 只球

中的最大号码，写出随机变量 X 的分布律.

[解析] 由题意，X 的所有可能取值为：3，4，5.

因 $\{X=3\}$ 表示最大号码球为 3，即取到的球只能为 1，2，3，故 $P\{X=3\}=\dfrac{1}{C_5^3}=\dfrac{1}{10}$；

因 $\{X=4\}$ 表示最大号码球为 4，即取到的球有一个球为 4 号，其余的两个球只能在 1，2，3 号球中取，故 $P\{X=4\}=\dfrac{C_3^2}{C_5^3}=\dfrac{3}{10}$；

因 $\{X=5\}$ 表示最大号码球为 5，即取到的球有一个球为 5 号，其余的两个球只能在 1，2，3，4 号球中取，故 $P\{X=5\}=\dfrac{C_4^2}{C_5^3}=\dfrac{6}{10}=\dfrac{3}{5}$，

故 X 的概率分布为

X	3	4	5
p	$\dfrac{1}{10}$	$\dfrac{3}{10}$	$\dfrac{3}{5}$

[例] 一汽车沿一街道行驶，需要通过三个均设有红绿信号灯的路口，每个信号灯为红或绿与其他信号灯为红或绿相互独立，且红绿两种信号显示的时间相等. 以 X 表示该汽车首次遇到红灯前已通过的路口的个数. 求 X 的概率分布.

[解析] 设事件 $A_i=$ "汽车在第 i 个路口首次遇到红灯"，$i=1,2,3$，由题意，A_1,A_2,A_3 相互独立.

随机变量 X 的所有可能取值为 $0,1,2,3$，

$P\{X=0\}=P(A_1)=\dfrac{1}{2}$，

$P\{X=1\}=P(\overline{A_1}A_2)=P(\overline{A_1})P(A_2)=\dfrac{1}{2}\times\dfrac{1}{2}=\dfrac{1}{4}$，

$P\{X=2\}=P(\overline{A_1}\,\overline{A_2}A_3)=P(\overline{A_1})P(\overline{A_2})P(A_3)=\dfrac{1}{2}\times\dfrac{1}{2}\times\dfrac{1}{2}=\dfrac{1}{8}$，

$P\{X=3\}=P(\overline{A_1}\,\overline{A_2}\,\overline{A_3})=P(\overline{A_1})P(\overline{A_2})P(\overline{A_3})=\dfrac{1}{2}\times\dfrac{1}{2}\times\dfrac{1}{2}=\dfrac{1}{8}$.

故 X 的概率分布为

X	0	1	2	3
p	$\dfrac{1}{2}$	$\dfrac{1}{4}$	$\dfrac{1}{8}$	$\dfrac{1}{8}$

[良哥解读]

本题中，大家容易漏掉 X 的取值 3，若按照定取值、算概率、验证 1 三步求分布律，则能检查出来. 汽车在通过路口时，可能一路绿灯，故可以取到 3.

（三）离散型随机变量的分布函数

定义： 若 X 的分布律为 $P\{X=x_k\}=p_k(k=1,2,\cdots n)$，不妨设 $x_1<x_2<\cdots<x_k<\cdots<x_n$，则

$$F(x) = \begin{cases} 0, & x < x_1, \\ p_1, & x_1 \leqslant x < x_2, \\ p_1 + p_2, & x_2 \leqslant x < x_3, \\ \quad\vdots \\ 1, & x \geqslant x_n. \end{cases}$$

良哥解读

离散型随机变量的分布律与分布函数是一一对应的，已知分布律我们就能求出分布函数，反之已知分布函数我们也能求分布律．若已知离散型随机变量的分布律求分布函数，可将离散型随机变量的取值点作为分布函数的分段点，为保证分布函数的右连续性，区间范围需要左闭右开；若已知分布函数求分布律，则离散型的所有取值点即为分布函数的分段点．

例 已知随机变量 X 的概率分布为：$P\{X=1\}=0.2, P\{X=2\}=0.3, P\{X=3\}=0.5$.

试写出其分布函数 $F(x)$.

解析 X 的分布函数为

$$F(x) = P\{X \leqslant x\} = \begin{cases} 0, & x < 1, \\ 0.2, & 1 \leqslant x < 2, \\ 0.5, & 2 \leqslant x < 3, \\ 1, & x \geqslant 3. \end{cases}$$

例 设随机变量 X 的分布函数为 $F(x) = \begin{cases} 0, & x < -1, \\ 0.4, & -1 \leqslant x < 1, \\ 0.8, & 1 \leqslant x < 3, \\ 1, & 3 \leqslant x. \end{cases}$ 则 X 的分布律为 _____.

解析 由题意易得，X 的所有可能取值为 $-1, 1, 3$.

$$P\{X=-1\} = F(-1) - F(-1-0) = 0.4 - 0 = 0.4,$$
$$P\{X=1\} = F(1) - F(1-0) = 0.8 - 0.4 = 0.4,$$
$$P\{X=3\} = F(3) - F(3-0) = 1 - 0.8 = 0.2.$$

故 X 的分布律为

X	-1	1	3
p	0.4	0.4	0.2

（四）常见的离散型分布

1. 二项分布

设事件 A 在任意一次实验中出现的概率都是 p（$0 < p < 1$），X 表示 n 重伯努利试验中事件 A 发生的次数，其所有可能的取值为 $0, 1, 2, \cdots, n$，且相应的概率为：

$P\{X=k\} = C_n^k p^k (1-p)^{n-k} (k=0,1,\cdots,n)$，则称 X 服从二项分布，记为 $X \sim B(n,p)$.

二项分布的期望：$E(X) = np$，方差：$D(X) = np(1-p)$.

（1）二项分布 $X \sim B(n,p)$ 的背景：做 n 次独立重复试验（或 n 重伯努利试验），每次试验成功的概率为 p，成功的次数 X 服从二项分布．

（2）若随机变量 $X \sim B(n,p)$，则 $n-X$ 也服从二项分布．其背景意义为：做 n 次独立重复试验，每次试验失败的概率为 $1-p$，试验失败的次数 $n-X$ 服从二项分布，即 $n-X \sim B(n,1-p)$．

（3）二项分布的两种考查方式．

①直接考：题目条件已知 X 服从二项分布，往往参数 n 和 p 有未知的情况，通过已知条件将未知参数求出，再结合二项分布的分布律或数字特征的结论解决即可．

②间接考：题目条件中若是在做 n 次独立重复试验，求与某个事件发生次数相关的问题，立即想到结合二项分布解决．先找到二项分布的两个参数 n 和 p，其中 n 表示所做独立重复试验的次数，p 表示每次试验该事件发生的概率，然后再结合二项分布的分布律或数字特征的结论解决即可．

例 设随机变量 X 服从于参数为 $(2,p)$ 的二项分布，随机变量 Y 服从于参数为 $(3,p)$ 的二项分布，若 $P\{X \geqslant 1\} = \dfrac{5}{9}$，则 $P\{Y \geqslant 1\} = $ _____．

解析 因 $X \sim B(2,p)$，故 $P\{X \geqslant 1\} = 1 - P\{X=0\} = 1 - C_2^0 p^0 (1-p)^2 = 1 - (1-p)^2$．

又 $P\{X \geqslant 1\} = \dfrac{5}{9}$，故有 $1 - (1-p)^2 = \dfrac{5}{9}$，解之得 $p = \dfrac{1}{3}$．

因此 $Y \sim B\left(3, \dfrac{1}{3}\right)$，故 $P\{Y \geqslant 1\} = 1 - P\{Y=0\} = 1 - C_3^0 \left(\dfrac{1}{3}\right)^0 \left(\dfrac{2}{3}\right)^3 = \dfrac{19}{27}$．

例 设 X 的分布律为

X	0	1	2
p	$\dfrac{1}{3}$	$\dfrac{1}{6}$	$\dfrac{1}{2}$

现对随机变量 X 进行 3 次独立观测，求至少有两次观测值大于 1 的概率．

解析 对随机变量 X 进行 3 次独立观测，每次观测随机变量 X 的值是否大于 1，而每次大于 1 的概率为 $p = P\{X > 1\} = \dfrac{1}{2}$，故可将条件看成做了 3 次独立重复试验，每次试验成功的概率为 $p = \dfrac{1}{2}$，记 Y 表示观测值大于 1 的次数（即成功的次数），则 Y 服从二项分布，即 $Y \sim B\left(3, \dfrac{1}{2}\right)$．

所求概率为 $P\{Y \geqslant 2\} = 1 - P\{Y=0\} - P\{Y=1\} = 1 - C_3^0 \left(\dfrac{1}{2}\right)^0 \left(\dfrac{1}{2}\right)^3 - C_3^1 \left(\dfrac{1}{2}\right)^1 \left(\dfrac{1}{2}\right)^2 = \dfrac{1}{2}$．

2. 0–1 分布

若随机变量 X 的概率分布为：$P\{X=k\} = p^k (1-p)^{1-k}$，$k = 0,1 \ (0 < p < 1)$，则称 X 服从 0–1 分布．

0–1 分布 X 的期望：$E(X) = p$，方差：$D(X) = p(1-p)$．

0-1分布是一个特殊的二项分布，当$n=1$时的二项分布为0-1分布，即$X \sim B(1,p)$.

3. 泊松分布

设随机变量X的概率分布为：

$P\{X=k\} = \dfrac{\lambda^k e^{-\lambda}}{k!}$，$(k=0,1,2,\cdots)$，其中参数$\lambda > 0$，

则称X服从参数为λ的泊松分布，记为$X \sim P(\lambda)$.

泊松分布的期望：$E(X) = \lambda$，方差：$D(X) = \lambda$.

对于泊松分布的考查通常比较直接，考生需要熟记泊松分布的分布律、期望和方差. 若题目中泊松分布的参数λ已知，则直接利用泊松分布的分布律、期望和方差的结论解决即可；若参数λ未知，需根据已知条件先求出未知参数λ，再利用泊松分布的结论解决.

例　设某段时间内通过路口车流量服从泊松分布，已知该时段内没有车通过的概率为$\dfrac{1}{e}$，则这段时间内至少有两辆车通过的概率为_____.

解析　设X表示路口车流量，则$X \sim P(\lambda)$，由题意$P\{X=0\} = \dfrac{\lambda^0 e^{-\lambda}}{0!} = e^{-1}$，故$\lambda = 1$.

则至少有两辆车通过的概率为$P\{X \geqslant 2\} = 1 - P\{X < 2\} = 1 - P\{X=0\} - P\{X=1\}$

$= 1 - e^{-1} - \dfrac{1^1 e^{-1}}{1!} = 1 - 2e^{-1}$.

4. 几何分布

设随机变量X的概率分布为：$P\{X=k\} = (1-p)^{k-1}p$，$(0 < p < 1)$，$k=1,2,\cdots$则称X服从几何分布.

几何分布的期望：$E(X) = \dfrac{1}{p}$，方差：$D(X) = \dfrac{1-p}{p^2}$.

（1）几何分布的背景：做独立重复试验，每次试验成功的概率为p，直到试验成功为止一共做的试验次数服从几何分布.

（2）事件$\{X=k\}$表示直到成功为止，一共做了k次试验，则前$k-1$次都失败，第k次成功. 试验成功的概率为p，失败的概率为$1-p$，故$P\{X=k\} = (1-p)^{k-1}p$，若要成功至少做一次试验，所以k的取值为$k=1,2,\cdots$.

5. 超几何分布

设随机变量X的概率分布为：

$P\{X=k\} = \dfrac{C_M^k C_{N-M}^{n-k}}{C_N^n}$，$k=0,1,2,\cdots n$，

其中 M,N,n 都是正整数，且 $n \leqslant M \leqslant N$，则称 X 服从参数为 M,N 和 n 的超几何分布，记为 $X \sim H(n,M,N)$．

> 良哥解读
>
> 超几何分布背景：共有 N 件产品，其中 M 件次品，从 N 件产品中取出 n 件产品，其中所含有的次品数服从超几何分布．

（五）泊松定理

设 $\lambda > 0$ 是一个常数，n 是任意正整数，设 $\lambda = np_n$，则对于任一固定的非负整数 k，有

$$\lim_{n \to +\infty} C_n^k p_n^k (1-p_n)^{n-k} = \frac{\lambda^k}{k!} e^{-\lambda}, \quad (k = 0,1,2,\cdots)．$$

> 良哥解读
>
> （1）泊松定理的本质：当二项分布序列中的参数 n 比较大，参数 p_n 相对较小时，可以用泊松分布的分布律近似代替二项分布的分布律近似计算．在用泊松分布近似代替时，需要找到泊松分布的参数 λ，λ 近似为 np_n．
>
> （2）若考查泊松定理，题干通常会提示用泊松定理，所以我们只需找到二项分布中的 n 与 p_n，这样就能求出泊松分布的参数 $\lambda \approx np_n$，再带入泊松分布的分布律近似计算即可．

例 设一条生产线生产的产品，次品率为 0.001．试用泊松定理计算在某段时间段内生产的 $1\,000$ 件产品中至少有两件次品的概率．

【附表】

λ	1	2	3	4	5	6	7	$\cdots$
$e^{-\lambda}$	0.368	0.135	0.050	0.018	0.007	0.002	0.001	$\cdots$

解析 设随机变量 X 表示 $1\,000$ 件产品中所含的次品数，由题意易得 $X \sim B(1\,000, 0.001)$．

由泊松定理知 X 近似服从泊松分布，其中参数 $\lambda = 1\,000 \times 0.001 = 1$．

故 $1\,000$ 件产品中至少两件次品的概率近似为

$$P\{X \geqslant 2\} = 1 - P\{X = 0\} - P\{X = 1\} = 1 - \frac{1^0 e^{-1}}{0!} - \frac{1^1 e^{-1}}{1!} = 1 - 2e^{-1} \approx 0.264．$$

四、一维连续型随机变量及其概率分布

（一）连续型随机变量的定义

如果对于随机变量 X 的分布函数 $F(x)$，存在非负可积函数 $f(x)$，使得对于任意实数 x，有

$$F(x) = \int_{-\infty}^{x} f(t) dt，$$ 则称 X 为连续型随机变量，函数 $f(x)$ 称为 X 的概率密度函数（简称密度函数）．

> 良哥解读
>
> （1）概率密度函数 $f(x)$ 的定义域是 $(-\infty, +\infty)$，若求概率密度函数时，需将 $(-\infty, +\infty)$ 的表达式都求出．
>
> （2）若已知 X 的概率密度函数 $f(x)$，求其分布函数 $F(x)$，用 $F(x) = \int_{-\infty}^{x} f(t) dt$．

（3）当被积函数可积时，变上限积分函数 $F(x)=\int_{-\infty}^{x}f(t)\mathrm{d}t$ 连续，故连续型随机变量的分布函数是连续函数．

（4）设 X 为连续型随机变量，则其分布函数 $F(x)$ 连续，从而对任意的 $x_{0}\in R$，

$P\{X=x_{0}\}=F(x_{0})-F(x_{0}-0)=0$，即连续型随机变量在任何一点取值概率为 0. 因此计算连续型随机变量在某个区间取值概率时，增加、去掉或改变有限个点不影响其概率大小．

（5）当被积函数连续时，变上限积分函数 $F(x)=\int_{-\infty}^{x}f(t)\mathrm{d}t$ 可导，且 $F'(x)=f(x)$．在 $f(x)$ 的连续点处，有 $f(x)=\lim\limits_{\triangle x\to 0^{+}}\dfrac{F(x+\Delta x)-F(x)}{\Delta x}=\lim\limits_{\triangle x\to 0^{+}}\dfrac{P\{x<X\le x+\Delta x\}}{\Delta x}$．

由极限与无穷小的关系知 $\dfrac{P\{x<X\le x+\Delta x\}}{\Delta x}=f(x)+\alpha$，其中 α 为 $\Delta x\to 0^{+}$ 时的无穷小量，故

在 x 附近近似有 $f(x)\approx\dfrac{P\{x<X\le x+\Delta x\}}{\Delta x}$．由此可见 $f(x)$ 近似表示在区间

$\{x<X\le x+\Delta x\}$ 上取值的概率除以区间长度，所以 $f(x)$ 称为概率密度函数．

概率密度函数与概率的关系就好比密度和质量的关系．物体的密度不是质量，但若体积相同时密度越大，质量就越大；相应的概率密度函数不是概率，但概率密度函数的大小可以反映随机变量在该点附近取值概率的大小，概率密度函数越大，在该点附近的取值概率就越大．

例 已知连续型随机变量 X 的密度函数为 $f(x)=\begin{cases}x, & x\in[0,1),\\ 2-x, & x\in[1,2),\\ 0, & \text{其他}．\end{cases}$ 求分布函数 $F(x)$．

解析 由 $F(x)=\int_{-\infty}^{x}f(t)\mathrm{d}t$，故

当 $x<0$ 时，$F(x)=0$；

当 $0\le x<1$ 时，$F(x)=\int_{0}^{x}t\mathrm{d}t=\dfrac{x^{2}}{2}$；

当 $1\le x<2$ 时，$F(x)=\int_{0}^{1}t\mathrm{d}t+\int_{1}^{x}2-t\mathrm{d}t=-\dfrac{x^{2}}{2}+2x-1$；

当 $x\ge 2$ 时，$F(x)=1$．故

$$F(x)=\begin{cases}0, & x<0,\\[2mm] \dfrac{x^{2}}{2}, & 0\le x<1,\\[2mm] -\dfrac{x^{2}}{2}+2x-1, & 1\le x<2,\\[2mm] 1, & x\ge 2．\end{cases}$$

由于连续型随机变量的分布函数是连续函数，故可以通过验证其分布函数在分段点处是否连续来判定计算是否正确．

（二）概率密度的性质

（1）非负性：$f(x) \geqslant 0$（$-\infty < x < +\infty$）.

（2）规范性：$\int_{-\infty}^{+\infty} f(x)\mathrm{d}x = 1$.

（3）对于任意实数 a 和 $b\,(a < b)$，有

$$P\{a < X \leqslant b\} = P\{a \leqslant X < b\} = P\{a < X < b\} = P\{a \leqslant X \leqslant b\} = \int_a^b f(x)\mathrm{d}x.$$

（4）在 $f(x)$ 的连续点处，有 $F'(x) = f(x)$.

良哥解读

（1）概率密度函数的性质（1）（2）是一个函数成为某个随机变量密度函数的充要条件，若要判定一个函数是否为概率密度函数只需验证这两条性质. 若两条性质都满足就一定是密度函数，只要有一条不满足就一定不是密度函数.

（2）若随机变量 X 的概率密度 $f(x)$ 含有未知参数，可利用 $\int_{-\infty}^{+\infty} f(x)\mathrm{d}x = 1$ 来计算.

（3）若已知随机变量 X 的概率密度 $f(x)$，求某个随机事件的概率，利用性质（3）计算. 随机变量在一个区间上取值的概率转化为在该区间上对密度函数算定积分求得.

（4）若要计算某随机变量的概率密度，则利用 $F'(x) = f(x)$ 计算，先求出该随机变量的分布函数，再对其求导得到概率密度函数.

例 设随机变量 X 具有概率密度 $f(x) = \begin{cases} kx, & x \in [0,3), \\ 2 - \dfrac{x}{2}, & x \in [3,4], \\ 0, & \text{其他.} \end{cases}$

（1）确定常数 k；（2）求 $P\left\{2 < X \leqslant \dfrac{7}{2}\right\}$.

解析 （1）由 $\int_{-\infty}^{+\infty} f(x)\mathrm{d}x = 1$，有

$$1 = \int_0^3 kx\mathrm{d}x + \int_3^4 2 - \frac{x}{2}\mathrm{d}x = \frac{9}{2}k + \frac{1}{4}, \text{ 解之得 } k = \frac{1}{6}.$$

（2）$P\left\{2 < X \leqslant \dfrac{7}{2}\right\} = \int_2^{\frac{7}{2}} f(x)\mathrm{d}x = \dfrac{1}{6}\int_2^3 x\mathrm{d}x + \int_3^{\frac{7}{2}} 2 - \dfrac{x}{2}\mathrm{d}x = \dfrac{5}{12} + \dfrac{3}{16} = \dfrac{29}{48}$.

例 设 X_1, X_2 为任意两个连续型随机变量，它们的密度函数分别为 $f_1(x)$ 和 $f_2(x)$，则（　　　　）

（A）$f_1(x) + f_2(x)$ 必为某随机变量的密度函数.

（B）$f_1(x) - f_2(x)$ 必为某随机变量的密度函数.

（C）$-\dfrac{1}{3}f_1(x) + \dfrac{4}{3}f_2(x)$ 必为某随机变量的密度函数.

（D）$\dfrac{1}{3}f_1(x) + \dfrac{2}{3}f_2(x)$ 必为某随机变量的密度函数.

解析 对于（A）选项：

因为 $\int_{-\infty}^{+\infty} f_1(x)+f_2(x)\mathrm{d}x = \int_{-\infty}^{+\infty} f_1(x)\mathrm{d}x + \int_{-\infty}^{+\infty} f_2(x)\mathrm{d}x = 1+1 = 2 \neq 1$，故 $f_1(x)+f_2(x)$ 一定不是密度函数；

对于（B）选项：

因为 $\int_{-\infty}^{+\infty} f_1(x)-f_2(x)\mathrm{d}x = \int_{-\infty}^{+\infty} f_1(x)\mathrm{d}x - \int_{-\infty}^{+\infty} f_2(x)\mathrm{d}x = 1-1 = 0 \neq 1$，故 $f_1(x)-f_2(x)$ 一定不是密度函数；

对于（C）选项：

虽然 $\int_{-\infty}^{+\infty} -\frac{1}{3}f_1(x)+\frac{4}{3}f_2(x)\mathrm{d}x = -\frac{1}{3}\int_{-\infty}^{+\infty} f_1(x)\mathrm{d}x + \frac{4}{3}\int_{-\infty}^{+\infty} f_2(x)\mathrm{d}x = 1$，但

$-\frac{1}{3}f_1(x)+\frac{4}{3}f_2(x)$ 有可能小于 0，非负性不一定满足，故 $-\frac{1}{3}f_1(x)+\frac{4}{3}f_2(x)$ 不一定是密度函数. 比

如取 $f_1(x)=\begin{cases} \dfrac{1}{2}, & 0 \leqslant x \leqslant 2, \\ 0, & \text{其他} \end{cases}$，$f_2(x)=\begin{cases} \dfrac{1}{2}, & 4 \leqslant x \leqslant 6, \\ 0, & \text{其他} \end{cases}$.

当 $0 \leqslant x \leqslant 2$ 时，$-\frac{1}{3}f_1(x)+\frac{4}{3}f_2(x) = -\frac{1}{3}\times\frac{1}{2}+\frac{4}{3}\times 0 = -\frac{1}{6} < 0$，从而不是密度函数. 应选（D）. 事实上，

对于（D）选项，因为 $\frac{1}{3}f_1(x)+\frac{2}{3}f_2(x) \geqslant 0$，且

$\int_{-\infty}^{+\infty} \frac{1}{3}f_1(x)+\frac{2}{3}f_2(x)\mathrm{d}x = \frac{1}{3}\int_{-\infty}^{+\infty} f_1(x)\mathrm{d}x + \frac{2}{3}\int_{-\infty}^{+\infty} f_2(x)\mathrm{d}x = 1$，故 $\frac{1}{3}f_1(x)+\frac{2}{3}f_2(x)$ 一定是密度函数.

一般地，若 $f_1(x)$ 和 $f_2(x)$ 均为密度函数，则 $a_1 f_1(x)+a_2 f_2(x)\,(a_1 \geqslant 0, a_2 \geqslant 0, a_1+a_2=1)$ 一定是某个随机变量的密度函数.

（三）常见的连续型分布

1. 均匀分布

如果随机变量 X 的密度函数为

$f(x)=\begin{cases} \dfrac{1}{b-a}, & a \leqslant x \leqslant b, \\ 0, & \text{其他}. \end{cases}$ 则称 X 服从 $[a,b]$ 上的均匀分布，记作 $X \sim U(a,b)$. 其中 a,b 是分布的参数.

X 的分布函数为 $F(x)=\begin{cases} 0, & x < a, \\ \dfrac{x-a}{b-a}, & a \leqslant x < b, \\ 1, & x \geqslant b. \end{cases}$

均匀分布的期望：$E(X)=\dfrac{a+b}{2}$，方差：$D(X)=\dfrac{(b-a)^2}{12}$.

均匀分布对应的是几何概型，当计算均匀分布在某个区间取值概率时，可以用此区间的有效长度除以总长度解决.

例 若随机变量 ξ 在 $(1,6)$ 上服从均匀分布，则方程 $x^2 + \xi x + 1 = 0$ 有实根的概率是_____.

解析 设事件 A 表示方程有实根，而方程 $x^2 + \xi x + 1 = 0$ 有实根的充要条件为

$\Delta = \xi^2 - 4 \geqslant 0$，即 $A = \left\{ \xi^2 \geqslant 4 \right\}$.

故 $P(A) = P\left\{ \xi^2 \geqslant 4 \right\} = P\left\{ \xi \geqslant 2 \bigcup \xi \leqslant -2 \right\} = P\left\{ \xi \geqslant 2 \right\} = \dfrac{6-2}{6-1} = \dfrac{4}{5}$.

2. 指数分布

如果随机变量 X 的概率密度为 $f(x) = \begin{cases} \lambda e^{-\lambda x}, & x > 0, \\ 0, & x \leqslant 0, \end{cases}$ 其中 $\lambda > 0$ 为参数，则称 X 服从参数为 λ 的指数分布，记作 $X \sim E(\lambda)$.

X 的分布函数为 $F(x) = \begin{cases} 1 - e^{-\lambda x}, & x > 0, \\ 0, & x \leqslant 0. \end{cases}$

指数分布的期望：$E(X) = \dfrac{1}{\lambda}$，方差：$D(X) = \dfrac{1}{\lambda^2}$.

（1）需要熟记指数分布的密度函数或分布函数，二者选其一记住即可，良哥推荐记分布函数.若熟记分布函数，在计算事件概率时可用分布函数取值计算，且当需要用到密度函数时，只需对分布函数求导即可.

（2）由 $\int_{-\infty}^{+\infty} f(x)\mathrm{d}x = 1$，有 $\int_{0}^{+\infty} \lambda e^{-\lambda x}\mathrm{d}x = 1$.借助此结论以后遇到计算类似 $\int_{0}^{+\infty} e^{-\lambda x}\mathrm{d}x$ 积分时，可将被积函数凑成指数分布的密度函数，然后直接得出积分值，不必再用牛 – 莱公式.

例如计算 $\int_{0}^{+\infty} e^{-3x}\mathrm{d}x$，则 $\int_{0}^{+\infty} e^{-3x}\mathrm{d}x = \dfrac{1}{3}\int_{0}^{+\infty} 3e^{-3x}\mathrm{d}x = \dfrac{1}{3}$.

例 设随机变量 Y 服从参数为 1 的指数分布，a 为常数且大于零，则 $P\left\{ Y \leqslant a+1 \mid Y > a \right\} = \underline{\quad}$.

解析 因随机变量 Y 服从参数为 1 的指数分布，故 Y 的分布函数

$F_Y(y) = \begin{cases} 1 - e^{-y}, & y \geqslant 0, \\ 0, & \text{其他}. \end{cases}$

于是

$P\left\{ Y \leqslant a+1 \mid Y > a \right\} = \dfrac{P\left\{ a < Y \leqslant a+1 \right\}}{P\left\{ Y > a \right\}} = \dfrac{F(a+1) - F(a)}{1 - F(a)}$

$= \dfrac{1 - e^{-(a+1)} - 1 + e^{-a}}{1 - (1 - e^{-a})} = 1 - e^{-1}$.

例 假设随机变量 X 服从参数为 λ 的指数分布，且 X 落入区间 $(1,2)$ 内的概率为 $e^{-1} - e^{-2}$，则

$P\{X>5\}=$ _____ .

解析 因X服从参数为λ的指数分布，故其分布函数为：$F(x)=\begin{cases}1-\mathrm{e}^{-\lambda x}, & x>0, \\ 0, & x\leq 0.\end{cases}$ 则X落入$(1,2)$

内的概率$P\{1<X<2\}=F(2-0)-F(1)=1-\mathrm{e}^{-2\lambda}-1+\mathrm{e}^{-\lambda}=\mathrm{e}^{-\lambda}-\mathrm{e}^{-2\lambda}=\mathrm{e}^{-1}-\mathrm{e}^{-2}$，从而得$\lambda=1$.

故$P\{X>5\}=1-F(5)=1-(1-\mathrm{e}^{-5})=\mathrm{e}^{-5}$.

3. 正态分布
1）正态分布的定义

如果随机变量X的密度函数为

$$f(x)=\frac{1}{\sqrt{2\pi}\sigma}\mathrm{e}^{-\frac{(x-\mu)^2}{2\sigma^2}} \quad (-\infty<x<+\infty),$$

其中μ,σ为常数，$-\infty<\mu<+\infty$，$\sigma>0$，则称X服从参数为μ和σ^2的正态分布，

记作$X\sim N(\mu,\sigma^2)$.

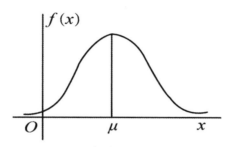

图 1 正态分布密度函数

正态分布的期望：$E(X)=\mu$，方差：$D(X)=\sigma^2$.

良哥解读

（1）正态分布的密度函数图像关于其期望$x=\mu$对称，故有

$$P\{X\leq\mu\}=P\{X>\mu\}=P\{X\geq\mu\}=P\{X<\mu\}=\frac{1}{2}.$$

（2）由$\int_{-\infty}^{+\infty}f(x)\mathrm{d}x=1$，故$\int_{-\infty}^{+\infty}\frac{1}{\sqrt{2\pi}\sigma}\mathrm{e}^{-\frac{(x-\mu)^2}{2\sigma^2}}\mathrm{d}x=1$. 若遇到计算类似$\int_{-\infty}^{+\infty}\mathrm{e}^{-x^2}\mathrm{d}x$积分，由于$\mathrm{e}^{-x^2}$

的原函数存在但用初等函数无法表示，所以反常积分$\int_{-\infty}^{+\infty}\mathrm{e}^{-x^2}\mathrm{d}x$用牛－莱公式无法计算，

而函数e^{-x^2}与正态分布的密度函数接近，故可考虑将e^{-x^2}凑成正态密度函数的形式，借助

$\int_{-\infty}^{+\infty}\frac{1}{\sqrt{2\pi}\sigma}\mathrm{e}^{-\frac{(x-\mu)^2}{2\sigma^2}}\mathrm{d}x=1$计算. 即$\int_{-\infty}^{+\infty}\mathrm{e}^{-x^2}\mathrm{d}x=\sqrt{\pi}\int_{-\infty}^{+\infty}\frac{1}{\sqrt{2\pi}\frac{1}{\sqrt{2}}}\mathrm{e}^{-\frac{(x-0)^2}{2(\frac{1}{\sqrt{2}})^2}}\mathrm{d}x=\sqrt{\pi}$，这个积分也叫泊松

积分，可以作为一个常用结论直接写结果.

若遇到类似$\int_{0}^{+\infty}\mathrm{e}^{-x^2}\mathrm{d}x$积分，由于$\mathrm{e}^{-x^2}$为偶函数，故$\int_{0}^{+\infty}\mathrm{e}^{-x^2}\mathrm{d}x=\frac{1}{2}\int_{-\infty}^{+\infty}\mathrm{e}^{-x^2}\mathrm{d}x=\frac{\sqrt{\pi}}{2}$.

借助正态分布密度函数的结论，可以简化概率论中的一些复杂积分计算，大家需要重点掌握.

例 设随机变量 X 服从正态分布 $N(\mu, \sigma^2)$ $(\sigma > 0)$，且二次方程 $y^2 + 4y + X = 0$ 无实根的概率为 $\dfrac{1}{2}$，则 $\mu = $ _____．

解析 二次方程 $y^2 + 4y + X = 0$ 无实根，即判别式 $\Delta = 16 - 4X < 0$，也即 $X > 4$．

由题意有，$P\{X > 4\} = \dfrac{1}{2}$．

又 $X \sim N(\mu, \sigma^2)$ $(\sigma > 0)$，因正态分布密度函数图像关于期望 μ 对称，

故有 $P\{X > \mu\} = \dfrac{1}{2}$，从而 $\mu = 4$．

例 利用正态分布概率密度的结论计算积分 $\displaystyle\int_{-\infty}^{+\infty} e^{-x^2 + 2x}\, dx$．

解析 $\displaystyle\int_{-\infty}^{+\infty} e^{-x^2 + 2x}\, dx = \int_{-\infty}^{+\infty} e^{-(x-1)^2 + 1}\, dx = e\int_{-\infty}^{+\infty} e^{-(x-1)^2}\, dx$

$= \sqrt{\pi}\, e \displaystyle\int_{-\infty}^{+\infty} \dfrac{1}{\sqrt{2\pi}\, \dfrac{1}{\sqrt{2}}} e^{-\frac{(x-1)^2}{2\left(\frac{1}{\sqrt{2}}\right)^2}}\, dx = \sqrt{\pi}\, e$．

2）标准正态分布

当正态分布中的参数 $\mu = 0$，$\sigma = 1$ 时，称为标准正态分布，记作 $N(0,1)$，其密度函数用 $\varphi(x)$ 表示，分布函数用 $\Phi(x)$ 表示，其中 $\varphi(x) = \dfrac{1}{\sqrt{2\pi}} e^{-\frac{x^2}{2}}$ $(-\infty < x < +\infty)$．

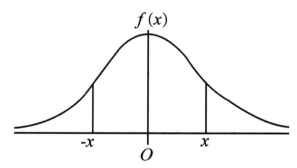

图 2 标准正态分布密度函数

3）标准正态的性质

① $\varphi(-x) = \varphi(x)$；　　　　　　② $\Phi(0) = \dfrac{1}{2}$；

③ $\Phi(-x) = 1 - \Phi(x)$；　　　　　④ $P\{|X| \leqslant a\} = 2\Phi(a) - 1$．

良哥解读
标准正态的性质本质是密度函数图像关于 y 轴对称，故结合图像及分布函数的定义容易得到以上几条性质．

4）上 α 分位点

设 $X \sim N(0,1)$，对于给定的 $\alpha(0 < \alpha < 1)$，如果 u_α 满足 $P\{X > u_\alpha\} = \alpha$，则称 u_α 为标准正态分布的

上 α 分位点.

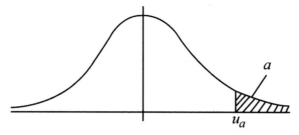

图 3 标准正态分布上 α 分位点

【良哥解读】

上 α 分位点本质描述了 u_α 与 α 的一一对应关系,其中 u_α 是一个实数,α 是随机变量 X 大于 u_α 的概率.

上 α 分位点主要有两种考察方式:

①已知标准正态在某个范围上取值的概率,求对应某点 x 的值.若要计算数值 x,则根据条件将随机变量大于 x 的概率求得,比如求出其概率为 $P\{X>x\}=\dfrac{\alpha}{2}$,则 $x=u_{\frac{\alpha}{2}}$;

②已知数值 u_α 求概率,比如计算 $P\{X<u_{\frac{1}{3}}\}=1-P\{X>u_{\frac{1}{3}}\}=1-\dfrac{1}{3}=\dfrac{2}{3}$.

例 设随机变量 X 服从正态分布 $N(0,1)$,对给定的 $\alpha(0<\alpha<1)$,数 u_α 满足 $P\{X>u_\alpha\}=\alpha$.若 $P\{|X|<x\}=\alpha$,则 x 等于(   )

(A) $u_{\frac{\alpha}{2}}$.   (B) $u_{1-\frac{\alpha}{2}}$.   (C) $u_{\frac{1-\alpha}{2}}$.   (D) $u_{1-\alpha}$.

解析 因 X 服从标准正态分布,故由标准正态的对称性有

$P\{|X|<x\}=2\Phi(x)-1=2P\{X\leqslant x\}-1=\alpha$,从而 $P\{X\leqslant x\}=\dfrac{1+\alpha}{2}$,即

$P\{X>x\}=1-P\{X\leqslant x\}=1-\dfrac{1+\alpha}{2}=\dfrac{1-\alpha}{2}$,则 $x=u_{\frac{1-\alpha}{2}}$.故应选(C).

例 设随机变量 X 服从正态分布 $N(0,1)$,对给定的 $\alpha(0<\alpha<1)$,数 u_α 满足 $P\{X>u_\alpha\}=\alpha$,则 $P\{u_{\frac{1}{3}}<X<u_{\frac{1}{6}}\}=$ _____.

解析 因 $P\{u_{\frac{1}{3}}<X<u_{\frac{1}{6}}\}=P\{X<u_{\frac{1}{6}}\}-P\{X\leqslant u_{\frac{1}{3}}\}$

$=1-P\{X>u_{\frac{1}{6}}\}-[1-P\{X>u_{\frac{1}{3}}\}]$,则由上 α 分位点定义知

$P\{u_{\frac{1}{3}}<X<u_{\frac{1}{6}}\}=1-\dfrac{1}{6}-1+\dfrac{1}{3}=\dfrac{1}{6}$.

(5)标准化

若随机变量 $X\sim N(\mu,\sigma^2)$,则 $Z=\dfrac{X-\mu}{\sigma}\sim N(0,1)$.

正态分布中研究最透彻的是标准正态分布，若遇到一般的正态分布不会解决时，不妨先将其通过标准化化为标准正态分布，再借助标准正态分布解决，这是解决一般正态分布问题的固有思维．

例 随机变量 $X \sim N(10, 0.02^2)$．已知 $\Phi(x) = \int_{-\infty}^{x} \frac{1}{\sqrt{2\pi}} e^{-\frac{u^2}{2}} du$，$\Phi(2.5) = 0.993\,8$，

则 X 落在区间 $(9.95, 10.05)$ 内的概率为 _____．

解析 因 $X \sim N(10, 0.02^2)$，则

$$
\begin{aligned}
P\{9.95 < X < 10.05\} &= P\left\{\frac{9.95 - 10}{0.02} < \frac{X - 10}{0.02} < \frac{10.05 - 10}{0.02}\right\} \\
&= P\left\{-2.5 < \frac{X - 10}{0.02} < 2.5\right\} = 2\Phi(2.5) - 1 \\
&= 2 \times 0.993\,8 - 1 = 0.987\,6.
\end{aligned}
$$

例 设随机变量 X 与 Y 均服从正态分布，$X \sim N(\mu, 4^2)$，$Y \sim N(\mu, 5^2)$．记

$p_1 = P\{X \leqslant \mu - 4\}$，$p_2 = P\{Y \geqslant \mu + 5\}$，则（　　　　）

（Ａ）对任何实数 μ，都有 $p_1 = p_2$．　　　　（Ｂ）对任何实数 μ，都有 $p_1 < p_2$．

（Ｃ）只对 μ 的个别值，都有 $p_1 = p_2$．　　　　（Ｄ）对任何实数 μ，都有 $p_1 > p_2$．

解析 因 $X \sim N(\mu, 4^2), Y \sim N(\mu, 5^2)$，分别将 X 与 Y 标准化有

$$
\frac{X - \mu}{4} \sim N(0, 1)，\quad \frac{Y - \mu}{5} \sim N(0, 1)．
$$

又 $p_1 = P\{X \leqslant \mu - 4\} = P\left\{\frac{X - \mu}{4} \leqslant \frac{\mu - 4 - \mu}{4}\right\}$

$= P\left\{\frac{X - \mu}{4} \leqslant -1\right\} = \Phi(-1) = 1 - \Phi(1)．$

$p_2 = P\{Y \geqslant \mu + 5\} = P\left\{\frac{Y - \mu}{5} \geqslant \frac{\mu + 5 - \mu}{5}\right\} = P\left\{\frac{Y - \mu}{5} \geqslant 1\right\}$

$= 1 - P\left\{\frac{Y - \mu}{5} < 1\right\} = 1 - \Phi(1)．$

故对任何实数 μ，都有 $p_1 = p_2$．故应选（Ａ）．

（四）一维随机变量函数的分布

1. 一维离散型随机变量函数的分布

设 X 是离散型随机变量，其概率分布为 $P\{X = x_k\} = p_k$，$k = 1, 2, \cdots$，则随机变量 X 的函数 $Y = g(X)$（一般 $y = g(x)$ 为连续函数）取值为 $g(x_k)$ 的概率为 $P\{Y = g(x_k)\} = p_k$，$k = 1, 2, \cdots$．

如果 $g(x_k)$ 中出现相同的函数值，则将它们相应的概率之和作为随机变量 $Y = g(X)$ 取该值的概率，即可得到 $Y = g(X)$ 的概率分布．

例 随机变量 X 的分布律为

X	-1	0	1	2
p	$\dfrac{1}{3}$	$\dfrac{1}{4}$	$\dfrac{1}{4}$	$\dfrac{1}{6}$

则 $Y = X^2$ 的分布律为_____.

解析 随机变量 Y 的所有可能取值为 0，1，4，故 Y 的分布律为

X	0	1	4
p	$\dfrac{1}{4}$	$\dfrac{7}{12}$	$\dfrac{1}{6}$

2. 一维连续型随机变量函数的分布

随机变量 X 的概率密度为 $f_X(x)$，随机变量 Y 由 X 的某函数构成，即 $Y = g(X)$（一般 $y = g(x)$ 为连续函数），求随机变量 Y 的概率分布.

方法：分布函数法

$F_Y(y) = P(Y \leqslant y) = P\{g(X) \leqslant y\} = \displaystyle\int_{g(X) \leqslant y} f_X(x)\mathrm{d}x$. 若要计算 $f_Y(y)$，再用 $f_Y(y) = F_Y'(y)$ 即可.

良哥解读

一维连续型随机变量函数的分布是一个难点，主要难在计算积分 $\displaystyle\int_{g(X) \leqslant y} f_X(x)\mathrm{d}x$. 因为被积函数 $f_X(x)$ 已知，所以关键在于找到积分上下限，然后再进行积分计算. 由于分布函数的定义域是 $(-\infty, +\infty)$，所以 y 要取遍 $(-\infty, +\infty)$，但 y 只要变化积分区间随之就会发生改变，故需要先讨论 y 的范围.

如何讨论 y 的范围成为了关键点，在此给大家介绍一个小窍门. 由于 y 要取遍 $(-\infty, +\infty)$，则我们需要找几个点将整个数轴分开. 我们可以通过找两类点将其分开：第一类点，将 X 密度函数 $f_X(x)$ 的分段点带入函数 $y = g(x)$ 算出函数值；第二类点，算出函数 $y = g(x)$ 在密度函数 $f_X(x) > 0$ 的区间内的最大值和最小值，最后确定一共找到几个不同的点，用这些点将数轴分开，每段分别计算分布函数即可.

例如：随机变量 X 的密度函数为 $f(x) = \begin{cases} \dfrac{1}{2}, & 0 \leqslant x \leqslant 2, \\ 0, & \text{其他.} \end{cases}$ 随机变量 $Y = X^2$，求 Y 的分布函数

$F_Y(y)$ 时，y 范围的讨论. 将 $f(x)$ 的分段点 $x = 0, x = 2$ 带入函数 $y = x^2$ 中，算出 $y = 0, y = 4$，再找函数 $y = x^2$ 在 $f(x) > 0$ 的区间 $[0, 2]$ 上的最值，显然最大值 $y = 4$，最小值 $y = 0$，最后一共找到两个不同的点 $y = 0, y = 4$，所以 y 范围分成三段 $y < 0$，$0 \leqslant y < 4$ 及 $y \geqslant 4$.

$\boxed{\text{例}}$ 设随机变量 X 的概率密度为 $f(x)=\begin{cases}1+x, & -1\leqslant x\leqslant 0,\\ 1-x, & 0<x\leqslant 1,\\ 0, & \text{其他}.\end{cases}$ 令 $Y=|X|$，求 Y 的概率密度函数 $f_Y(y)$．

$\boxed{\text{解析}}$ 由 $F_Y(y)=P\{Y\leqslant y\}=P\{|X|\leqslant y\}$，

当 $y<0$ 时，$F_Y(y)=0$；

当 $0\leqslant y<1$ 时，$F_Y(y)=P\{-y\leqslant X\leqslant y\}=\int_{-y}^{0}1+x\,\mathrm{d}x+\int_{0}^{y}1-x\,\mathrm{d}x$

$=\dfrac{2y-y^2}{2}+\dfrac{2y-y^2}{2}=2y-y^2$；

当 $y\geqslant 1$ 时，$F_Y(y)=1$，故 $f_Y(y)=F_Y'(y)=\begin{cases}2-2y, & 0<y<1,\\ 0, & \text{其他}.\end{cases}$

$\boxed{\text{例}}$ 设随机变量 X 在区间 $(1,2)$ 上服从均匀分布．试求随机变量 $Y=\mathrm{e}^{2X}$ 的概率密度 $f(y)$．

$\boxed{\text{解析}}$ 由题意有 $f_X(x)=\begin{cases}1, & 1<x<2,\\ 0, & \text{其他}.\end{cases}$

记 $F_Y(y)=P\{Y\leqslant y\}=P\{\mathrm{e}^{2X}\leqslant y\}$，

当 $y<\mathrm{e}^2$ 时，$F_Y(y)=0$；

当 $\mathrm{e}^2\leqslant y<\mathrm{e}^4$ 时，$F_Y(y)=P\{2X\leqslant \ln y\}=P\left\{X\leqslant \dfrac{\ln y}{2}\right\}=\dfrac{\ln y}{2}-1$；

当 $y\geqslant \mathrm{e}^4$ 时，$F_Y(y)=1$．

故 $f_Y(y)=F_Y'(y)=\begin{cases}\dfrac{1}{2y}, & \mathrm{e}^2<y<\mathrm{e}^4,\\ 0, & \text{其他}.\end{cases}$

$\boxed{\text{例}}$ 设 X 为连续型随机变量，其分布函数为 $F(x)$．试证明 $Y=F(X)$ 服从 $[0,1]$ 区间上的均匀分布．

$\boxed{\text{解析}}$ 因 X 为连续型随机变量，则在 X 的密度函数大于 0 的区间内有 $F'(x)=f(x)>0$，从而在此区间内分布函数 $F(x)$ 单调增加，此时 $F(x)$ 具有反函数．

又 $0\leqslant F(x)\leqslant 1$，故

当 $y<0$ 时，$F_Y(y)=P\{Y\leqslant y\}=P\{F(X)\leqslant y\}=0$；

当 $y\geqslant 1$ 时，$F_Y(y)=P\{Y\leqslant y\}=P\{F(X)\leqslant y\}=1$；

当 $0\leqslant y<1$ 时，

$F(y)=P\{Y\leqslant y\}=P\{F(X)\leqslant y\}=P\{X\leqslant F^{-1}(y)\}=F\left[F^{-1}(y)\right]=y$；

综上，得 $F_Y(y)=\begin{cases}0, & y<0,\\ y, & 0\leqslant y<1,\\ 1, & y\geqslant 1.\end{cases}$ 故 Y 服从 $[0,1]$ 区间上的均匀分布．

良哥解读

将连续型随机变量 X 的分布函数 $F(x)$ 作用在自己身上，得到的随机变量 $Y = F(X)$ 一定服从 $[0,1]$ 区间上的均匀分布．这个结论以后在解决选择或填空题时可以直接应用．

多维随机变量及其分布

📌 **大纲要求**

（1）理解多维随机变量的概念，理解多维随机变量的分布的概念和性质．理解二维离散型随机变量的概率分布、边缘分布和条件分布，理解二维连续型随机变量的概率密度、边缘密度和条件密度，会求与二维随机变量相关事件的概率．

（2）理解随机变量的独立性及不相关性的概念，掌握随机变量相互独立的条件．

（3）掌握二维均匀分布，了解二维正态分布 $N(\mu_1, \mu_2; \sigma_1^2, \sigma_2^2; \rho)$ 的概率密度，理解其中参数的概率意义．

（4）会求两个随机变量简单函数的分布，会求多个相互独立随机变量简单函数的分布．

⛵ **本章重点**

（1）两个随机变量独立性的判定．

（2）二维离散型随机变量的分布律、边缘分布律、条件分布律的求法．

（3）二维连续型随机变量的概率密度函数、边缘密度函数、条件密度函数的求法．

（4）两个离散型（连续型）随机变量函数的分布及一个离散型与一个连续型随机变量的函数分布．

（5）二维均匀分布的概率密度函数，二维正态分布的性质及其参数的意义．

📖 **基础知识**

【 **一、二维随机变量的概念** 】

定义： 设 $X = X(e), Y = Y(e)$ 是定义在样本空间 $\Omega = \{e\}$ 上的两个随机变量，则称向量 (X, Y) 为二维随机变量或二维随机向量．

【 **二、二维随机变量的分布函数及其性质** 】

（一）分布函数定义

设 (X, Y) 为二维随机变量，对于任意实数 x, y，二元函数 $F(x, y) = P\{X \leqslant x, Y \leqslant y\}$，

称为二维随机变量 (X, Y) 的分布函数，或称为随机变量 X 和 Y 的联合分布函数．

例 设随机变量 X 的概率密度为 $f_X(x) = \begin{cases} \dfrac{1}{2}, & -1 < x < 0, \\ \dfrac{1}{4}, & 0 \leqslant x < 2, \\ 0, & \text{其他.} \end{cases}$

令 $Y = X^2$，$F(x,y)$ 为二维随机变量 (X,Y) 的分布函数，求 $F\left(-\dfrac{1}{2},4\right)$.

解析　由 $F(x,y) = P(X \leqslant x, Y \leqslant y)$，得

$$F\left(-\frac{1}{2},4\right) = P\left\{X \leqslant -\frac{1}{2}, Y \leqslant 4\right\} = P\left\{X \leqslant -\frac{1}{2}, X^2 \leqslant 4\right\}$$

$$= P\left\{X \leqslant -\frac{1}{2}, -2 \leqslant X \leqslant 2\right\} = P\left\{-2 \leqslant X \leqslant -\frac{1}{2}\right\}$$

$$= \int_{-2}^{-\frac{1}{2}} f_X(x) \mathrm{d}x = \int_{-1}^{-\frac{1}{2}} \frac{1}{2} \mathrm{d}x = \frac{1}{4}.$$

（二）分布函数的性质

（1）非负性： 对于任意实数 $x,y \in R$，有 $0 \leqslant F(x,y) \leqslant 1$.

（2）规范性：

$$F(-\infty,y) = \lim_{x \to -\infty} F(x,y) = 0; \quad F(x,-\infty) = \lim_{y \to -\infty} F(x,y) = 0;$$

$$F(-\infty,-\infty) = \lim_{\substack{x \to -\infty \\ y \to -\infty}} F(x,y) = 0; \quad F(+\infty,+\infty) = \lim_{\substack{x \to +\infty \\ y \to +\infty}} F(x,y) = 1.$$

（3）单调不减性： $F(x,y)$ 分别关于 x 和 y 单调不减.

（4）右连续性： $F(x,y)$ 分别关于 x 和 y 具有右连续性，即

$$F(x,y) = F(x+0,y), F(x,y) = F(x,y+0) \quad x,y \in R.$$

三、二维随机变量的边缘分布函数

若已知 $F(x,y) = P\{X \leqslant x, Y \leqslant y\}$，则称

$$F_X(x) = F(x,+\infty) = \lim_{y \to +\infty} F(x,y),$$

$$F_Y(y) = F(+\infty,y) = \lim_{x \to +\infty} F(x,y)$$

分别为二维随机变量 (X,Y) 关于 X 和关于 Y 的边缘分布函数.

四、随机变量 X 和 Y 的独立性

设二维随机变量 (X,Y) 的分布函数为 $F(x,y)$，关于 X 与 Y 的分布函数分别为 $F_X(x)$ 和 $F_Y(y)$，如果对于所有的 x，y，有 $P\{X \leqslant x, Y \leqslant y\} = P\{X \leqslant x\} P\{Y \leqslant y\}$，

即 $F(x,y) = F_X(x)F_Y(y)$，则称随机变量 X 和 Y 相互独立.

良哥解读

（1）若已知 (X,Y) 的分布函数 $F(x,y)$，判定随机变量 X 和 Y 是否独立，只需先找到两个边缘分布函数 $F_X(x)$ 和 $F_Y(y)$，再判定等式 $F(x,y) = F_X(x)F_Y(y)$ 是否成立即可.

（2）若(X,Y)的分布函数$F(x,y)$未知，判定随机变量X和Y是否独立，通常先判定X和Y是否不独立．由于随机变量的独立需对所有的x，y，等式

$P\{X\leqslant x,Y\leqslant y\}=P\{X\leqslant x\}P\{Y\leqslant y\}$ 均成立，故若能找到一对特殊的x_0,y_0，使得 $P\{X\leqslant x_0,Y\leqslant y_0\}\neq P\{X\leqslant x_0\}P\{Y\leqslant y_0\}$，则$X$和$Y$不独立．

（3）若随机变量$X_1,X_2,\cdots,X_n,Y_1,Y_2,\cdots,Y_m$相互独立，则$f(X_1,X_2,\cdots,X_n)$与$g(Y_1,Y_2,\cdots,Y_m)$也相互独立，其中$f(\cdot)$与$g(\cdot)$分别为$n$元和$m$元连续函数（$n\geqslant1$，$m\geqslant1$）．

例　一电子仪器由两个部件构成，以X和Y分别表示两个部件的寿命（单位：千小时），已知

X和Y的联合分布函数为$F(x,y)=\begin{cases}1-\mathrm{e}^{-0.5x}-\mathrm{e}^{-0.5y}+\mathrm{e}^{-0.5(x+y)}, & x\geqslant0,y\geqslant0,\\ 0, & \text{其他．}\end{cases}$

（1）问X和Y是否独立？

（2）求两个部件的寿命都超过100小时的概率α．

解析　（1）X和Y的边缘分布函数分别为

$$F_X(x)=\lim_{y\to+\infty}F(x,y)=\begin{cases}1-\mathrm{e}^{-0.5x}, & x\geqslant0,\\ 0, & \text{其他．}\end{cases}$$

$$F_Y(y)=\lim_{x\to+\infty}F(x,y)=\begin{cases}1-\mathrm{e}^{-0.5y}, & y\geqslant0,\\ 0, & \text{其他．}\end{cases}$$

因为$F(x,y)=F_X(x)F_Y(y)$，对任意x，y成立，故X和Y相互独立．

（2）

$\alpha=P\{X>0.1,Y>0.1\}=P\{X>0.1\}P\{Y>0.1\}$

$\quad=[1-F_X(0.1)][1-F_Y(0.1)]$

$\quad=\mathrm{e}^{-0.05}\cdot\mathrm{e}^{-0.05}=\mathrm{e}^{-0.1}$．

良哥解读

由于题干中指出（单位：千小时），故两个部件的寿命都超过100小时的事件不是$\{X>100,Y>100\}$而是$\{X>0.1,Y>0.1\}$．这是很多考生犯错误的一个地方，同时也告诉我们做题时，审题一定要细心．

例　设随机变量X的概率密度为$f_X(x)=\begin{cases}\dfrac{1}{2}, & -1<x<0,\\[2mm] \dfrac{1}{4}, & 0\leqslant x<2,\\[2mm] 0, & \text{其他．}\end{cases}$

随机变量$Y=X^2$，试判断X与Y是否独立？为什么？

解析　因为$P\{X<1,Y<1\}=P\{X<1,X^2<1\}=P\{-1<X<1\}$

$$= \int_{-1}^{0} \frac{1}{2} dx + \int_{0}^{1} \frac{1}{4} dx = \frac{3}{4} ,$$

$$P\{X < 1\} = \int_{-1}^{0} \frac{1}{2} dx + \int_{0}^{1} \frac{1}{4} dx = \frac{3}{4} ,$$

$$P\{Y < 1\} = P\{X^2 < 1\} = P\{-1 < X < 1\}$$

$$= \int_{-1}^{0} \frac{1}{2} dx + \int_{0}^{1} \frac{1}{4} dx = \frac{3}{4} ,$$

故 $P\{X < 1, Y < 1\} \neq P\{X < 1\} P\{Y < 1\}$，从而随机变量 X 与 Y 不独立.

> **五、二维离散型随机变量及其概率分布**

（一）二维离散型随机变量的定义

若二维随机变量 (X, Y) 可能的取值为有限对或可列无穷多对实数，则称 (X, Y) 为二维离散型随机变量.

（二）二维离散型随机变量的分布律

设二维离散型随机变量 (X, Y) 所有可能的取值为 $(x_i, y_j)(i, j = 1, 2, \cdots)$，且对应的概率为

$P\{X = x_i, Y = y_j\} = p_{ij}, (i, j = 1, 2, \cdots)$，其中

① $p_{ij} \geq 0$, $i, j = 1, 2, \cdots$；② $\sum_{i=1}^{+\infty} \sum_{j=1}^{+\infty} p_{ij} = 1$，

则称 $P\{X = x_i, Y = y_j\} = p_{ij}, (i, j = 1, 2, \cdots)$ 为二维离散型随机变量 (X, Y) 的分布律或随机变量 X 和 Y 的联合分布律. 通常也用如下表格形式表示：

X \ Y	y_1	y_2	$\cdots$	y_j	$\cdots$
x_1	p_{11}	p_{12}	$\cdots$	p_{1j}	$\cdots$
x_2	p_{21}	p_{22}	$\cdots$	p_{2j}	$\cdots$
$\cdots$	$\cdots$	$\cdots$	$\cdots$	$\cdots$	$\cdots$
x_i	p_{i1}	p_{i2}	$\cdots$	p_{ij}	$\cdots$
$\cdots$	$\cdots$	$\cdots$	$\cdots$	$\cdots$	$\cdots$

例 已知 (X, Y) 的分布律为 $(X, Y) \sim \begin{pmatrix} (0,0) & (0,1) & (1,1) \\ \dfrac{1}{4} & \dfrac{1}{4} & \dfrac{2}{4} \end{pmatrix}$，$X, Y$ 的联合分布函数为 $F(x, y)$，则

$F(\dfrac{1}{2}, 1) = $ _____；$P\{X \geq 0, Y > \dfrac{1}{2}\} = $ _____.

解析 （1）由分布函数定义得

$$F(\frac{1}{2}, 1) = P\{X \leq \frac{1}{2}, Y \leq 1\} = \sum_{x_i \leq \frac{1}{2}, y_j \leq 1} P\{X = x_i, Y = y_j\}$$

$$= P\{X=0, Y=0\} + P\{X=0, Y=1\} = \frac{1}{2}.$$

（2）$P\{X \geqslant 0, Y > \frac{1}{2}\} = P\{X=0, Y=1\} + P\{X=1, Y=1\} = \frac{3}{4}.$

例 将两封信随意地投入 3 个邮筒，设 X, Y 分别表示投入第 1，2 号邮筒中信的数目，求 (X, Y) 的分布律.

解析 由题意，随机变量 X, Y 的所有可能取值均为：0，1，2. 又

$$P\{X=0, Y=0\} = \frac{1}{3 \times 3} = \frac{1}{9}, \quad P\{X=0, Y=1\} = \frac{2 \times 1}{3 \times 3} = \frac{2}{9},$$

$$P\{X=0, Y=2\} = \frac{1}{3 \times 3} = \frac{1}{9}, \quad P\{X=1, Y=0\} = \frac{2 \times 1}{3 \times 3} = \frac{2}{9},$$

$$P\{X=1, Y=1\} = \frac{2 \times 1}{3 \times 3} = \frac{2}{9}, \quad P\{X=1, Y=2\} = 0,$$

$$P\{X=2, Y=0\} = \frac{1}{3 \times 3} = \frac{1}{9}, \quad P\{X=2, Y=1\} = 0,$$

$$P\{X=2, Y=2\} = 0,$$

从而 (X, Y) 的分布律为

X \ Y	0	1	2
0	$\frac{1}{9}$	$\frac{2}{9}$	$\frac{1}{9}$
1	$\frac{2}{9}$	$\frac{2}{9}$	0
2	$\frac{1}{9}$	0	0

（三）边缘分布律

设二维离散型随机变量 (X, Y) 的分布律为 $P\{X=x_i, Y=y_j\} = p_{ij}, \quad i, j = 1, 2, \cdots.$

称 $P\{X=x_i\} = P\{X=x_i, Y < +\infty\} = \sum_{j=1}^{+\infty} P\{X=x_i, Y=y_j\} = \sum_{j=1}^{+\infty} p_{ij} (i = 1, 2, \cdots)$ 为

X 的边缘分布律，记为 $p_{i\cdot}$；

称 $P\{Y=y_i\} = P\{X < +\infty, Y=y_i\} = \sum_{i=1}^{+\infty} P\{X=x_i, Y=y_j\} = \sum_{i=1}^{+\infty} p_{ij} (j = 1, 2, \cdots)$ 为

Y 的边缘分布律，记为 $p_{\cdot j}$.

（四）条件分布律

设二维离散型随机变量 (X, Y) 的分布律为

$$P\{X=x_i, Y=y_j\} = p_{ij}, \quad i, j = 1, 2, \cdots.$$

对于给定的 j，若 $P\{Y=y_j\}>0(j=1,2,\cdots)$，称

$$P\{X=x_i|Y=y_j\}=\frac{P\{X=x_i,Y=y_j\}}{P\{Y=y_j\}}=\frac{p_{ij}}{p_{\cdot j}},i=1,2,\cdots$$

为在 $Y=y_j$ 的条件下随机变量 X 的条件分布律；

对于给定的 i，如果 $P\{X=x_i\}>0(i=1,2,\cdots)$，称

$$P\{Y=y_j|X=x_i\}=\frac{P\{X=x_i,Y=y_j\}}{P\{X=x_i\}}=\frac{p_{ij}}{p_{i\cdot}},j=1,2,\cdots$$

为在 $X=x_i$ 的条件下随机变量 Y 的条件分布律.

若已知在 $X=x_i(i=1,2,\cdots)$ 的条件下随机变量 Y 的条件分布律和 X 的分布律，计算 (X,Y) 的分布律，可用 X 的分布律乘以在 $X=x_i(i=1,2,\cdots)$ 条件下 Y 的条件分布律，即

$$P\{X=x_i,Y=y_j\}=P\{Y=y_j|X=x_i\}P\{X=x_i\},i,j=1,2,\cdots.$$

例 设某班车起点站上客人数 X 服从参数 $\lambda(\lambda>0)$ 的泊松分布，每位乘客在中途下车的概率为 $p(0<p<1)$，且中途下车与否相互独立，以 Y 表示在中途下车的人数，求：

（1）在发车时有 n 个乘客的条件下，中途有 m 人下车的概率；

（2）二维随机变量 (X,Y) 的概率分布.

解析 （1）由题意，当发车时有 n 个乘客的条件下，中途下车人数服从参数为 n,p 的二项分布，故所求概率为 $P\{Y=m|X=n\}=C_n^m p^m(1-p)^{n-m}$，$m=0,1,2\cdots,n;n=0,1,2\cdots$.

（2）因 X 服从参数为 $\lambda(\lambda>0)$ 的泊松分布，故 X 的分布律为

$$P\{X=n\}=\frac{\lambda^n \mathrm{e}^{-\lambda}}{n!},\quad n=0,1,2\cdots.$$

故 (X,Y) 的概率分布为

$$P\{X=n,Y=m\}=P\{Y=m|X=n\}P\{X=n\}=C_n^m p^m(1-p)^{n-m}\cdot\frac{\lambda^n \mathrm{e}^{-\lambda}}{n!},$$

其中 $m=0,1,2\cdots,n;n=0,1,2\cdots$.

当发车有 n 个乘客时，观察一位乘客是否下车相当于做了一次试验，观察 n 个乘客是否下车相当于做了 n 次试验，由于每位乘客下车与否相互独立，故可看成做了 n 次独立重复试验，从而在发车有 n 个乘客的条件下，中途下车人数服从二项分布.

（五）两个离散型随机变量的独立性

设二维离散型随机变量 (X,Y) 的分布律为

$$P\{X=x_i,Y=y_j\}=p_{ij},\quad i,j=1,2,\cdots,$$

若对于任意 $i,j=1,2,\cdots$，有 $P\{X=x_i,Y=y_j\}=P\{X=x_i\}P\{Y=y_j\}$，则称两个离散型随机变量 X

和 Y 相互独立.

（1）若已知 (X,Y) 的分布律 $P\{X=x_i,Y=y_j\}=p_{ij}$，$i,j=1,2,\cdots$，判定随机变量 X 和 Y 是否独立，则先求出两个边缘分布律 $P\{X=x_i\}=p_{i\cdot}$ 和 $P\{Y=y_j\}=p_{\cdot j}$，再判定等式 $P\{X=x_i,Y=y_j\}=P\{X=x_i\}P\{Y=y_j\}$ 是否成立. 若对所有的 i,j 均成立，则随机变量 X 和 Y 独立，若有一对 i,j 使得等式不成立，则 X 和 Y 不独立.

（2）若已知两个离散型随机变量 X 和 Y 相互独立，求 X 和 Y 的联合分布律，只需分别找到两个随机变量 X 和 Y 的分布律 $P\{X=x_i\}=p_{i\cdot}$ 和 $P\{Y=y_j\}=p_{\cdot j}$，则有

$P\{X=x_i,Y=y_j\}=P\{X=x_i\}P\{Y=y_j\}$.

例 已知随机变量 X_1 和 X_2 的概率分布 $X_1 \sim \begin{pmatrix} -1 & 0 & 1 \\ \frac{1}{4} & \frac{1}{2} & \frac{1}{4} \end{pmatrix}$，$X_2 \sim \begin{pmatrix} 0 & 1 \\ \frac{1}{2} & \frac{1}{2} \end{pmatrix}$，

而且 $P\{X_1X_2=0\}=1$.

（1）求 X_1 和 X_2 的联合分布；

（2）问 X_1 和 X_2 是否独立？为什么？

解析 （1）因 $P\{X_1X_2=0\}=1$，故 $P\{X_1X_2\neq 0\}=1-P\{X_1X_2=0\}=0$.

即有 $P\{X_1=-1,X_2=1\}+P\{X_1=1,X_2=1\}=0$，由概率的非负性知

$P\{X_1=-1,X_2=1\}=P\{X_1=1,X_2=1\}=0$，

从而容易得到 X_1 与 X_2 的联合分布律为

X_2 \\ X_1	-1	0	1	p_j
0	$\frac{1}{4}$	0	$\frac{1}{4}$	$\frac{1}{2}$
1	0	$\frac{1}{2}$	0	$\frac{1}{2}$
p_i	$\frac{1}{4}$	$\frac{1}{2}$	$\frac{1}{4}$	1

（2）因为

$P\{X_1=-1,X_2=0\}=\frac{1}{4}$，$P\{X_1=-1\}=\frac{1}{4}$，$P\{X_2=0\}=\frac{1}{2}$，

故 $P\{X_1=-1,X_2=0\}\neq P\{X_1=-1\}P\{X_2=0\}$，因此 X_1 和 X_2 不独立.

例 设随机变量 X 与 Y 相互独立，其概率分布为

X	-1	1
P	$\dfrac{1}{2}$	$\dfrac{1}{2}$

Y	-1	1
P	$\dfrac{1}{2}$	$\dfrac{1}{2}$

则下列式子正确的是（　　）

（A）$X = Y$.

（B）$P\{X = Y\} = 0$.

（C）$P\{X = Y\} = \dfrac{1}{2}$.

（D）$P\{X = Y\} = 1$.

解析　因为 X 和 Y 相互独立，故

$$
\begin{aligned}
P\{X = Y\} &= P\{X = -1, Y = -1\} + P\{X = 1, Y = 1\} \\
&= P\{X = -1\}P\{Y = -1\} + P\{X = 1\}P\{Y = 1\} \\
&= \frac{1}{2} \times \frac{1}{2} + \frac{1}{2} \times \frac{1}{2} = \frac{1}{2}.
\end{aligned}
$$

应选（C）.

良哥解读

两个随机变量同分布只是说明分布相同，并不表示同一个随机变量，如此题中虽然 X 与 Y 的分布相同，但 $P\{X = Y\} = \dfrac{1}{2}$.

例　甲乙两人独立地各进行两次射击，假设甲的命中率为 0.2，乙的命中率为 0.5，以 X 和 Y 分别表示甲和乙的命中次数，试求 X 和 Y 的联合分布律.

解析　由题意知 X 和 Y 都服从二项分布，且 $X \sim B(2, 0.2), Y \sim B(2, 0.5)$. 由于 X 和 Y 相互独立，则它们的联合分布律为

$$
\begin{aligned}
P\{X = i, Y = j\} &= P\{X = i\} \cdot P\{Y = j\} \\
&= C_2^i \times 0.2^i \times 0.8^{2-i} \times C_2^j \times 0.5^j \times 0.5^{2-j} \\
&= 0.25 \times C_2^i \times C_2^j \times 0.2^i \times 0.8^{2-i} \ (i, j = 0, 1, 2).
\end{aligned}
$$

概率分布表如下

X \ Y	0	1	2
0	0.16	0.32	0.16
1	0.08	0.16	0.08
2	0.01	0.02	0.01

（六）两个离散型随机变量函数的分布

设二维离散型随机变量 (X, Y) 的分布律为

$$P\{X = x_i, Y = y_j\} = p_{ij}, \quad i, j = 1, 2, \cdots,$$

随机变量 $Z = g(X, Y)$，则 Z 的分布律为

$$P\{Z = z_k\} = P\{g(X, Y) = z_k\} = \sum_{g(x_i, y_i) = z_k} P\{X = x_i, Y = y_j\}.$$

例 设相互独立的两个随机变量 X、Y 服从同一分布，且 X 的分布律为

X	0	1
P	$\dfrac{1}{2}$	$\dfrac{1}{2}$

则随机变量 $Z = \max\{X, Y\}$ 的分布律为 _____.

解析 由于 X 与 Y 相互独立且均服从 0−1 分布，故 $Z = \max\{X, Y\}$ 的所有可能取值为 0, 1，且

$$P\{Z = 0\} = P\{\max\{X, Y\} = 0\} = P\{X = 0, Y = 0\} = P\{X = 0\} \cdot P\{Y = 0\} = \frac{1}{4},$$

$$P\{Z = 1\} = 1 - P\{Z = 0\} = \frac{3}{4}.$$

所以 $Z = \max\{X, Y\}$ 的分布律为

Z	0	1
P	$\dfrac{1}{4}$	$\dfrac{3}{4}$

六、二维连续型随机变量及其分布

（一）定义

设二维随机变量 (X, Y) 的分布函数为 $F(x, y)$，如果存在非负可积的二元函数 $f(x, y)$，使得对任意实数 x, y，有 $F(x, y) = \int_{-\infty}^{x} \int_{-\infty}^{y} f(u, v) \mathrm{d}u \mathrm{d}v$，

则称 (X, Y) 为二维连续型随机变量，函数 $f(x, y)$ 称为二维随机变量 (X, Y) 的概率密度，或称为 X 与 Y 的联合概率密度.

> **良哥解读**
>
> 定义中揭示了二维连续型随机变量 (X, Y) 的概率密度与分布函数的关系：
>
> （1）若已知 (X, Y) 概率密度求 (X, Y) 的分布函数，用 $F(x, y) = \int_{-\infty}^{x} \int_{-\infty}^{y} f(u, v) \mathrm{d}u \mathrm{d}v$.
>
> （2）若已知 (X, Y) 的分布函数 $F(x, y)$，求 (X, Y) 的概率密度，用 $f(x, y) = \dfrac{\partial^2 F(x, y)}{\partial x \partial y}$.

例 已知随机变量 X 和 Y 的联合概率密度为 $f(x, y) = \begin{cases} 4xy, & 0 \leqslant x \leqslant 1, 0 \leqslant y \leqslant 1, \\ 0, & \text{其他}, \end{cases}$ 求 X 和 Y 联合分布函数 $F(x, y)$.

解析 如图，将整个平面分为五个区域，由 $F(x, y) = \int_{-\infty}^{x} \int_{-\infty}^{y} f(u, v) \mathrm{d}u \mathrm{d}v$，

当 $(x,y) \in D_1$，即 $x < 0$ 或 $y < 0$ 时，$F(x,y) = 0$；

当 $(x,y) \in D_4$，即 $x \geq 1$ 且 $y \geq 1$ 时，$F(x,y) = 1$；

当 $(x,y) \in D_2$，即 $0 \leq x < 1, y \geq 1$ 时，

$$F(x,y) = \int_0^x \mathrm{d}u \int_0^1 4uv\mathrm{d}v = x^2 ;$$

当 $(x,y) \in D$ 时，即 $0 \leq x < 1, 0 \leq y < 1$ 时，$F(x,y) = \int_0^x \mathrm{d}u \int_0^y 4uv\mathrm{d}v = x^2 y^2$；

当 $(x,y) \in D_3$，即 $x \geq 1, 0 \leq y < 1$ 时，$F(x,y) = \int_0^1 \mathrm{d}u \int_0^y 4uv\mathrm{d}v = y^2$.

综上，有 $F(x,y) = \begin{cases} 0, & x < 0 \text{ 或 } y < 0, \\ x^2, & 0 \leq x < 1, y \geq 1, \\ x^2 y^2, & 0 \leq x < 1, 0 \leq y < 1, \\ y^2, & x \geq 1, 0 \leq y < 1, \\ 1, & x \geq 1, y \geq 1. \end{cases}$

例 设二维随机变量 (X,Y) 的分布函数为 $F(x,y) = \begin{cases} 1 - \mathrm{e}^{-x} - \mathrm{e}^{-y} + \mathrm{e}^{-x-y}, & x > 0, y > 0, \\ 0, & \text{其他}. \end{cases}$ 求 (X,Y) 的

概率密度函数 $f(x,y)$.

解析 因 $f(x,y) = \dfrac{\partial^2 F(x,y)}{\partial x \partial y}$，故 $f(x,y) = \dfrac{\partial^2 F(x,y)}{\partial x \partial y} = \begin{cases} \mathrm{e}^{-x-y}, & x > 0, y > 0, \\ 0, & \text{其他}. \end{cases}$

（二）概率密度函数的性质

1. 非负性：$f(x,y) \geq 0 \ (-\infty < x < +\infty, -\infty < y < +\infty)$；

2. 规范性：$\displaystyle\int_{-\infty}^{+\infty} \int_{-\infty}^{+\infty} f(x,y)\mathrm{d}x\mathrm{d}y = 1$；

3. 设 D 是 xOy 平面上任一区域，则点 (x,y) 落在 D 内的概率为

$$P\{(X,Y) \in D\} = \iint\limits_{D} f(x,y)\mathrm{d}\sigma;$$

4. 若 $f(x,y)$ 在点 (x,y) 处连续，则有 $f(x,y) = \dfrac{\partial^2 F(x,y)}{\partial x \partial y}$.

良哥解读

（1）(X,Y) 的概率密度性质中包含两种类型题目的考查方式：

求 $f(x,y)$ 中的未知参数，用 $\displaystyle\int_{-\infty}^{+\infty} \int_{-\infty}^{+\infty} f(x,y)\mathrm{d}x\mathrm{d}y = 1$；

（2）已知概率密度 $f(x,y)$ 计算事件的概率，用 $P\{(X,Y) \in D\} = \iint\limits_{D} f(x,y)\mathrm{d}\sigma$.

例 设二维随机向量 (X,Y) 的概率密度函数为 $f(x,y) = \begin{cases} ky(2-x), & 0 \leq x \leq 1, 0 \leq y \leq x, \\ 0, & \text{其他}. \end{cases}$

求常数 k .

解析 由概率密度的性质有

$$1 = \int_{-\infty}^{+\infty}\int_{-\infty}^{+\infty} f(x,y)\mathrm{d}x\mathrm{d}y = \iint\limits_{\substack{0 \leqslant x \leqslant 1 \\ 0 \leqslant y \leqslant x}} ky(2-x)\mathrm{d}x\mathrm{d}y$$

$$= k\int_0^1 \mathrm{d}x\int_0^x (2-x)y\mathrm{d}y = k\int_0^1 (2-x)\times\frac{x^2}{2}\mathrm{d}x = \frac{5k}{24},$$

从而 $k = \dfrac{24}{5}$.

例 设二维随机变量 (X,Y) 的概率密度为 $f(x,y) = \begin{cases} 6x, & 0 \leqslant x \leqslant y \leqslant 1, \\ 0, & 其他. \end{cases}$ 则 $P\{X+Y \leqslant 1\} = \underline{\hspace{2cm}}$.

解析 由概率密度函数的性质 $P\{(X,Y)\in D\} = \iint\limits_D f(x,y)\mathrm{d}x\mathrm{d}y$，得

$$P\{X+Y \leqslant 1\} = \iint\limits_{x+y \leqslant 1} f(x,y)\mathrm{d}x\mathrm{d}y = \int_0^{\frac{1}{2}} \mathrm{d}x\int_x^{1-x} 6x\mathrm{d}y$$

$$= \int_0^{\frac{1}{2}} 6x(1-2x)\mathrm{d}x = \frac{1}{4}.$$

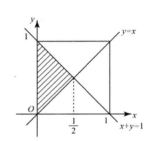

其中，二重积分的积分区域为如图所示的阴影部分.

例 设二维随机变量 (X,Y) 的概率密度为 $f(x,y) = \begin{cases} 2\mathrm{e}^{-(2x+y)}, & x>0, y>0, \\ 0, & 其他. \end{cases}$ 求 $P\{Y \leqslant X\}$.

解析 由概率密度的性质，得

$$P\{Y \leqslant X\} = \iint\limits_{y \leqslant x} f(x,y)\mathrm{d}x\mathrm{d}y = \int_0^{+\infty} \mathrm{d}x\int_0^x 2\mathrm{e}^{-(2x+y)}\mathrm{d}y = \int_0^{+\infty} 2\mathrm{e}^{-2x}\mathrm{d}x\int_0^x \mathrm{e}^{-y}\mathrm{d}y$$

$$= -\int_0^{+\infty} 2\mathrm{e}^{-2x}\mathrm{e}^{-y}\Big|_0^x \mathrm{d}x = \int_0^{+\infty} 2\mathrm{e}^{-2x}(1-\mathrm{e}^{-x})\mathrm{d}x$$

$$= \int_0^{+\infty} 2\mathrm{e}^{-2x}\mathrm{d}x - \int_0^{+\infty} 2\mathrm{e}^{-3x}\mathrm{d}x = 1 - \frac{2}{3} = \frac{1}{3}.$$

（三）边缘密度函数

若已知二维随机变量 (X,Y) 的概率密度函数为 $f(x,y)$，则称 $f_X(x) = \int_{-\infty}^{+\infty} f(x,y)\mathrm{d}y$ 为关于随机变量 X 的边缘密度函数，称 $f_Y(y) = \int_{-\infty}^{+\infty} f(x,y)\mathrm{d}x$ 为关于随机变量 Y 的边缘密度函数.

例 设二维随机变量 (X,Y) 的概率密度为 $f(x,y) = \begin{cases} 1, & 0<x<1, 0<y<2x, \\ 0, & 其他. \end{cases}$ 求 (X,Y) 的边缘概率密度 $f_X(x), f_Y(y)$.

解析 因 X 的边缘概率密度函数为 $f_X(x) = \int_{-\infty}^{+\infty} f(x,y)\mathrm{d}y$，

当 $0<x<1$ 时，$f_X(x) = \int_0^{2x} 1\mathrm{d}y = 2x$；

当 $x \leqslant 0$ 或 $x \geqslant 1$ 时，$f_X(x) = 0$，故

$$f_X(x) = \begin{cases} 2x, & 0 < x < 1, \\ 0, & \text{其他.} \end{cases}$$

因 Y 的边缘密度函数为 $f_Y(y) = \int_{-\infty}^{+\infty} f(x,y)\mathrm{d}x$，

当 $0 < y < 2$ 时，$f_Y(y) = \int_{\frac{y}{2}}^{1} 1\mathrm{d}x = 1 - \dfrac{y}{2}$；

当 $y \leqslant 0$ 或 $y \geqslant 2$ 时，$f_Y(y) = 0$，故

$$f_Y(y) = \begin{cases} 1 - \dfrac{y}{2}, & 0 < y < 2, \\ 0, & \text{其他.} \end{cases}$$

良哥解读

已知二维随机变量的概率密度，求边缘密度函数时，可以按照如下步骤操作：

（1）先写出边缘密度函数的计算公式，例如要计算 X 的边缘密度函数，则有

$$f_X(x) = \int_{-\infty}^{+\infty} f(x,y)\mathrm{d}y;$$

（2）画出 (X,Y) 的概率密度不为零的区域；

（3）求 X 的边缘密度函数时，将 (X,Y) 的概率密度不为零的区域往 x 轴投影，投影的范围即为 X 的边缘密度函数不为 0 的范围，其他范围上 X 的概率密度为 0；求 Y 的边缘密度函数，将 (X,Y) 的概率密度不为零的区域往 y 轴投影，投影的范围即为 Y 的边缘密度函数不为 0 的范围，其他范围上 Y 的概率密度为 0.

（4）计算 $f_X(x) = \int_{-\infty}^{+\infty} f(x,y)\mathrm{d}y$ 中需要确定 y 的上下限，只需在 (X,Y) 的概率密度不为零的区域内从下往上穿条线，与该区域先交的为积分下限，后交的为积分上限，最后算出此积分；计算 $f_Y(y) = \int_{-\infty}^{+\infty} f(x,y)\mathrm{d}x$ 中需要确定 x 的上下限，只需在 (X,Y) 的概率密度不为零的区域内从左往右穿条线，与该区域先交的为积分下限，后交的为积分上限，最后算出此积分.

（四）条件密度函数

当 $f_Y(y) > 0$ 时，称 $f_{X|Y}(x|y) = \dfrac{f(x,y)}{f_Y(y)}$ 为在 $Y = y$ 的条件下 X 的条件密度函数；

当 $f_X(x) > 0$ 时，称 $f_{Y|X}(y|x) = \dfrac{f(x,y)}{f_X(x)}$ 为在 $X = x$ 的条件下 Y 的条件密度函数.

良哥解读

（1）已知 X 与 Y 的联合概率密度，求条件概率密度时，关键是求出边缘密度函数，用联合密度函数除以边缘密度函数即可.

（2）求 X 与 Y 的联合密度时，若已知一个边缘密度函数 $f_X(x)$（或 $f_Y(y)$）及在 $X = x$（或 $Y = y$）的条件下 Y（或 X）的条件密度函数 $f_{Y|X}(y|x)$（或 $f_{X|Y}(x|y)$），则

$$f(x,y) = f_X(x)f_{Y|X}(y|x) \text{（或} f(x,y) = f_Y(y)f_{X|Y}(x|y)\text{）}.$$

$\boxed{例}$ 设二维随机变量 (X,Y) 的概率密度为 $f(x,y) = \begin{cases} e^{-x}, & 0 < y < x, \\ 0, & 其他. \end{cases}$

求条件概率密度 $f_{Y|X}(y|x)$.

$\boxed{解析}$ X 的密度函数为 $f_X(x) = \int_{-\infty}^{+\infty} f(x,y)\mathrm{d}y$.

当 $x > 0$ 时, $f_X(x) = \int_0^x e^{-x}\mathrm{d}y = xe^{-x}$;

当 $x \leqslant 0$ 时, $f_X(x) = 0$, 故 $f_X(x) = \begin{cases} xe^{-x}, & x > 0, \\ 0, & x \leqslant 0. \end{cases}$

当 $f_X(x) > 0$, 即 $x > 0$ 时, Y 的条件密度函数为

$$f_{Y|X}(y|x) = \frac{f(x,y)}{f_X(x)} = \begin{cases} \dfrac{1}{x}, & 0 < y < x, \\ 0, & 其他. \end{cases}$$

$\boxed{例}$ 设 (X,Y) 的概率密度函数为 $f(x,y) = \begin{cases} 2xe^{-xy}, & 0 < x < \dfrac{1}{2}, y > 0, \\ 0, & 其他. \end{cases}$, 则在已知 $X = \dfrac{1}{4}$ 的条件下 Y

的条件概率密度函数的表达式为 _____ .

$\boxed{解析}$ X 的密度函数为 $f_X(x) = \int_{-\infty}^{+\infty} f(x,y)\mathrm{d}y$.

当 $0 < x < \dfrac{1}{2}$ 时, $f_X(x) = \int_0^{+\infty} 2xe^{-xy}\mathrm{d}y = 2$;

当 $x \leqslant 0$ 或 $x \geqslant \dfrac{1}{2}$ 时, $f_X(x) = 0$, 故

$$f_X(x) = \begin{cases} 2, & 0 < x < \dfrac{1}{2}, \\ 0, & 其他. \end{cases}$$

当 $f_X(x) > 0$, 即 $0 < x < \dfrac{1}{2}$ 时, Y 的条件密度函数为

$$f_{Y|X}(y|x) = \frac{f(x,y)}{f_X(x)} = \begin{cases} xe^{-xy}, & y > 0, \\ 0, & 其他. \end{cases}$$

从而在已知 $X = \dfrac{1}{4}$ 的条件下, Y 的条件概率密度函数的表达式为

$$f_{Y|X}\left(y \,\middle|\, x = \frac{1}{4}\right) = \begin{cases} \dfrac{1}{4}e^{-\frac{1}{4}y}, & y > 0, \\ 0, & 其他. \end{cases}$$

$\boxed{例}$ 设随机变量 X 在区间 $(0,1)$ 内服从均匀分布, 在 $X = x\,(0 < x < 1)$ 的条件下, 随机变量 Y 在区间 $(0,x)$ 上服从均匀分布, 求

（1）随机变量 X 和 Y 的联合概率密度；

（2）Y的概率密度．

解析　由题意知X的密度函数为$f_X(x)=\begin{cases}1, & 0<x<1,\\ 0, & \text{其他}.\end{cases}$

当$0<x<1$时，在$X=x$的条件下，Y的条件密度函数为$f_{Y|X}(y|x)=\begin{cases}\dfrac{1}{x}, & 0<y<x,\\ 0, & \text{其他}.\end{cases}$

（1）当$0<x<1$时，$f(x,y)=f_X(x)f_{Y|X}(y|x)=\begin{cases}\dfrac{1}{x}, & 0<y<x<1,\\ 0, & \text{其他}.\end{cases}$

当$x\leqslant 0$或$x\geqslant 1$时，$f_{Y|X}(y|x)$无定义．由于当$0<x<1$时，$\int_0^1 \mathrm{d}x\int_{-\infty}^{+\infty}f(x,y)\mathrm{d}y=\int_0^1 \mathrm{d}x\int_0^x \dfrac{1}{x}\mathrm{d}y=1$，又

$\int_{-\infty}^{+\infty}\int_{-\infty}^{+\infty}f(x,y)\mathrm{d}x\mathrm{d}y=1$，故可以认为$x\leqslant 0$或$x\geqslant 1$时，$f(x,y)=0$．

综上有，$f(x,y)=\begin{cases}\dfrac{1}{x}, & 0<y<x<1,\\ 0, & \text{其他}.\end{cases}$

（2）由$f_Y(y)=\int_{-\infty}^{+\infty}f(x,y)\mathrm{d}x$，

当$0<y<1$时，$f_Y(y)=\int_y^1 \dfrac{1}{x}\mathrm{d}x=\ln x\big|_y^1=-\ln y$，

当$y\leqslant 0$或$y\geqslant 1$时，$f_Y(y)=0$．

故Y的概率密度为$f_Y(y)=\begin{cases}-\ln y, & 0<y<1,\\ 0, & \text{其他}.\end{cases}$

（五）两个连续型随机变量的独立性

设(X,Y)为二维连续型随机变量，$f(x,y)$，$f_X(x)$，$f_Y(y)$分别为(X,Y)的概率密度和边缘概率密度，若对于任意实数x与y均满足等式$f(x,y)=f_X(x)f_Y(y)$，则称两个连续型随机变量X与Y相互独立．

良哥解读

（1）若已知X与Y的联合概率密度，判定X与Y是否相互独立，关键是求出两个边缘概率密度$f_X(x)$与$f_Y(y)$，再验证等式$f(x,y)=f_X(x)f_Y(y)$是否成立．

（2）计算X与Y的联合概率密度，若已知X与Y相互独立，则根据已知条件找到两个边缘密度$f_X(x)$与$f_Y(y)$，从而得$f(x,y)=f_X(x)f_Y(y)$．

例　设二维随机变量(X,Y)的概率密度为$f(x,y)=\begin{cases}\dfrac{1}{2}(x+y)\mathrm{e}^{-(x+y)}, & x>0,y>0,\\ 0, & \text{其他}.\end{cases}$　问随机变量X与Y是否相互独立？

解析　因$f_X(x)=\int_{-\infty}^{+\infty}f(x,y)\mathrm{d}y$，则当$x>0$时，

$$f_X(x) = \int_0^{+\infty} \frac{1}{2}(x+y)e^{-(x+y)}dy \overset{\diamondsuit x+y=t}{=\!=\!=} \frac{1}{2}\int_x^{+\infty} te^{-t}dt$$

$$= -\frac{1}{2}\int_x^{+\infty} tde^{-t} = -\frac{1}{2}te^{-t}\Big|_x^{+\infty} + \frac{1}{2}\int_x^{+\infty} e^{-t}dt$$

$$= \frac{1}{2}xe^{-x} - \frac{1}{2}e^{-t}\Big|_x^{+\infty} = \frac{1}{2}(x+1)e^{-x};$$

当 $x \leqslant 0$ 时, $f_X(x) = 0$.

从而 $f_X(x) = \begin{cases} \dfrac{1}{2}(x+1)e^{-x}, & x > 0, \\ 0, & \text{其他}. \end{cases}$

又 $f_Y(y) = \int_{-\infty}^{+\infty} f(x,y)dx$, 由对称性知,

$$f_Y(y) = \begin{cases} \dfrac{1}{2}(y+1)e^{-y}, & y > 0, \\ 0, & \text{其他}. \end{cases}$$

因为 $f(x,y) \neq f_X(x)f_Y(y)$, 故 X 与 Y 不独立.

例 设 X 和 Y 是两个相互独立的随机变量, X 在 $(0,1)$ 区间上服从均匀分布, Y 的密度函数为

$$f_Y(y) = \begin{cases} \dfrac{1}{2}e^{-\frac{y}{2}}, & y > 0, \\ 0, & \text{其他}. \end{cases}$$

求:（1）(X,Y) 的概率密度函数;

（2）设含有 a 的二次方程 $a^2 + 2Xa + Y = 0$, 求 a 没有实根的概率（用标准正态的分布函数 $\Phi(x)$ 来表示）.

解析 （1）因 $X \sim U(0,1)$, 故 $f_X(x) = \begin{cases} 1, & 0 < x < 1, \\ 0, & \text{其他}. \end{cases}$ 又 X 与 Y 相互独立, 故

$$f(x,y) = f_X(x)f_Y(y) = \begin{cases} \dfrac{1}{2}e^{-\frac{y}{2}}, & 0 < x < 1, y > 0, \\ 0, & \text{其他}. \end{cases}$$

（2）二次方程 $a^2 + 2Xa + Y = 0$ 无实根的概率为

$$P\{\Delta < 0\} = P\{4X^2 - 4Y < 0\} = P\{Y > X^2\}$$

$$= \iint\limits_{y > x^2} f(x,y)dxdy = \int_0^1 dx \int_{x^2}^{+\infty} \frac{1}{2}e^{-\frac{y}{2}}dy$$

$$= \int_0^1 e^{-\frac{x^2}{2}}dx = \sqrt{2\pi}\int_0^1 \frac{1}{\sqrt{2\pi}}e^{-\frac{x^2}{2}}dx$$

$$= \sqrt{2\pi}\left[\Phi(1) - \Phi(0)\right] = \sqrt{2\pi}\left[\Phi(1) - \frac{1}{2}\right].$$

七、两个常见的二维连续型分布

（一）二维均匀分布

1. 定义

设 G 是平面上有界可求面积的区域，其面积为 $|G|$，若二维随机变量 (X,Y) 具有密度函数

$$f(x,y) = \begin{cases} \dfrac{1}{|G|}, & (x,y) \in G, \\ 0, & (x,y) \notin G. \end{cases} \quad \text{则称}(X,Y)\text{服从区域}G\text{上的二维均匀分布}.$$

2. 性质

若二维随机变量 (X,Y) 在矩形区域 $D = \{(x,y) \mid a \leqslant x \leqslant b, c \leqslant y \leqslant d\}$ 上服从二维均匀分布，则随机变量 X 和 Y 相互独立，并且 X 和 Y 分别服从区间 $[a,b]$，$[c,d]$ 上的一维均匀分布.

例 设平面区域 D 由曲线 $y = \dfrac{1}{x}$ 及直线 $y = 0$，$x = 1$，$x = e^2$ 所围成，二维随机变量 (X,Y) 在区域 D 上服从均匀分布，则 (X,Y) 关于 X 的边缘概率密度在 $x = 2$ 处的值为 _____.

解析 由题意，(X,Y) 在区域 $D = \left\{(x,y) \mid 1 \leqslant x \leqslant e^2, 0 \leqslant y \leqslant \dfrac{1}{x}\right\}$ 上服从二维均匀分布，区域 D 的面积 $S_D = \int_1^{e^2} \dfrac{1}{x}\mathrm{d}x = \ln x \big|_1^{e^2} = 2$，故 (X,Y) 的概率密度函数为

$$f(x,y) = \begin{cases} \dfrac{1}{2}, & (x,y) \in D, \\ 0, & \text{其他}. \end{cases}$$

则 X 的边缘密度函数为

$$f_X(x) = \int_{-\infty}^{+\infty} f(x,y)\mathrm{d}y = \begin{cases} \displaystyle\int_0^{\frac{1}{x}} \dfrac{1}{2}\mathrm{d}y = \dfrac{1}{2x}, & 1 \leqslant x \leqslant e^2, \\ 0, & \text{其他}. \end{cases}$$

所以 $f_X(2) = \dfrac{1}{4}$.

（二）二维正态分布

1. 定义

如果二维连续型随机变量 (X,Y) 的概率密度为

$$f(x,y) = \frac{1}{2\pi\sigma_1\sigma_2\sqrt{1-\rho^2}} \exp\left\{\frac{-1}{2(1-\rho^2)}\left[\frac{(x-\mu_1)^2}{\sigma_1^2} - \frac{2\rho(x-\mu_1)(y-\mu_2)}{\sigma_1\sigma_2} + \frac{(y-\mu_2)^2}{\sigma_2^2}\right]\right\}, x,y \in R, \quad \text{其中}$$

$\mu_1, \mu_2, \sigma_1 > 0, \sigma_2 > 0, -1 < \rho < 1$ 均为常数，则称 (X,Y) 服从参数为 $\mu_1, \mu_2, \sigma_1, \sigma_2$ 和 ρ 的二维正态分布，记作 $(X,Y) \sim N(\mu_1, \mu_2; \sigma_1^2, \sigma_2^2; \rho)$，也称 (X,Y) 为二维正态随机变量.

2. 性质

若 $(X,Y) \sim N(\mu_1, \mu_2; \sigma_1^2, \sigma_2^2; \rho)$ ，则

① X 和 Y 分别服从一维正态分布，即 $X \sim N(\mu_1, \sigma_1^2)$ ， $Y \sim N(\mu_2, \sigma_2^2)$ ；

② X 和 Y 不相关（或 $\rho = 0$ ）与 X 和 Y 相互独立等价；

③ X 与 Y 的非零线性组合仍服从一维正态分布，即 $k_1 X + k_2 Y \sim N(\mu, \sigma^2)$ ，其中 k_1, k_2 不全为零；

④ 若 (X,Y) 服从二维正态分布，记 $X_1 = a_1 X + b_1 Y, Y_1 = a_2 X + b_2 Y$ ，则 (X_1, Y_1) 也服从二维正态分布，

其中 $\begin{vmatrix} a_1 & b_1 \\ a_2 & b_2 \end{vmatrix} \neq 0$.

良哥解读

二维正态分布 (X,Y) 有五个参数 $\mu_1, \mu_2, \sigma_1^2, \sigma_2^2, \rho$ ，其中 μ_1, σ_1^2 表示随机变量 X 的期望和方差，μ_2, σ_2^2 表示随机变量 Y 的期望和方差， ρ 表示随机变量 X 与 Y 的相关系数.

对于二维正态分布的性质需要把握如下几点：

（1）由性质②，若在题干中看到 (X,Y) 服从二维正态分布，并且 X 和 Y 不相关（或 $\rho = 0$ ），则相当于已知 X 和 Y 相互独立，接下来用独立这个条件进一步解决问题.

（2）由性质③，若在题干中看到 (X,Y) 服从二维正态分布，并且出现 X 和 Y 的线性组合，立即将线性组合部分当成一维正态分布，再结合一维正态分布的知识进一步解决问题.

（3）由性质④，若在题干中看到 (X,Y) 服从二维正态分布，且 X_1, Y_1 均为 X 和 Y 的非零线性组合，则 (X_1, Y_1) 服从二维正态分布. 若要判定 X_1 和 Y_1 是否独立，只需再结合性质②，判断 X_1 与 Y_1 的相关系数 ρ 是否为 0. 若 $\rho = 0$ ，则 X_1 与 Y_1 相互独立；若 $\rho \neq 0$ ，则 X_1 与 Y_1 不独立.

例 设二维随机变量 $(X,Y) \sim N(0,0;1,1;0)$ ，则概率 $P\left\{\dfrac{X}{Y} < 0\right\}$ 为（　　　　）

（A） $\dfrac{1}{4}$.　　　　（B） $\dfrac{1}{2}$.　　　　（C） $\dfrac{1}{3}$.　　　　（D） $\dfrac{1}{2\pi}$.

解析 因 $(X,Y) \sim N(0,0;1,1;0)$ ，故 $X \sim N(0,1), Y \sim N(0,1)$ ，且 X 与 Y 相互独立.

而 $\dfrac{X}{Y} < 0$ ，即 X 与 Y 取值异号，从而

$$P\left\{\dfrac{X}{Y} < 0\right\} = P\{X < 0, Y > 0\} + P\{X > 0, Y < 0\}$$
$$= P\{X < 0\} P\{Y > 0\} + P\{X > 0\} P\{Y < 0\}$$
$$= \dfrac{1}{2} \times \dfrac{1}{2} + \dfrac{1}{2} \times \dfrac{1}{2} = \dfrac{1}{2}.$$

应选（B）.

例 设随机变量 (X,Y) 服从二维正态分布，且 X 与 Y 不相关， $f_X(x), f_Y(y)$ 分别表示 X, Y 的概率密度，则在 $Y = y$ 条件下， X 的条件概率密度 $f_{X|Y}(x|y)$ 为（　　　　）

（A）$f_X(x)$. 　　　　　　　　　　（B）$f_Y(y)$.

（C）$f_X(x)f_Y(y)$. 　　　　　　　（D）$\dfrac{f_X(x)}{f_Y(y)}$.

解析 因(X,Y)服从二维正态分布，且不相关，则X与Y相互独立，于是

$$f_{X|Y}(x\,|\,y) = \frac{f(x,y)}{f_Y(y)} = \frac{f_X(x)f_Y(y)}{f_Y(y)} = f_X(x) \ .$$

故应选（A）.

$\boxed{\text{八、两个连续型随机变量函数的分布}}$

（一）分布函数法

设二维连续型随机变量(X,Y)的概率密度为$f(x,y)$，则随机变量$Z = g(X,Y)$的分布函数为

$$F_Z(z) = P\{Z \leqslant z\} = P\{g(X,Y) \leqslant z\} = \iint\limits_{g(x,y)\leqslant z} f(x,y)\mathrm{d}x\mathrm{d}y ,$$

若要计算Z的概率密度，有$f_Z(z) = F_Z'(z)$.

例 设二维随机变量(X,Y)在矩形$G = \{(x,y)\,|\,0 \leqslant x \leqslant 2, 0 \leqslant y \leqslant 1\}$上服从均匀分布，试求边长为$X$和$Y$的矩形面积$S$的概率密度$f(s)$.

解析 因(X,Y)在区域G上服从均匀分布，故(X,Y)的概率密度为

$$f(x,y) = \begin{cases} \dfrac{1}{2}, & 0 \leqslant x \leqslant 2, 0 \leqslant y \leqslant 1, \\ 0, & \text{其他}. \end{cases}$$

由题意矩形面积$S = XY$. 则S的分布函数为

$$F_S(s) = P\{S \leqslant s\} = P\{XY \leqslant s\} = \iint\limits_{xy \leqslant s} f(x,y)\mathrm{d}x\mathrm{d}y,$$

当$s \leqslant 0$时，$F_S(s) = 0$；

当$s \geqslant 2$时，$F_S(s) = 1$；

当$0 < s < 2$时，

$$\begin{aligned} F_S(s) &= \iint\limits_{xy \leqslant s} f(x,y)\mathrm{d}x\mathrm{d}y = 1 - \iint\limits_{xy > s} f(x,y)\mathrm{d}x\mathrm{d}y \\ &= 1 - \int_s^2 \mathrm{d}x \int_{\frac{s}{x}}^1 \frac{1}{2}\mathrm{d}y = 1 - \frac{1}{2}\int_s^2 \left(1 - \frac{s}{x}\right)\mathrm{d}x \\ &= \frac{s}{2}\left(1 + \ln 2 - \ln s\right). \end{aligned}$$

故S的概率密度为

$$f(s) = F_S'(s) = \begin{cases} \dfrac{1}{2}(\ln 2 - \ln s), & 0 < s < 2, \\ 0, & \text{其他}. \end{cases}$$

两个连续型随机变量函数的分布，关键在于计算积分 $\iint\limits_{g(x,y)\leqslant z} f(x,y)\mathrm{d}x\mathrm{d}y$. 由于 z 的范围是

$(-\infty,+\infty)$ ，所以当 z 变化时，区域 $g(x,y)\leqslant z$ 也在随之变化，故我们需要讨论 z 的范围. 在此给大家介绍一个讨论 z 范围的小技巧，我们先画出 (X,Y) 的概率密度不为零的区域，将区域的顶点坐标代入函数 $z=g(x,y)$ ，算出 z 的值，再看函数 $z=g(x,y)$ 在 (X,Y) 的概率密度不为零的区域内是否存在最大值与最小值，若有算出其值，最后将所有找到的值将数轴分开，即为 z 的范围. 比如上题中 (X,Y) 的概率密度函数不为零的区域有四个顶点 $(0,0),(0,1),(2,0),(2,1)$ ，将其代入函数 $s=xy$ ，算得 s 的值为 0，2，又函数 $s=xy$ 在 (X,Y) 的概率密度函数不为零的区域内最大值为 2，最小值为 0，所以一共找到两个点，进而得 s 的范围为：$s\leqslant 0$ ，$0<s<2$ ，$s\geqslant 2$.

（二）卷积公式

设二维连续型随机变量 (X,Y) 的概率密度为 $f(x,y)$ ，则随机变量 $Z=X+Y$ 的密度函数为

$$f_Z(z)=\int_{-\infty}^{+\infty} f(x,z-x)\mathrm{d}x \text{ 或 } f_Z(z)=\int_{-\infty}^{+\infty} f(z-y,y)\mathrm{d}y,$$

这个公式称为卷积公式.

若 X 与 Y 相互独立，设 (X,Y) 关于 X 与 Y 的边缘密度分别为 $f_X(x)$ ，$f_Y(y)$ ，则上式公式可化为

$$f_Z(z)=\int_{-\infty}^{+\infty} f_X(x)f_Y(z-x)\mathrm{d}x \text{ 或 } f_Z(z)=\int_{-\infty}^{+\infty} f_X(z-y)f_Y(y)\mathrm{d}y,$$

此公式也称为独立和卷积公式.

【注】对于二维连续型随机变量 (X,Y) 的一般线性组合形式 $Z=aX+bY$ ，其中 $a\neq 0,b\neq 0$ 也有类似的卷积公式：

$$f_Z(z)=\frac{1}{|b|}\int_{-\infty}^{+\infty} f(x,\frac{z-ax}{b})\mathrm{d}x \text{ 或 } f_Z(z)=\frac{1}{|a|}\int_{-\infty}^{+\infty} f(\frac{z-by}{a},y)\mathrm{d}y .$$

例 随机变量 X 与 Y 相互独立，且 $X\sim N(0,1)$ ，$Y\sim N(0,1)$ ，随机变量 $Z=X+Y$ ，证明 Z 服从 $N(0,2)$.

解析 因 $X\sim N(0,1)$ ，$Y\sim N(0,1)$ ，故 $f_X(x)=\dfrac{1}{\sqrt{2\pi}}\mathrm{e}^{-\frac{x^2}{2}}$ ，$-\infty<x<+\infty$ ，

$f_Y(y)=\dfrac{1}{\sqrt{2\pi}}\mathrm{e}^{-\frac{y^2}{2}}$ ，$-\infty<y<+\infty$.

由独立和卷积公式有

$$f_Z(z)=\int_{-\infty}^{+\infty} f_X(x)f_Y(z-x)\mathrm{d}x=\frac{1}{2\pi}\int_{-\infty}^{+\infty}\mathrm{e}^{-\frac{x^2}{2}}\cdot\mathrm{e}^{-\frac{(z-x)^2}{2}}\mathrm{d}x$$

$$=\frac{1}{2\pi}\mathrm{e}^{-\frac{z^2}{4}}\int_{-\infty}^{+\infty}\mathrm{e}^{-(x-\frac{z}{2})^2}\mathrm{d}x, \text{ 令 } t=x-\frac{z}{2}, \text{ 得}$$

$$f_Z(z)=\frac{1}{2\pi}\mathrm{e}^{-\frac{z^2}{4}}\int_{-\infty}^{+\infty}\mathrm{e}^{-t^2}\mathrm{d}t=\frac{1}{2\pi}\mathrm{e}^{-\frac{z^2}{4}}\sqrt{\pi}=\frac{1}{2\sqrt{\pi}}\mathrm{e}^{-\frac{z^2}{4}}=\frac{1}{\sqrt{2\pi}\sqrt{2}}\mathrm{e}^{-\frac{z^2}{2(\sqrt{2})^2}}, \text{ 故 } Z \text{ 服从 } N(0,2).$$

一般地，如果随机变量 X 与 Y 相互独立，且 $X \sim N(\mu_1, \sigma_1^2)$，$Y \sim N(\mu_2, \sigma_2^2)$，对于不全为零的常数 k_1, k_2，随机变量 $Z = k_1 X \pm k_2 Y$ 也服从一维正态分布，即 $Z \sim N(\mu, \sigma^2)$，其中 $\mu = k_1 \mu_1 \pm k_2 \mu_2$，$\sigma^2 = k_1^2 \sigma_1^2 + k_2^2 \sigma_2^2$．此结论还可推广到有限个独立的正态分布，即有限个独立正态分布的非零线性组合服从一维正态分布．

思维定势：只要遇到独立正态分布的线性组合，立即将其当成一维正态分布，然后用一维正态分布的结论进一步解决．

例 设两个相互独立的随机变量 X 和 Y 分别服从正态分布 $N(0,1)$ 和 $N(1,1)$，则（　　　）

（A）$P\{X+Y \leqslant 0\} = \dfrac{1}{2}$．　　　　　　　（B）$P\{X+Y \leqslant 1\} = \dfrac{1}{2}$．

（C）$P\{X-Y \leqslant 0\} = \dfrac{1}{2}$．　　　　　　　（D）$P\{X-Y \leqslant 1\} = \dfrac{1}{2}$．

解析 因 $X \sim N(0,1)$，$Y \sim N(1,1)$，且 X 与 Y 相互独立，故

$X+Y \sim N(1,2)$，$X-Y \sim N(-1,2)$．

由于正态分布的密度函数图象关于期望 $x = \mu$ 对称，故

$P\{X+Y \leqslant 1\} = \dfrac{1}{2}$，$P\{X-Y \leqslant -1\} = \dfrac{1}{2}$．

故应选（B）．

例 设随机变量 X 和 Y 相互独立，且具有相同的分布，它们的概率密度均为

$$f(x) = \begin{cases} e^{1-x}, & x > 1, \\ 0, & \text{其他.} \end{cases}$$

随机变量 $Z = X + Y$，求 Z 的概率密度．

解析 因 X 与 Y 相互独立且同分布，故 (X,Y) 的概率密度为

$$f(x,y) = f_X(x) f_Y(y) = \begin{cases} e^{2-x-y}, & x > 1, y > 1, \\ 0, & \text{其他.} \end{cases}$$

又 $Z = X + Y$，由卷积公式，得 $f_Z(z) = \displaystyle\int_{-\infty}^{+\infty} f(x, z-x) \, dx$．

而 $f(x, z-x) = \begin{cases} e^{2-x-(z-x)} = e^{2-z}, & x > 1, z-x > 1, \\ 0, & \text{其他.} \end{cases}$

$= \begin{cases} e^{2-z}, & x > 1, x < z-1, \\ 0, & \text{其他.} \end{cases}$

当 $z - 1 > 1$，即 $z > 2$ 时，$f_Z(z) = \displaystyle\int_1^{z-1} e^{2-z} \, dx = (z-2) e^{2-z}$；

当 $z - 1 \leqslant 1$，即 $z \leqslant 2$ 时，$f_Z(z) = 0$．

综上，有 $f_Z(z) = \begin{cases} (z-2)\mathrm{e}^{2-z}, & z > 2, \\ 0, & \text{其他}. \end{cases}$

（三）最大、最小分布（ $M = \max\{X, Y\}$ 及 $N = \min\{X, Y\}$ 的分布）

设 X, Y 是两个相互独立的随机变量，它们的分布函数分别为 $F_X(x), F_Y(y)$ ，求 $M = \max\{X, Y\}$ 及 $N = \min\{X, Y\}$ 的分布函数.

由 $F_M(z) = P\{\max(X, Y) \leqslant z\} = P\{X \leqslant z, Y \leqslant z\}$ ，

又 X 和 Y 相互独立，故

$F_M(z) = P\{X \leqslant z, Y \leqslant z\} = P\{X \leqslant z\}P\{Y \leqslant z\}$ ，

即有 $F_M(z) = F_X(z)F_Y(z)$.

由 $F_N(z) = P\{\min(X, Y) \leqslant z\} = 1 - P\{\min(X, Y) > z\}$

$= 1 - P\{X > z, Y > z\}$ ，

又 X 和 Y 相互独立，故

$F_N(z) = 1 - P\{X > z, Y > z\} = 1 - P\{X > z\}P\{Y > z\}$ ，

即 $F_N(z) = 1 - [1 - F_X(z)][1 - F_Y(z)]$.

以上结果可推广到 n 个相互独立的随机变量的情况. 设 $X_1, \cdots, X_n$ 相互独立，其分布函数分别为 $F_{X_i}(x_i)(i = 1, 2, \cdots, n)$ ，则 $M = \max\{X_1, X_2, \cdots, X_n\}$ ， $N = \min\{X_1, X_2, \cdots, X_n\}$ 的分布函数分别为

$F_M(z) = F_{X_1}(z)F_{X_2}(z) \cdots F_{X_n}(z)$ ，

$F_N(z) = 1 - \left[1 - F_{X_1}(z)\right]\left[1 - F_{X_2}(z)\right] \cdots \left[1 - F_{X_n}(z)\right]$.

特别地，当 $X_1, \cdots, X_n$ 相互独立且具有相同的分布函数 $F(x)$ 时有

$F_M(z) = [F(z)]^n$ ，

$F_N(z) = 1 - [1 - F(z)]^n$.

例 设随机变量 X 与 Y 独立，且均服从 $[0, 3]$ 上的均匀分布，则 $P\{\max(X, Y) \leqslant 1\} = $ _____ ，

$P\{\min(X, Y) \leqslant 1\} = $ _____ .

解析 因 X 与 Y 相互独立，且均服从 $U(0, 3)$ ，故

$P\{\max(X, Y) \leqslant 1\} = P\{X \leqslant 1, Y \leqslant 1\} = P\{X \leqslant 1\}P\{Y \leqslant 1\} = \dfrac{1}{3} \times \dfrac{1}{3} = \dfrac{1}{9}$ ，

$P\{\min(X, Y) \leqslant 1\} = 1 - P\{\min(X, Y) > 1\} = 1 - P\{X > 1, Y > 1\}$

$= 1 - P\{X > 1\}P\{Y > 1\} = 1 - \dfrac{2}{3} \times \dfrac{2}{3} = \dfrac{5}{9}$.

例 随机变量 X, Y 独立同分布，且 X 的分布函数为 $F(x)$ ，则 $Z = \max\{X, Y\}$ 的分布函数为（ ）

（A） $F^2(x)$.   （B） $F(x)F(y)$.

（C）$1-[1-F(x)]^2$. 　　　　　　　　　　（D）$[1-F(x)][1-F(y)]$.

解析 因X与Y独立同分布，且分布函数为$F(x)$，则由分布函数的定义有

$$F_Z(x) = P\{Z \leqslant x\} = P\{\max(X,Y) \leqslant x\} = P\{X \leqslant x, Y \leqslant x\}$$
$$= P\{X \leqslant x\}P\{Y \leqslant x\} = F^2(x).$$

故应选（A）.

良哥解读

函数只要定义域和对应法则一样，就表示同一个函数，至于自变量用哪个字母表示没有关系，所以在Z的分布函数中，自变量用z,x,y,t等均可以.

例 设随机变量X和Y相互独立，且均服从参数为$\lambda = 1$的指数分布，$V = \min(X,Y)$，$U = \max(X,Y)$，分别求随机变量U,V的概率密度函数.

解析 因X,Y均服从$E(1)$，故其分布函数均为

$$F(x) = \begin{cases} 1-\mathrm{e}^{-x}, & x > 0, \\ 0, & \text{其他}. \end{cases}$$

又X与Y相互独立，则

$$F_U(u) = P\{U \leqslant u\} = P\{\max(X,Y) \leqslant u\}$$
$$= P\{X \leqslant u, Y \leqslant u\} = P\{X \leqslant u\}P\{Y \leqslant u\}$$
$$= F(u)F(u) = F^2(u),$$

当$u > 0$时，$F_U(u) = \left(1-\mathrm{e}^{-u}\right)^2$;

当$u \leqslant 0$时，$F_U(u) = 0.$

从而$f_U(u) = F_U'(u) = \begin{cases} 2\left(1-\mathrm{e}^{-u}\right)\mathrm{e}^{-u}, & u > 0, \\ 0, & \text{其他}. \end{cases}$

$$F_V(v) = P\{V \leqslant v\} = P\{\min(X,Y) \leqslant v\} = 1 - P\{\min(X,Y) > v\}$$
$$= 1 - P\{X > v, Y > v\} = 1 - P\{X > v\}P\{Y > v\}$$
$$= 1 - \left[1 - F(v)\right]^2,$$

当$v > 0$时，$F_V(v) = 1 - \mathrm{e}^{-2v}$;

当$v \leqslant 0$时，$F_V(v) = 0.$

从而$f_V(v) = F_V'(v) = \begin{cases} 2\mathrm{e}^{-2v}, & v > 0, \\ 0, & \text{其他}. \end{cases}$

九、一个离散型与一个连续型随机变量的函数分布

设随机变量X的分布律为$P\{X = x_i\} = p_i (i = 1,2,\cdots,n)$，随机变量$Y$的概率密度为$f(y)$，求$Z = g(X,Y)$的分布.

随机变量 Z 的分布函数 $F_Z(z) = P\{Z \leqslant z\} = P\{g(X,Y) \leqslant z\} = \sum_{i=1}^{n} P\{g(X,Y) \leqslant z, X = x_i\}$.

【良哥解读】

离散型与连续型随机变量的函数分布，关键在于计算概率 $P\{g(X,Y) \leqslant z\}$. 我们只需将离散型随机变量的所有可能取值看成完全事件组，用全概率公式计算即可 .

例　设随机变量 X 与 Y 独立，其中 X 的概率分布为 $X \sim \begin{pmatrix} 1 & 2 \\ 0.3 & 0.7 \end{pmatrix}$，而 Y 的概率密度为 $f(y)$，求随机变量 $U = X + Y$ 的概率密度 $g(u)$.

解析　由分布函数的定义，

$$F_U(u) = P\{U \leqslant u\} = P\{X + Y \leqslant u\}$$
$$= P\{X + Y \leqslant u, X = 1\} + P\{X + Y \leqslant u, X = 2\}$$
$$= P\{Y \leqslant u - 1, X = 1\} + P\{Y \leqslant u - 2, X = 2\}$$

因 X 与 Y 相互独立，故

$$F_U(u) = P\{X = 1\} P\{Y \leqslant u - 1\} + P\{X = 2\} P\{Y \leqslant u - 2\}$$
$$= 0.3 P\{Y \leqslant u - 1\} + 0.7 P\{Y \leqslant u - 2\}$$
$$= 0.3 F_Y(u - 1) + 0.7 F_Y(u - 2),$$

从而，U 的概率密度为 $g(u) = F_U'(u) = 0.3 f(u - 1) + 0.7 f(u - 2)$.

李良概率章节笔记

李良概率章节笔记

大纲要求

（1）理解随机变量数字特征（数学期望、方差、标准差、矩、协方差、相关系数）的概念，会运用数字特征的基本性质，并掌握常用分布的数字特征．

（2）会求随机变量函数的数学期望．

本章重点

（1）随机变量期望的计算公式及性质；随机变量函数期望的计算公式．

（2）随机变量方差的计算公式及性质．

（3）两个随机变量协方差的计算公式及性质．

（4）两个随机变量相关系数的计算公式及性质．

（5）常见分布的期望与方差（二项分布、泊松分布、几何分布、均匀分布、指数分布、正态分布）．

基础知识

一、离散型随机变量的数学期望

（一）定义

设离散型随机变量 X 的分布律为 $P\{X = x_i\} = p_i (i = 1, 2, \cdots)$，若级数 $\sum\limits_{i=1}^{\infty} x_i p_i$ 绝对收敛，则称级数

$\sum\limits_{i=1}^{\infty} x_i p_i$ 的和为随机变量 X 的数学期望，记为 $E(X)$，即 $E(X) = \sum\limits_{i=1}^{\infty} x_i p_i$；如果级数 $\sum\limits_{i=1}^{\infty} |x_i| p_i$ 发散，

则称 X 的数学期望不存在．

良哥解读

随机变量的期望也叫均值，就是一种平均的概念．

对于离散型随机变量，期望的本质是加权平均值，用随机变量的取值 x_i 乘以取值的权重（概率）

p_i，即 $x_i p_i$，然后将所有的都加起来 $\sum\limits_{i=1}^{\infty} x_i p_i$，若此无穷级数绝对收敛则期望存在，否则发散．由

于期望存在是有前提的，所以不是所有的离散型随机变量都有期望．

（二）离散型随机变量函数的数学期望

若 X 是离散型随机变量，其概率分布为 $P\{X = x_i\} = p_i, i = 1, 2, \cdots$，设 $g(x)$ 为连续实函数，令 $Y = g(X)$．

若级数 $\sum\limits_{i=1}^{\infty} g(x_i) p_i$ 绝对收敛，则称随机变量 $Y = g(X)$ 的期望存在，且 $E(Y) = \sum\limits_{i=1}^{\infty} g(x_i) p_i$．

（三）两个离散型随机变量函数的数学期望

若 (X, Y) 是二维离散型随机变量，其分布律为 $P\{X = x_i, Y = y_j\} = p_{ij}, i, j = 1, 2, \cdots$，设 $g(x, y)$ 为二

元连续实函数，令 $Z = g(X,Y)$，若 $\sum\limits_{i=1}^{\infty}\sum\limits_{j=1}^{\infty}g(x_i,y_j)p_{ij}$ 绝对收敛，则称随机变量 $Z = g(X,Y)$ 的期望

存在，且 $E(Z) = Eg(X,Y) = \sum\limits_{i=1}^{\infty}\sum\limits_{j=1}^{\infty}g(x_i,y_j)p_{ij}$.

例 二维离散型随机变量 (X,Y) 的分布律为：

X ＼ Y	−1	0	1
1	0.2	0.1	0.1
2	0.1	0	0.1
3	0	0.3	0.1

求 $E(X), E(Y), E(XY), E(X-Y)^2$.

解析 由 (X,Y) 的分布律容易得到 $X, Y, XY, (X-Y)^2$ 的分布律分别为

X	1	2	3
P	0.4	0.2	0.4

Y	−1	0	1
P	0.3	0.4	0.3

XY	−3	−2	−1	0	1	2	3
P	0	0.1	0.2	0.4	0.1	0.1	0.1

故

$(X-Y)^2$	0	1	4	9	16
P	0.1	0.2	0.3	0.4	0

$$E(X) = 1\times0.4 + 2\times0.2 + 3\times0.4 = 2,$$
$$E(Y) = -1\times0.3 + 1\times0.3 = 0,$$
$$E(XY) = -2\times0.1 + (-1)\times0.2 + 1\times0.1 + 2\times0.1 + 3\times0.1 = 0.2,$$
$$E(X-Y)^2 = 1\times0.2 + 4\times0.3 + 9\times0.4 = 5.$$

良哥解读

离散型随机变量函数的分布比较容易计算，故在求离散型随机变量函数的期望时，也可以不用函数期望的计算公式，而先求出函数的分布，再计算其期望.

二、连续型随机变量的数学期望

（一）定义

设连续型随机变量 X 的概率密度为 $f(x)$，若积分 $\int_{-\infty}^{+\infty} xf(x)\mathrm{d}x$ 绝对收敛，则称积分 $\int_{-\infty}^{+\infty} xf(x)\mathrm{d}x$ 为随

机变量 X 的数学期望，记为 $E(X)$，即 $E(X) = \int_{-\infty}^{+\infty} xf(x)\mathrm{d}x$；若积分 $\int_{-\infty}^{+\infty} |x| f(x)\mathrm{d}x$ 发散，则称随机变量 X 的数学期望不存在．

良哥解读

连续型随机变量期望的计算公式可以类似离散型随机变量期望公式记忆．我们用 x 近似代表在 x 附近的取值，$f(x)\mathrm{d}x$ 近似表示在 x 附近取值的概率，取值乘以取值的概率，即 $xf(x)\mathrm{d}x$，由于积分表示求和，故用积分 $\int_{-\infty}^{+\infty} xf_X(x)\mathrm{d}x$ 表示将所有的 $xf(x)\mathrm{d}x$ 相加，即得连续型随机变量期望的计算公式．

（二）一维连续型随机变量函数的数学期望

若 X 是连续型随机变量，其密概率度为 $f_X(x)$，设 $g(x)$ 为连续实函数，令 $Y = g(X)$．若积分 $\int_{-\infty}^{+\infty} g(x)f_X(x)\mathrm{d}x$ 绝对收敛，则称随机变量 $Y = g(X)$ 的期望存在，且 $E(Y) = \int_{-\infty}^{+\infty} g(x)f_X(x)\mathrm{d}x$．

良哥解读

计算连续型随机变量函数的期望时，若先算 Y 的分布，再算其期望，计算量会比较大，故求连续型随机变量函数的期望时直接带公式 $E(Y) = \int_{-\infty}^{+\infty} g(x)f_X(x)\mathrm{d}x$ 计算．

例 设 X 是一个随机变量，其概率密度为 $f(x) = \begin{cases} 1+x, & -1 \leqslant x \leqslant 0, \\ 1-x, & 0 < x \leqslant 1, \\ 0, & \text{其他.} \end{cases}$ 求 $E(X^2)$．

解析 由连续型随机变量函数的期望计算公式有

$$E(X^2) = \int_{-\infty}^{+\infty} x^2 f(x)\mathrm{d}x = \int_{-1}^{0} x^2(1+x)\mathrm{d}x + \int_{0}^{1} x^2(1-x)\mathrm{d}x = \frac{1}{6}.$$

（三）两个连续型随机变量函数的数学期望

若 (X,Y) 是二维连续型随机变量，其概率密度为 $f(x,y)$，设 $g(x,y)$ 为二元连续实函数，令 $Z = g(X,Y)$，当 $\int_{-\infty}^{+\infty}\int_{-\infty}^{+\infty} g(x,y)f(x,y)\mathrm{d}x\mathrm{d}y$ 绝对收敛时，称随机变量 $Z = g(X,Y)$ 的期望存在，且

$$E(Z) = Eg(X,Y) = \int_{-\infty}^{+\infty}\int_{-\infty}^{+\infty} g(x,y)f(x,y)\mathrm{d}x\mathrm{d}y.$$

例 已知随机变量 X 和 Y 的联合概率密度为 $f(x,y) = \begin{cases} \mathrm{e}^{-(x+y)}, & 0 < x < +\infty, 0 < y < +\infty, \\ 0, & \text{其他.} \end{cases}$

试求 $E(XY)$．

解析 由两个连续型随机变量函数期望的计算公式有

$$E(XY) = \int_{-\infty}^{+\infty}\int_{-\infty}^{+\infty} xyf(x,y)\mathrm{d}x\mathrm{d}y = \int_{0}^{+\infty} x\mathrm{e}^{-x}\mathrm{d}x \int_{0}^{+\infty} y\mathrm{e}^{-y}\mathrm{d}y = 1.$$

三、随机变量数学期望的性质

（1）设 C 为常数，则有 $E(C) = C$；

（2）设 X 为一随机变量，且 $E(X)$ 存在，C 为常数，则有 $E(CX) = CE(X)$；

（3）设 X 与 Y 是两个随机变量，则有 $E(k_1 X \pm k_2 Y) = k_1 E(X) \pm k_2 E(Y)$；

（4）设 X 与 Y 相互独立，则有 $E(XY) = E(X)E(Y)$.

良哥解读

（1）计算随机变量期望的步骤：先考虑用期望的性质将其化简，若不能化简再带期望的公式计算.

（2）对于期望的性质④，$E(XY) = E(X)E(Y)$ 只是两个随机变量相互独立的必要条件，而非充分条件. 即若两个随机变量 X 与 Y 相互独立，则有 $E(XY) = E(X)E(Y)$；反之若 $E(XY) = E(X)E(Y)$ 成立，随机变量 X 与 Y 不一定相互独立. 但若 $E(XY) \neq E(X)E(Y)$，则随机变量 X 与 Y 一定不独立.

例 一民航送客车载有 20 位旅客自机场开出，旅客有 10 个车站可以下车. 若到达一个车站没有旅客下车就不停车. 以 X 表示停车的次数，求 $E(X)$.（设每位旅客在各车站下车是等可能的，并设各位旅客是否下车相互独立）.

解析 设随机变量 $X_i = \begin{cases} 0, & \text{第} i \text{个车站停车,} \\ 1, & \text{第} i \text{个车站不停车,} \end{cases} i = 1, 2, \cdots, 10.$

由题意知，公交车在中途停车次数 $X = X_1 + X_2 + \cdots + X_{10}$.

由于每个乘客在第 i 个车站下车的概率为 $\dfrac{1}{10}$，故不下车的概率为 $\dfrac{9}{10}$，因此 20 位乘客都不在第 i 站下车的概率为 $\left(\dfrac{9}{10}\right)^{20}$，在第 i 站有人下车的概率为 $1 - \left(\dfrac{9}{10}\right)^{20}$，从而 $X_i (i = 1, 2, \cdots, 10)$ 的分布律为

X_i	0	1
P	$\left(\dfrac{9}{10}\right)^{20}$	$1 - \left(\dfrac{9}{10}\right)^{20}$

因 $E(X_i) = 1 - \left(\dfrac{9}{10}\right)^{20}, i = 1, 2, \cdots, 10,$ 故

$$E(X) = E(X_1 + X_2 + \cdots + X_{10}) = E(X_1) + E(X_2) + \cdots + E(X_{10})$$
$$= 10\left[1 - \left(\dfrac{9}{10}\right)^{20}\right] \approx 8.78 \text{（次）}.$$

四、随机变量的方差

（一）方差的定义

设 X 是一个随机变量，如果 $E\{[X - E(X)]^2\}$ 存在，则称 $E\{[X - E(X)]^2\}$ 为 X 的方差，记作 $D(X)$，即 $D(X) = E\{[X - E(X)]^2\}$，称 $\sqrt{D(X)}$ 为标准差或均方差.

（二）方差的计算公式

（1）可利用随机变量函数期望的公式计算

①若X为离散型随机变量，其分布律为$P\{X=x_i\}=p_i(i=1,2,\cdots)$，则

$$D(X)=\sum_{i=1}^{\infty}[x_i-E(X)]^2 p_i .$$

②若X为连续型随机变量，其概率密度为$f(x)$，则

$$D(X)=\int_{-\infty}^{+\infty}[x-E(X)]^2 f(x)\mathrm{d}x .$$

（2）随机变量X的方差也可按下面的公式计算

$$D(X)=E(X^2)-[E(X)]^2 .$$

良哥解读

在历年考试中，计算$E(X^2)$的频率非常高．若已知随机变量X的期望$E(X)$和方差$D(X)$，求$E(X^2)$，可将$D(X)=E(X^2)-[E(X)]^2$变形为$E(X^2)=D(X)+[E(X)]^2$计算．

（三）方差的性质

（1）设C为常数，则$D(C)=0$；

（2）如果X为随机变量，C为常数，则$D(CX)=C^2D(X)$；

（3）如果X为随机变量，C为常数，则有$D(X+C)=D(X)$；

（4）设X,Y是两个随机变量，则有

$$D(X\pm Y)=D(X)+D(Y)\pm 2E\{[X-E(X)][Y-E(Y)]\} .$$

特别地，若X,Y相互独立，则$D(X\pm Y)=D(X)+D(Y)$．

这一性质还可推广，对于任意有限个相互独立随机变量和（差）的方差等于方差的和．

良哥解读

（1）注意期望性质与方差性质的区别，尤其对于性质（2）和性质（4）容易混淆．对于期望的性质$E(CX)=CE(X)$，但方差的性质$D(CX)=C^2D(X)$；期望具有线性性质，但方差没有线性性质．

（2）X,Y相互独立时，有$D(X\pm Y)=D(X)+D(Y)$，但反之不一定．

例 设随机变量X服从参数为λ的泊松分布，计算$E(X)$，$D(X)$．

解析 因X服从参数为λ的泊松分布，故X的分布律为

$$P\{X=k\}=\frac{\lambda^k \mathrm{e}^{-\lambda}}{k!}(k=0,1,2,\cdots).$$

从而

$$E(X)=\sum_{k=0}^{+\infty}k\cdot\frac{\lambda^k \mathrm{e}^{-\lambda}}{k!}=\sum_{k=1}^{+\infty}k\cdot\frac{\lambda^k \mathrm{e}^{-\lambda}}{k!}=\sum_{k=1}^{+\infty}\frac{\lambda^k \mathrm{e}^{-\lambda}}{(k-1)!}$$

$$=\sum_{k=0}^{+\infty}\frac{\lambda^{k+1}\mathrm{e}^{-\lambda}}{k!}=\lambda\sum_{k=0}^{+\infty}\frac{\lambda^k \mathrm{e}^{-\lambda}}{k!}=\lambda.$$

又 $E\left(X^2\right)=E\left[X\left(X-1\right)+X\right]=E\left[X\left(X-1\right)\right]+E\left(X\right)$

而

$$E\left[X\left(X-1\right)\right]=\sum_{k=0}^{+\infty}k\left(k-1\right)\cdot\frac{\lambda^k\mathrm{e}^{-\lambda}}{k!}=\sum_{k=2}^{+\infty}k\left(k-1\right)\cdot\frac{\lambda^k\mathrm{e}^{-\lambda}}{k!}$$
$$=\sum_{k=2}^{+\infty}\frac{\lambda^k\mathrm{e}^{-\lambda}}{\left(k-2\right)!}=\sum_{k=0}^{+\infty}\frac{\lambda^{k+2}\mathrm{e}^{-\lambda}}{k!}$$
$$=\lambda^2\sum_{k=0}^{+\infty}\frac{\lambda^k\mathrm{e}^{-\lambda}}{k!}=\lambda^2,$$

故 $E\left(X^2\right)=\lambda^2+\lambda$，从而 $D\left(X\right)=E\left(X^2\right)-\left[E\left(X\right)\right]^2=\lambda^2+\lambda-\lambda^2=\lambda.$

例 设随机变量 $X\sim B(n,p)$，计算 $E(X)$，$D(X)$.

解析 由二项分布的背景知，随机变量 X 表示 n 次独立重复试验中 A 发生的次数，且 A 在每次试验中发生的概率为 p.

设 $X_i=\begin{cases}1, & A\text{在第}i\text{次试验中发生,} \\ 0, & A\text{在第}i\text{次试验中不发生,}\end{cases}\quad i=1,2,\cdots,n,$

故 $X=X_1+X_2+\cdots+X_n$. 又 $X_i\left(i=1,2,\cdots,n\right)$ 均服从 $0-1$ 分布

X_i	0	1
P	$1-p$	P

故 $E\left(X_i\right)=p$，从而 $E\left(X\right)=E\left(X_1+X_2+\cdots+X_n\right)=E\left(X_1\right)+E\left(X_2\right)+\cdots+E\left(X_n\right)=np.$

因做 n 次独立重复试验，故随机变量 $X_1,X_2,\cdots,X_n$ 相互独立，则由方差的性质有

$D\left(X\right)=D\left(X_1+X_2+\cdots+X_n\right)=D\left(X_1\right)+D\left(X_2\right)+\cdots+D\left(X_n\right).$

由于 $D\left(X_i\right)=E\left(X_i^2\right)-\left[E\left(X_i\right)\right]^2=p-p^2=p\left(1-p\right)$，从而

$D\left(X\right)=np\left(1-p\right).$

例 设随机变量 X 服从几何分布，其分布律为 $P\{X=k\}=p\left(1-p\right)^{k-1},k=1,2,\cdots,$

其中 $0<p<1$ 是常数，计算 $E(X)$，$D(X)$.

解析 因 X 的分布律为 $P\{X=k\}=\left(1-p\right)^{k-1}p,\left(k=1,2\cdots\right)$，则

$$E(X)=\sum_{k=1}^{\infty}kP\{X=k\}=\sum_{k=1}^{\infty}k\left(1-p\right)^{k-1}p=p\sum_{k=1}^{\infty}k\left(1-p\right)^{k-1},$$

设 $S(x)=\sum_{k=1}^{\infty}kx^{k-1}$，则 $S(x)=\left(\sum_{k=1}^{\infty}x^k\right)'=\left(\frac{x}{1-x}\right)'=\frac{1}{\left(1-x\right)^2}$，$|x|<1$.

因 $0<p<1$，故 $0<1-p<1$，所以

$$E(X)=p\cdot S(1-p)=p\cdot\frac{1}{\left[1-\left(1-p\right)\right]^2}=\frac{1}{p}.$$

又 $E(X^2) = \sum_{k=1}^{\infty} k^2 P\{X = k\} = \sum_{k=1}^{\infty} k^2 (1-p)^{k-1} p = p \sum_{k=1}^{\infty} k^2 (1-p)^{k-1}$,

设 $S_1(x) = \sum_{k=1}^{\infty} k^2 x^{k-1}$ ，则

$$S_1(x) = \sum_{k=1}^{\infty} k^2 x^{k-1} = \sum_{k=1}^{\infty} k(k+1-1) x^{k-1} = \sum_{k=1}^{\infty} k(k+1) x^{k-1} - \sum_{k=1}^{\infty} k x^{k-1}$$

$$= \left(\sum_{k=1}^{\infty} x^{k+1} \right)'' - \left(\sum_{k=1}^{\infty} x^k \right)' = \left(\frac{x^2}{1-x} \right)'' - \left(\frac{x}{1-x} \right)'$$

$$= \left(\frac{x^2 - 1 + 1}{1-x} \right)'' - \frac{1}{(1-x)^2} = \left[-(1+x) + \frac{1}{1-x} \right]'' - \frac{1}{(1-x)^2}$$

$$= \left(\frac{1}{1-x} \right)'' - \frac{1}{(1-x)^2} = \frac{2}{(1-x)^3} - \frac{1}{(1-x)^2}, \quad |x| < 1.$$

所以 $E(X^2) = p \cdot S_1(1-p) = p \cdot \left(\frac{2}{p^3} - \frac{1}{p^2} \right) = \frac{2}{p^2} - \frac{1}{p}$.

故 $D(X) = E(X^2) - [E(X)]^2 = \frac{2}{p^2} - \frac{1}{p} - \frac{1}{p^2} = \frac{1-p}{p^2}$.

例 设随机变量 $X \sim U(a,b)$ ，计算 $E(X)$ ，$D(X)$.

解析 因 $X \sim U(a,b)$ ，故 X 的概率密度为

$$f(x) = \begin{cases} \dfrac{1}{b-a}, & a < x < b, \\ 0, & 其他, \end{cases}$$

则 $E(X) = \int_{-\infty}^{+\infty} x f(x) \mathrm{d}x = \int_a^b x \cdot \frac{1}{b-a} \mathrm{d}x = \frac{1}{b-a} \cdot \frac{x^2}{2} \Big|_a^b = \frac{a+b}{2}$,

又 $E(X^2) = \int_{-\infty}^{+\infty} x^2 f(x) \mathrm{d}x = \int_a^b x^2 \cdot \frac{1}{b-a} \mathrm{d}x = \frac{1}{b-a} \cdot \frac{x^3}{3} \Big|_a^b = \frac{a^2 + ab + b^2}{3}$,

故 $D(X) = E(X^2) - [E(X)]^2 = \frac{a^2 + ab + b^2}{3} - \frac{(a+b)^2}{4} = \frac{(b-a)^2}{12}$.

例 设随机变量 $X \sim E(\lambda)$ ，计算 $E(X)$ ，$D(X)$.

解析 因 $X \sim E(\lambda)$ ，故 X 的概率密度为 $f(x) = \begin{cases} \lambda \mathrm{e}^{-\lambda x}, & x > 0, \\ 0, & 其他, \end{cases}$

则 $E(X) = \int_{-\infty}^{+\infty} x f(x) \mathrm{d}x = \int_0^{+\infty} x \cdot \lambda \mathrm{e}^{-\lambda x} \mathrm{d}x = -\int_0^{+\infty} x \mathrm{d}\mathrm{e}^{-\lambda x}$

$$= -x \mathrm{e}^{-\lambda x} \Big|_0^{+\infty} + \int_0^{+\infty} \mathrm{e}^{-\lambda x} \mathrm{d}x = 0 - \frac{1}{\lambda} \mathrm{e}^{-\lambda x} \Big|_0^{+\infty} = \frac{1}{\lambda}$$.

又 $E(X^2) = \int_{-\infty}^{+\infty} x^2 f(x) \mathrm{d}x = \int_0^{+\infty} x^2 \cdot \lambda \mathrm{e}^{-\lambda x} \mathrm{d}x = -x^2 \mathrm{e}^{-\lambda x} \Big|_0^{+\infty} + 2 \int_0^{+\infty} x \cdot \mathrm{e}^{-\lambda x} \mathrm{d}x = \frac{2}{\lambda^2}$,

故 $D(X) = E(X^2) - \left[E(X)\right]^2 = \dfrac{2}{\lambda^2} - \dfrac{1}{\lambda^2} = \dfrac{1}{\lambda^2}$.

例 设随机变量 $X \sim N(\mu, \sigma^2)$，计算 $E(X)$，$D(X)$.

解析 因 $X \sim N(\mu, \sigma^2)$，令 $Z = \dfrac{X - \mu}{\sigma}$，则 $Z \sim N(0,1)$，其概率密度为

$$f_Z(z) = \frac{1}{\sqrt{2\pi}} e^{-\frac{z^2}{2}}, \quad -\infty < z < +\infty.$$

则

$$E(Z) = \int_{-\infty}^{+\infty} z f_Z(z) \mathrm{d}z = \int_{-\infty}^{+\infty} z \cdot \frac{1}{\sqrt{2\pi}} e^{-\frac{z^2}{2}} \mathrm{d}z = 0,$$

$$D(Z) = E(Z^2) - \left[E(Z)\right]^2 = E(Z^2)$$

$$= \int_{-\infty}^{+\infty} z^2 \cdot \frac{1}{\sqrt{2\pi}} e^{-\frac{z^2}{2}} \mathrm{d}z = -\frac{1}{\sqrt{2\pi}} \int_{-\infty}^{+\infty} z \mathrm{d}e^{-\frac{z^2}{2}}$$

$$= -\frac{1}{\sqrt{2\pi}} z \cdot e^{-\frac{z^2}{2}} \Bigg|_{-\infty}^{+\infty} + \int_{-\infty}^{+\infty} \frac{1}{\sqrt{2\pi}} e^{-\frac{z^2}{2}} \mathrm{d}z$$

$$= 0 + 1 = 1.$$

因 $X = \sigma Z + \mu$，故

$$E(X) = E(\sigma Z + \mu) = \sigma E(Z) + \mu = \mu,$$

$$D(X) = D(\sigma Z + \mu) = \sigma^2 D(Z) = \sigma^2.$$

良哥解读

（1）考研数学每年都会涉及考查常见分布，通常会把分布与数字特征结合起来考查，考生一定要熟记这几种分布的分布律（或概率密度）及其数字特征.

（2）概率论中相对复杂的积分计算经常用常见分布的结论：

① 若 $X \sim E(\lambda)\ (\lambda > 0)$，则 X 的概率密度为 $f(x) = \begin{cases} \lambda e^{-\lambda x}, & x > 0, \\ 0, & \text{其他}. \end{cases}$

从而有

$$E(X) = \int_0^{+\infty} x f(x) \mathrm{d}x = \int_0^{+\infty} x \lambda e^{-\lambda x} \mathrm{d}x = \frac{1}{\lambda},$$

$$E(X^2) = \int_0^{+\infty} x^2 f(x) \mathrm{d}x = \int_0^{+\infty} x^2 \lambda e^{-\lambda x} \mathrm{d}x = D(X) + \left[E(X)\right]^2 = \frac{1}{\lambda^2} + \left(\frac{1}{\lambda}\right)^2 = \frac{2}{\lambda^2}.$$

若遇到形如 $\int_0^{+\infty} x e^{-\lambda x} \mathrm{d}x\ (\lambda > 0)$，$\int_0^{+\infty} x^2 e^{-\lambda x} \mathrm{d}x\ (\lambda > 0)$ 积分计算，我们可以将其凑成指数分布，利用结论计算. 比如

$$\int_0^{+\infty} x e^{-\lambda x} \mathrm{d}x = \frac{1}{\lambda} \int_0^{+\infty} x \lambda e^{-\lambda x} \mathrm{d}x = \frac{1}{\lambda^2}.$$

$$\int_0^{+\infty} x^2 e^{-\lambda x} \mathrm{d}x = \frac{1}{\lambda} \int_0^{+\infty} x^2 \lambda e^{-\lambda x} \mathrm{d}x = \frac{1}{\lambda}\left[\frac{1}{\lambda^2} + \left(\frac{1}{\lambda}\right)^2\right] = \frac{2}{\lambda^3}.$$

②若$X \sim N(\mu, \sigma^2)$，则X的概率密度为$f(x) = \dfrac{1}{\sqrt{2\pi}\sigma}e^{-\frac{(x-\mu)^2}{2\sigma^2}}$，$-\infty < x < +\infty$，

从而有，

$$E(X) = \int_{-\infty}^{+\infty} xf(x)dx = \int_{-\infty}^{+\infty} x\dfrac{1}{\sqrt{2\pi}\sigma}e^{-\frac{(x-\mu)^2}{2\sigma^2}}dx = \mu,$$

$$E(X^2) = \int_{-\infty}^{+\infty} x^2 f(x)dx = \int_{-\infty}^{+\infty} x^2 \dfrac{1}{\sqrt{2\pi}\sigma}e^{-\frac{(x-\mu)^2}{2\sigma^2}}dx = D(X) + [E(X)]^2 = \sigma^2 + \mu^2.$$

若遇到形如$\int_{-\infty}^{+\infty} xe^{-(x-\mu)^2}dx$，$\int_{-\infty}^{+\infty} x^2 e^{-(x-\mu)^2}dx$的积分计算问题，我们可以将其凑成正态分布形式，利用上面的结论计算．比如

$$\int_{-\infty}^{+\infty} xe^{-(x-\mu)^2}dx = \sqrt{\pi}\int_{-\infty}^{+\infty} x\dfrac{1}{\sqrt{2\pi}\frac{1}{\sqrt{2}}}e^{-\frac{(x-\mu)^2}{2(\frac{1}{\sqrt{2}})^2}}dx = \sqrt{\pi}\mu.$$

$$\int_{-\infty}^{+\infty} x^2 e^{-(x-\mu)^2}dx = \sqrt{\pi}\int_{-\infty}^{+\infty} x^2\dfrac{1}{\sqrt{2\pi}\frac{1}{\sqrt{2}}}e^{-\frac{(x-\mu)^2}{2(\frac{1}{\sqrt{2}})^2}}dx = \sqrt{\pi}[(\dfrac{1}{\sqrt{2}})^2 + \mu^2] = (\dfrac{1}{2} + \mu^2)\sqrt{\pi}.$$

（3）如果不是考察常见分布的数字特征，若离散型随机变量求数字特征，往往先找其分布律，连续型随机变量先找其概率密度函数，再结合数字特征的性质和公式计算．

例 假设随机变量X在区间$[-1, 2]$上服从均匀分布，随机变量$Y = \begin{cases} 1, & X > 0, \\ 0, & X = 0, \\ -1, & X < 0. \end{cases}$

则方差$D(2Y + 1) = $ _____ .

解析 由题意有，

$$P\{Y = 1\} = P\{X > 0\} = \dfrac{2}{3}，\quad P\{Y = 0\} = P\{X = 0\} = 0，\quad P\{Y = -1\} = P\{X < 0\} = \dfrac{1}{3}，$$

故Y的概率分布为

Y	-1	0	1
P	$\dfrac{1}{3}$	0	$\dfrac{2}{3}$

Y^2的概率分布为

Y^2	0	1
P	0	1

所以$E(Y) = (-1) \times \dfrac{1}{3} + 1 \times \dfrac{2}{3} = \dfrac{1}{3}$，$E(Y^2) = 1$，从而

$$D(Y) = E(Y^2) - [E(Y)]^2 = 1 - \left(\frac{1}{3}\right)^2 = \frac{8}{9}. \text{ 从而有}$$

$$D(2Y+1) = 4D(Y) = \frac{32}{9}.$$

例 设 X 是一个随机变量，其概率密度为 $f(x) = \begin{cases} 1+x, & -1 \leq x \leq 0, \\ 1-x, & 0 < x \leq 1, \\ 0, & \text{其他}. \end{cases}$ 则方差 $D(1-2X) = $ _____.

解析 因为

$$E(X) = \int_{-\infty}^{+\infty} xf(x)\mathrm{d}x = \int_{-1}^{0} x(1+x)\mathrm{d}x + \int_{0}^{1} x(1-x)\mathrm{d}x = 0,$$

$$E(X^2) = \int_{-\infty}^{+\infty} x^2 f(x)\mathrm{d}x = \int_{-1}^{0} x^2(1+x)\mathrm{d}x + \int_{0}^{1} x^2(1-x)\mathrm{d}x = \frac{1}{6},$$

故 $D(1-2X) = 4D(X) = 4\{E(X^2) - [E(X)]^2\} = \frac{2}{3}.$

例 设随机变量 (X,Y) 在以点 $(0,1),(1,0),(1,1)$ 为顶点的三角形区域上服从二维均匀分布，试求随机变量 $U = X + Y$ 的方差.

解析 设三角形区域为 $G = \{(x,y) \mid 0 \leq y \leq 1, 1-y \leq x \leq 1\}$，因区域 G 的面积为 $\frac{1}{2}$，故

(X,Y) 的概率密度为 $f(x,y) = \begin{cases} 2, & (x,y) \in G, \\ 0, & \text{其他}. \end{cases}$

因

$$E(U) = E(X+Y) = \int_{-\infty}^{+\infty}\int_{-\infty}^{+\infty} (x+y)f(x,y)\mathrm{d}x\mathrm{d}y = 2\iint\limits_{G} (x+y)\mathrm{d}x\mathrm{d}y$$

$$= 2\int_{0}^{1}\mathrm{d}y\int_{1-y}^{1} (x+y)\mathrm{d}x = 2\int_{0}^{1}\left(\frac{y^2}{2} + y\right)\mathrm{d}y = \frac{4}{3},$$

$$E(U^2) = E(X+Y)^2 = \int_{-\infty}^{+\infty}\int_{-\infty}^{+\infty} (x+y)^2 f(x,y)\mathrm{d}x\mathrm{d}y = 2\iint\limits_{G} (x+y)^2 \mathrm{d}x\mathrm{d}y$$

$$= 2\int_{0}^{1}\mathrm{d}y\int_{1-y}^{1} (x+y)^2 \mathrm{d}x = 2\int_{0}^{1}\left(y^2 + y + \frac{y^3}{3}\right)\mathrm{d}y = \frac{11}{6},$$

故 $D(U) = E(U^2) - [E(U)]^2 = \frac{11}{6} - \left(\frac{4}{3}\right)^2 = \frac{1}{18}.$

五、随机变量的矩

（一）K 阶原点矩定义

设 X 为随机变量，如果 $E(X^k)(k=1,2,\cdots)$ 存在，则称 $E(X^k)$ 为 X 的 k 阶原点矩. 随机变量 X 的数学期望 $E(X)$ 也称为 X 的一阶原点矩.

（二）K 阶中心矩

设 X 为随机变量，如果 $E\{[X-E(X)]^k\}(k=2,3,\cdots)$ 存在，则称 $E\{[X-E(X)]^k\}$ 为 X 的 k 阶中心矩. 随

机变量 X 的方差 $D(X)$ 也称为 X 的二阶中心矩.

（三）$K+l$ 阶混合中心矩

设 (X,Y) 是二维随机变量，如果 $E\{[X-E(X)]^k[Y-E(Y)]^l\}$ $(k,l=1,2,\cdots)$ 存在，则称

$E\{[X-E(X)]^k[Y-E(Y)]^l\}$ 为 X 与 Y 的 $k+l$ 阶混合中心矩.

六、协方差

（一）协方差的定义

设 (X,Y) 是二维随机变量，且 $E(X)$ 和 $E(Y)$ 都存在，如果 $E\{[X-E(X)][Y-E(Y)]\}$ 存在，则称其为随机变量 X 与 Y 的协方差，记作 $\mathrm{cov}(X,Y)$，即 $\mathrm{cov}(X,Y)=E\{[X-E(X)][Y-E(Y)]\}$.

（二）协方差的计算公式

$\mathrm{cov}(X,Y)=E(XY)-E(X)E(Y)$.

（三）协方差的性质

（1）$\mathrm{cov}(X,Y)=\mathrm{cov}(Y,X)$；

（2）$\mathrm{cov}(X,X)=D(X)$；

（3）$\mathrm{cov}(C,X)=0$，其中 C 为任意常数；

（4）$\mathrm{cov}(aX,bY)=ab\,\mathrm{cov}(X,Y)$，其中 a,b 为任意常数；

（5）$\mathrm{cov}(k_1X\pm k_2X,Y)=k_1\mathrm{cov}(X_1,Y)\pm k_2\mathrm{cov}(X_2,Y)$；

（6）$D(X\pm Y)=D(X)+D(Y)\pm 2\mathrm{cov}(X,Y)$；

（7）如果 X 与 Y 相互独立，则 $\mathrm{cov}(X,Y)=0$.

良哥解读

（1）计算协方差的步骤：先用协方差的性质进行化简，不能化简再借助协方差的公式计算.

（2）对于协方差的性质⑦，$\mathrm{cov}(X,Y)=0$ 只是两个随机变量相互独立的必要条件，而非充分条件. 即若两个随机变量 X 与 Y 相互独立，则 $\mathrm{cov}(X,Y)=0$；反之若 $\mathrm{cov}(X,Y)=0$，随机变量 X 与 Y 不一定独立. 但若 $\mathrm{cov}(X,Y)\neq 0$，则随机变量 X 与 Y 一定不独立.

例　设随机变量 X 和 Y 的联合分布律为

X＼Y	−1	0	1
0	0.07	0.18	0.15
1	0.08	0.32	0.20

则 X^2 和 Y^2 的协方差 $\mathrm{cov}(X^2,Y^2)=$ _____.

解析　由 X 和 Y 的联合分布律容易得到 X^2，Y^2，X^2Y^2 的分布律分别为

X^2	0	1
P	0.4	0.6

Y^2	0	1
P	0.5	0.5

X^2Y^2	0	1
P	0.72	0.28

则有
$$E(X^2) = 0.6, E(Y^2) = 0.5, E(X^2Y^2) = 0.28,$$
$$\text{cov}(X^2, Y^2) = E(X^2Y^2) - E(X^2)E(Y^2) = 0.28 - 0.6 \times 0.5 = -0.02.$$

例 设随机变量 (X,Y) 的概率密度为 $f(x,y) = \begin{cases} 3x, & 0 < y < x < 1, \\ 0, & \text{其他.} \end{cases}$ 求 $\text{cov}(X,Y)$.

解析 因 $E(XY) = \int_{-\infty}^{+\infty} \int_{-\infty}^{+\infty} xy f(x,y) \mathrm{d}x\mathrm{d}y = \int_0^1 \mathrm{d}x \int_0^x xy \cdot 3x \mathrm{d}y$

$$= 3\int_0^1 x^2 \cdot \frac{y^2}{2}\Big|_0^x \mathrm{d}x = \frac{3}{2}\int_0^1 x^4 \mathrm{d}x = \frac{3}{10},$$

$$E(X) = \int_{-\infty}^{+\infty} \int_{-\infty}^{+\infty} x f(x,y) \mathrm{d}x\mathrm{d}y = \int_0^1 \mathrm{d}x \int_0^x x \cdot 3x \mathrm{d}y$$

$$= 3\int_0^1 x^3 \mathrm{d}x = \frac{3}{4},$$

$$E(Y) = \int_{-\infty}^{+\infty} \int_{-\infty}^{+\infty} y f(x,y) \mathrm{d}x\mathrm{d}y = \int_0^1 \mathrm{d}x \int_0^x y \cdot 3x \mathrm{d}y$$

$$= 3\int_0^1 x \cdot \frac{y^2}{2}\Big|_0^x \mathrm{d}x = \frac{3}{2}\int_0^1 x^3 \mathrm{d}x = \frac{3}{8},$$

故 $\text{cov}(X,Y) = E(XY) - E(X)E(Y) = \frac{3}{10} - \frac{3}{4} \times \frac{3}{8} = \frac{3}{160}.$

七、相关系数

（一）相关系数的定义

设 (X,Y) 是二维随机变量，且 X 和 Y 的方差均存在，且都不为零，则称 $\rho_{XY} = \dfrac{\text{cov}(X,Y)}{\sqrt{DX}\sqrt{DY}}$ 为 X 与 Y 的相关系数.

良哥解读

（1）计算随机变量 X 和 Y 的相关系数时,通常先计算其协方差,再分别计算 X 和 Y 的标准差.若协方差为 0，相关系数即为 0，此时不必计算标准差.

（2）若已知随机变量 X 和 Y 的相关系数，求 X 和 Y 的协方差，有
$$\text{cov}(X,Y) = \rho_{XY}\sqrt{DX}\sqrt{DY}.$$

例 设 $X \sim N(0,1)$，$Y = X^2$，求 ρ_{XY}.

解析 因 $X \sim N(0,1)$，故

$$E(X) = 0,$$

$$E(XY) = E(X^3) = \int_{-\infty}^{+\infty} x^3 \frac{1}{\sqrt{2\pi}} \mathrm{e}^{-\frac{x^2}{2}} \mathrm{d}x = 0，则$$

$$\text{cov}(X,Y) = E(XY) - E(X) \cdot E(Y) = 0，从而 \rho_{XY} = 0.$$

（二）相关系数的性质

（1）$|\rho_{XY}| \leqslant 1$；

（2）$|\rho_{XY}|=1$的充分必要条件是，存在常数a和b，其中$a \neq 0$，使得$P\{Y=aX+b\}=1$．当$a>0$时，$\rho_{XY}=1$；当$a<0$时，$\rho_{XY}=-1$．

例 将一枚硬币重复掷n次，以X和Y分别表示正面向上和反面向上的次数，则X和Y的相关系数等于（　　　）

（A）-1．　　　　（B）0．　　　　（C）$\dfrac{1}{2}$．　　　　（D）1．

解析 由题意有$X+Y=n$，则$Y=n-X$，即有$P\{Y=-X+n\}=1$．

由相关系数的性质，$|\rho_{XY}|=1$等价于$P\{Y=aX+b\}=1$，其中$a \neq 0$．当$a>0$时，$\rho_{XY}=1$；当$a<0$时，$\rho_{XY}=-1$．从而得X和Y的相关系数为-1．故应选（A）．

（三）随机变量X和Y不相关

1. 定义

当X和Y的相关系数$\rho_{XY}=0$时，称X和Y不相关．

2. 不相关的等价说法

当$D(X) \neq 0$，$D(Y) \neq 0$时，随机变量X和Y不相关的等价说法有

$$\rho_{XY}=0 \Leftrightarrow \text{cov}(X,Y)=0$$

$$\Leftrightarrow EXY=EXEY$$

$$\Leftrightarrow D(X \pm Y)=DX+DY．$$

3. 随机变量X和Y不相关与相互独立的关系

1）若随机变量X和Y相互独立，则X和Y不相关，但不相关不一定相互独立．

2）若(X,Y)服从二维正态分布，则X和Y不相关与相互独立等价.

例 假设随机变量X和Y在圆域$D: x^2 + y^2 \leq r^2$上服从二维均匀分布.

（1）求X和Y的相关系数；

（2）问X和Y是否独立？

解析 因X和Y在圆域$D: x^2 + y^2 \leq r^2$上服从二维均匀分布，故

$$f(x, y) = \begin{cases} \dfrac{1}{\pi r^2}, & x^2 + y^2 \leq r^2, \\ 0, & \text{其他.} \end{cases}$$

（1）因为

$$E(XY) = \int_{-\infty}^{+\infty} \int_{-\infty}^{+\infty} xy f(x, y) \mathrm{d}x \mathrm{d}y = \frac{1}{\pi r^2} \iint\limits_{x^2 + y^2 \leq r^2} xy \mathrm{d}x \mathrm{d}y = 0,$$

$$E(X) = \int_{-\infty}^{+\infty} \int_{-\infty}^{+\infty} x f(x, y) \mathrm{d}x \mathrm{d}y = \frac{1}{\pi r^2} \iint\limits_{x^2 + y^2 \leq r^2} x \mathrm{d}x \mathrm{d}y = 0,$$

故$\operatorname{cov}(X, Y) = E(XY) - E(X) \cdot E(Y) = 0$，则

$$\rho_{XY} = \frac{\operatorname{cov}(X, Y)}{\sqrt{D(X)} \cdot \sqrt{D(Y)}} = 0.$$

（2）因X的概率密度

$$f_X(x) = \int_{-\infty}^{+\infty} f(x, y) \mathrm{d}y = \begin{cases} \int_{-\sqrt{r^2 - x^2}}^{\sqrt{r^2 - x^2}} \dfrac{1}{\pi r^2} \mathrm{d}y, & -r < x < r, \\ 0, & \text{其他,} \end{cases}$$

$$= \begin{cases} \dfrac{2}{\pi r^2} \sqrt{r^2 - x^2}, & -r < x < r, \\ 0, & \text{其他.} \end{cases}$$

Y的概率密度

$$f_X(y) = \int_{-\infty}^{+\infty} f(x, y) \mathrm{d}x = \begin{cases} \int_{-\sqrt{r^2 - y^2}}^{\sqrt{r^2 - y^2}} \dfrac{1}{\pi r^2} \mathrm{d}x, & -r < y < r, \\ 0, & \text{其他,} \end{cases}$$

$$= \begin{cases} \dfrac{2}{\pi r^2} \sqrt{r^2 - y^2}, & -r < y < r, \\ 0, & \text{其他.} \end{cases}$$

故$f(x, y) \neq f_X(x) f_Y(y)$，从而$X$和$Y$不独立.

良哥解读
此题可以作为两个随机变量不相关但不相互独立的具体例子.

例 设二维随机变量(X, Y)服从二维正态分布，则随机变量$\xi = X + Y$与$\eta = X - Y$独立的充分必要条件为（　　）

（A）$E(X) = E(Y)$.

（B）$E(X^2) - [E(X)]^2 = E(Y^2) - [E(Y)]^2$.

（C）$E(X^2) = E(Y^2)$. （D）$E(X^2) + \left[E(X)\right]^2 = E(Y^2) + \left[E(Y)\right]^2$.

解析 因为 (X, Y) 服从二维正态分布，故由二维正态分布的性质知

(ξ, η) 也服从二维正态分布，从而随机变量 ξ 和 η 独立的充要条件为 ξ 和 η 不相关，即协方差 $\text{cov}(\xi, \eta) = 0$.

因

$$\begin{aligned}
\text{cov}(\xi, \eta) &= \text{cov}(X + Y, X - Y) \\
&= \text{cov}(X, X) - \text{cov}(X, Y) + \text{cov}(X, Y) - \text{cov}(Y, Y) \\
&= D(X) - D(Y).
\end{aligned}$$

故要使 $\text{cov}(\xi, \eta) = 0$，只需 $D(X) = D(Y)$，即 $E(X^2) - \left[E(X)\right]^2 = E(Y^2) - \left[E(Y)\right]^2$. 故应选（B）.

例 设随机变量 X, Y 不相关，且 $E(X) = 2$，$E(Y) = 1$，$D(X) = 3$，则 $E[X(X + Y - 2)] = ($ $)$

（A）-3. （B）3. （C）-5. （D）5.

解析 因 X 与 Y 不相关，故 $E(XY) = E(X)E(Y)$，则

$$\begin{aligned}
E[X(X + Y - 2)] &= E(X^2 + XY - 2X) = E(X^2) + E(XY) - 2E(X) \\
&= D(X) + \left[E(X)\right]^2 + E(X)E(Y) - 2E(X) \\
&= 3 + 2^2 + 2 \times 1 - 2 \times 2 = 5.
\end{aligned}$$

故应选（D）.

李良概率章节笔记

李良概率章节笔记

大数定律和中心极限定理

📖 大纲要求

（1）了解切比雪夫不等式.

（2）了解切比雪夫大数定律、伯努利大数定律和辛钦大数定律（独立同分布随机变量序列的大数定律）.

（3）了解棣莫弗–拉普拉斯定理（二项分布以正态分布为极限分布）和列维–林德伯格定理（独立同分布随机变量序列的中心极限定理）.

⛵ 本章重点

（1）切比雪夫不等式.

（2）大数定律的条件与结论.

（3）中心极限定理的条件与结论.

📋 基础知识

一、切比雪夫不等式

设随机变量X具有数学期望$E(X) = \mu$，方差$D(X) = \sigma^2$，则对任意$\varepsilon > 0$，均有

$$P\{|X - E(X)| \geq \varepsilon\} \leq \frac{D(X)}{\varepsilon^2} \text{ 或 } P\{|X - E(X)| < \varepsilon\} \geq 1 - \frac{D(X)}{\varepsilon^2}.$$

良哥解读

切比雪夫不等式给出是在随机变量分布未知，但$E(X)$，$D(X)$已知时，估计概率$P\{|X - E(X)| < \varepsilon\}$或$P\{|X - E(X)| \geq \varepsilon\}$的范围. 切比雪夫不等式有两种形式，大家只需熟记其中一种，另外一种可按照逆事件概率形式写出. 例如若熟记$P\{|X - E(X)| \geq \varepsilon\} \leq \frac{D(X)}{\varepsilon^2}$，则

$$P\{|X - E(X)| \geq \varepsilon\} = 1 - P\{|X - E(X)| < \varepsilon\} \leq \frac{D(X)}{\varepsilon^2}，\text{ 从而有 } P\{|X - E(X)| < \varepsilon\} \geq 1 - \frac{D(X)}{\varepsilon^2}.$$

例　设X为随机变量且$E(X) = \mu, D(X) = \sigma^2$，则由切比雪夫不等式，有$P\{|X - \mu| \geq 3\sigma|\} \leq$ _____.

解析　由切比雪夫不等式$P\{|X - E(X)| \geq \varepsilon\} \leq \frac{D(X)}{\varepsilon^2}$，有$P\{|X - \mu| \geq 3\sigma\} \leq \frac{\sigma^2}{(3\sigma)^2} = \frac{1}{9}$.

例　设随机变量X的数学期望为11，方差是9，则根据切比雪夫不等式估计$P\{2 < X < 20\} \geq$ _____.

解析　因X的数学期望为11，方差是9，故$P\{2 < X < 20\} = P\{-9 < X - 11 < 9\}$

$= P\{|X - 11| < 9\} \geq 1 - \frac{9}{9^2} = \frac{8}{9}$.

设 $X_1,X_2,\cdots,X_n,\cdots$ 是一个随机变量序列，a 是一个常数．如果对于任意给定的正数 ε，有

$$\lim_{n\to\infty}P\{|X_n-a|<\varepsilon\}=1,$$

则称随机变量序列 $X_1,X_2,\cdots,X_n,\cdots$ 依概率收敛于 a，记为 $X_n\overset{P}{\longrightarrow}a$．

良哥解读

（1）依概率收敛与高等数学中数列收敛定义类似，数列 $\{x_n\}$ 收敛于 a，描述的是当 n 充分大时，x_n 与 a 的距离 $|x_n-a|$ 任意小；随机变量序列 $\{X_n\}$ 依概率收敛于 a，描述的是当 n 充分大时，X_n 与 a 的距离 $|X_n-a|$ 任意小的概率为 1．

（2）依概率收敛还可以用 $\lim\limits_{n\to\infty}P\{|X_n-a|<\varepsilon\}=1$ 的逆事件形式表示：

$\lim\limits_{n\to\infty}P\{|X_n-a|\geqslant\varepsilon\}=0$．

三、大数定律

（一）切比雪夫大数定律（一般情形）

设 $X_1,X_2,\cdots,X_n,\cdots$ 是由两两不相关（或两两独立）的随机变量所构成的序列，分别具有数学期望 $E(X_1),E(X_2),\cdots,E(X_n),\cdots$ 和方差 $D(X_1),D(X_2),\cdots,D(X_n),\cdots$ 并且方差有公共上界，即存在正数 M，使得 $D(X_n)\leqslant M,n=1,2\cdots$，则对于任意给定的正数 ε，总有

$$\lim_{n\to\infty}P\left\{\left|\frac{1}{n}\sum_{k=1}^{n}X_k-\frac{1}{n}\sum_{k=1}^{n}E(X_k)\right|<\varepsilon\right\}=1．$$

（二）独立同分布的切比雪夫大数定律

设随机变量 $X_1,X_2,\cdots,X_n,\cdots$ 相互独立，服从相同的分布，具有数学期望 $E(X_n)=\mu$ 和方差 $D(X_n)=\sigma^2$（$n=1,2\cdots,$）则对于任意给定的正数 ε，总有 $\lim\limits_{n\to\infty}P\left\{\left|\dfrac{1}{n}\sum\limits_{k=1}^{n}X_k-\mu\right|<\varepsilon\right\}=1$，即随机变量序列 $\overline{X_n}=\dfrac{1}{n}\sum\limits_{k=1}^{n}X_k\overset{P}{\longrightarrow}\mu$．

（三）辛钦大数定律

设随机变量 $X_1,X_2,\cdots,X_n,\cdots$ 相互独立，服从相同的分布，具有数学期望 $E(X_n)=\mu$（$n=1,2\cdots,$）则对于任意给定的正数 ε，总有

$$\lim_{n\to\infty}P\left\{\left|\frac{1}{n}\sum_{k=1}^{n}X_k-\mu\right|<\varepsilon\right\}=1 \text{ 或 } \lim_{n\to\infty}P\left\{\left|\frac{1}{n}\sum_{k=1}^{n}X_k-\mu\right|\geqslant\varepsilon\right\}=0．$$

（四）伯努利大数定律

设在每次实验中事件 A 发生的概率 $P(A)=p$，在 n 次独立重复实验中，事件 A 发生的频率为 $f_n(A)$，则对于任意正数 ε，总有 $\lim\limits_{n\to\infty}P\{|f_n(A)-p|<\varepsilon\}=1$ 或 $\lim\limits_{n\to\infty}P\{|f_n(A)-p|\geqslant\varepsilon\}=0$．

大数定律的本质：

在一定条件下（通常指随机变量序列相互独立、同分布、期望存在），若干个随机变量的均值（$\frac{1}{n}\sum\limits_{k=1}^{n}X_k$），依概率收敛到均值的期望（$E(\frac{1}{n}\sum\limits_{k=1}^{n}X_k)$）.

大数定律的考法有两种：1. 考条件（需满足独立、同分布、期望存在）；2. 考结论（在条件满足的前提下，若干个随机变量均值依概率收敛到均值的期望）.

例 设 $X_1,X_2,\cdots,X_n$ 相互独立且均服从参数为2的指数分布，则当 $n\to\infty$ 时，$Y_n=\frac{1}{n}\sum\limits_{i=1}^{n}X_i^2$ 依概率收敛于_____.

解析 因 $X_1,X_2,\cdots,X_n$ 相互独立且均服从参数为2的指数分布，则 $X_1^2,X_2^2,\cdots,X_n^2$ 也相互独立，且同分布，又

$$E(X_i^2)=D(X_i)+\big[E(X_i)\big]^2=\frac{1}{4}+\left(\frac{1}{2}\right)^2=\frac{1}{2}, \quad i=1,2,\cdots,n.$$

故由辛钦大数定律知，$Y_n=\frac{1}{n}\sum\limits_{i=1}^{n}X_i^2$ 依概率收敛于 $E(\frac{1}{n}\sum\limits_{i=1}^{n}X_i^2)=\frac{1}{n}\sum\limits_{i=1}^{n}E(X_i^2)=\frac{1}{2}$.

四、中心极限定理

（一）列维－林德伯格中心极限定理

设随机变量 $X_1,X_2,\cdots,X_n,\cdots$ 相互独立，服从相同的分布，具有数学期望 $E(X_n)=\mu$ 和方差

$$D(X_n)=\sigma^2 \text{（} n=1,2\cdots \text{）}，则对于任意实数 x，有 \lim_{n\to\infty}P\left\{\frac{\sum\limits_{k=1}^{n}X_k-n\mu}{\sqrt{n}\sigma}\leq x\right\}=\Phi(x).$$

（二）棣莫弗－拉普拉斯中心极限定理

设随机变量 X_n 服从参数为 n，p 的二项分布，即 $X_n\sim B(n,p)(0<p<1,n=1,2,\cdots)$，则对于任意实数 x，有

$$\lim_{n\to\infty}P\left\{\frac{X_n-np}{\sqrt{np(1-p)}}\leq x\right\}=\Phi(x).$$

（1）列维－林德伯格中心极限定理的本质：

在一定条件下（通常指随机变量序列相互独立、同分布、期望、方差均存在），足够多的随机变量的和（$\sum\limits_{k=1}^{n}X_k$）近似服从正态分布，再将其标准化，按照标准正态分布进一步解决问题.

（2）棣莫弗－拉普拉斯中心极限定理是列维－林德伯格的一种特殊情况．因为二项分布 $B(n,p)$ 可以看成是 n 个独立同分布的 0-1 分布的和，从而满足独立、同分布、期望、方差存在的条件，所以当二项分布的参数 n 充分大时，二项分布近似服从正态分布，则我们可以利用正态分布近似代替二项分布计算事件的概率．

（3）中心极限定理的考法主要有两种：1.考条件（随机变量序列相互独立、同分布、期望、方差均存在）；2.考结论（足够多的随机变量的和近似服从正态分布）．

例 设随机变量 $X_1, X_2, \cdots, X_n$ 相互独立， $S_n = X_1 + X_2 + \cdots + X_n$ 则根据列维—林德柏格

(Levy-Lindberg) 中心极限定理，当 n 充分大时， S_n 近似服从正态分布，只要 $X_1, X_2, \cdots, X_n$ （　　）

（A）有相同的数学期望．　　　　　　（B）有相同的方差．

（C）服从同一指数分布．　　　　　　（D）服从同一离散型分布．

解析 使用列维—林德柏格中心极限定理的前提条件是：

$X_1, \cdots, X_n$ 相互独立，服从相同的分布；

$E(X_i)$ 与 $D(X_i)(i = 1, 2, \cdots, n)$ 均存在．

对于（A）选项，有相同的数学期望不能保证同分布，排除（A）；

对于（B）选项，有相同的方差不能保证同分布，排除（B）；

对于（D）选项，服从同一离散分布不能保证期望存在，排除（D）；

对于（C）选项，服从同一指数分布，则随机变量 $X_1, X_2, \cdots, X_n$ 同分布，期望和方差均存在，又 $X_1, X_2, \cdots, X_n$ 相互独立，故满足列维—林德柏格中心极限定理条件，应选（C）．

例 设 $X_1, X_2, \cdots, X_n, \cdots$ 为独立同分布的随机变量列，且均服从参数为 $\lambda(\lambda > 1)$ 的指数分布，记 $\Phi(x)$ 为标准正态分布函数，则

（A）$\lim\limits_{n\to\infty} P\left\{ \dfrac{\sum\limits_{i=1}^{n} X_i - n\lambda}{\lambda\sqrt{n}} \leqslant x \right\} = \Phi(x)$ ．　（B）$\lim\limits_{n\to\infty} P\left\{ \dfrac{\sum\limits_{i=1}^{n} X_i - n\lambda}{\sqrt{n\lambda}} \leqslant x \right\} = \Phi(x)$ ．

（C）$\lim\limits_{n\to\infty} P\left\{ \dfrac{\lambda\sum\limits_{i=1}^{n} X_i - n}{\sqrt{n}} \leqslant x \right\} = \Phi(x)$ ．　（D）$\lim\limits_{n\to\infty} P\left\{ \dfrac{\sum\limits_{i=1}^{n} X_i - \lambda}{\sqrt{n\lambda}} \leqslant x \right\} = \Phi(x)$ ．

解析 因 $X_1, X_2, \cdots, X_n, \cdots$ 相互独立，且均服从参数为 $\lambda(\lambda > 1)$ 的指数分布，则 $E(X_i) = \dfrac{1}{\lambda}$ ，

$D(X_i) = \dfrac{1}{\lambda^2}$ ，从而 $E(\sum\limits_{i=1}^{n} X_i) = \dfrac{n}{\lambda}$ ， $D(\sum\limits_{i=1}^{n} X_i) = \dfrac{n}{\lambda^2}$ ，故由中心极限定理有

$\lim\limits_{n\to\infty} P\left\{ \dfrac{\sum\limits_{i=1}^{n} X_i - \dfrac{n}{\lambda}}{\sqrt{n\big/\lambda^2}} \leqslant x \right\} = \Phi(x)$ ，化简有 $\lim\limits_{n\to\infty} P\left\{ \dfrac{\lambda\sum\limits_{i=1}^{n} X_i - n}{\sqrt{n}} \leqslant x \right\} = \Phi(x)$ ，

故应选（C）．

李良概率章节笔记

大纲要求

（1）理解总体、简单随机样本、统计量、样本均值、样本方差及样本矩的概念，其中样本方差定义为：$S^2 = \dfrac{1}{n-1} \displaystyle\sum_{i=1}^{n} (X_i - \overline{X})^2$.

（2）了解 χ^2 分布、t 分布和 F 分布的概念及性质，了解上侧 α 分位数的概念并会查表计算.

（3）了解正态总体的常用抽样分布.

（4）掌握正态总体的样本均值、样本方差、样本矩的抽样分布.

（5）了解经验分布函数的概念和性质.（数三）

本章重点

（1）样本均值、样本方差的形式及其数字特征.

（2）χ^2 分布、t 分布和 F 分布的构成模式.

（3）正态总体的抽样分布.

基础知识

一、总体

在数理统计中研究对象的某项数量指标 X 取值的全体称为总体. X 是一个随机变量，X 的分布函数和数字特征分别称为总体的分布函数和数字特征.

二、个体

总体中的每个元素称为个体.

三、总体容量

总体中个体的数量称为总体的容量. 容量为有限的总体称为有限总体，容量为无限的总体称为无限总体.

四、简单随机样本

与总体 X 具有相同的分布，并且每个个体 $X_1, X_2, \cdots, X_n$ 之间是相互独立，则称 $X_1, X_2, \cdots, X_n$ 为来自总体 X 的简单随机样本，简称样本，n 称为样本容量. 它们的观测值 $x_1, x_2, \cdots, x_n$ 称为样本观测值，简称为样本值.

设总体为 X，$X_1, X_2, \cdots, X_n$ 为来自总体的简单随机样本，对这个条件我们需要有两层理解：

（1）$X_1, X_2, \cdots, X_n$ 相互独立且同总体 X 分布．

（2）从总体 X 中抽出 n 个简单随机样本，相当于对总体进行 n 次独立重复观测，即做了 n 次独立重复试验，此时可考虑结合二项分布进一步解决问题．

五、样本的联合分布

（一）联合分布函数

设总体 X 的分布函数为 $F(x)$，$X_1, X_2, \cdots, X_n$ 是来自总体 X 的简单随机样本，则随机变量

$X_1, X_2, \cdots, X_n$ 的联合分布函数为 $F(t_1, t_2, \cdots, t_n) = \prod\limits_{i=1}^{n} F(t_i), t_i \in R(i = 1, 2, \cdots, n)$.

（二）联合概率密度函数

设总体 X 的概率密度函数为 $f(x)$，则 $X_1, X_2, \cdots, X_n$ 的联合概率密度为

$$f(t_1, t_2, \cdots, t_n) = \prod\limits_{i=1}^{n} f(t_i), t_i \in R(i = 1, 2, \cdots, n).$$

（三）样本的经验分布函数（数学三）

设 $X_1, X_2, \cdots, X_n$ 是来自总体 X 的简单随机样本，函数

$$F_n(x) = \frac{1}{n}\{X_1, X_2, \cdots, X_n \text{中小于或等于 } x \text{ 的个数}\}, \quad (-\infty < x < +\infty)$$

称为样本的经验分布函数．当样本观测值 $x_1, x_2, \cdots, x_n$ 取定时，

$$F_n(x) = \frac{1}{n}\{x_1, x_2, \cdots, x_n \text{中小于或等于 } x \text{ 的个数}\} \quad (-\infty < x < +\infty),$$

称为经验分布函数的观测值．

例 设 $X_1, X_2, \cdots, X_8$ 是来自总体 X 的样本，其样本值为：1,1,2,1,3,1,2,3.求样本的经验分布函数的观测值．

解析 由经验分布函数的定义有

$$F_8(x) = \begin{cases} 0, & x < 1, \\ \dfrac{4}{8} = \dfrac{1}{2}, & 1 \leqslant x < 2, \\ \dfrac{6}{8} = \dfrac{3}{4}, & 2 \leqslant x < 3, \\ 1, & x \geqslant 3. \end{cases}$$

计算经验分布函数时，可根据样本的不同取值将数轴分成若干个区间，然后在每个区间上计算经验分布函数值．此题中样本值有 1，2，3，故将经验分布函数分成 $x < 1$，$1 \leqslant x < 2$，$2 \leqslant x < 3$，$x \geqslant 3$ 四段，为保证写出的函数具有右连续性，区间范围需左闭右开．计算经验分

布函数的值时，用样本值中小于等于 x 的个数除以样本的总个数，比如当 $1 \leq x < 2$ 时，小于等于 x 的样本值为 1，且有 4 个，故 $F_8(x) = \dfrac{4}{8} = \dfrac{1}{2}$；当 $2 \leq x < 3$ 时，小于等于 x 的样本值有 1 和 2，共有 6 个，故 $F_8(x) = \dfrac{6}{8} = \dfrac{3}{4}$，其他区间可类似计算．

六、统计量

（一）定义

设 $X_1, X_2, \cdots, X_n$ 是来自总体 X 的样本，$g(t_1, t_2, \cdots, t_n)$ 是一个不含未知数的 n 元函数，则称随机变量 $X_1, X_2, \cdots, X_n$ 的函数 $T = g(X_1, X_2, \cdots, X_n)$ 为一个统计量．设 $x_1, x_2, \cdots, x_n$ 是相应于 $X_1, X_2, \cdots, X_n$ 的样本值，则称 $g(x_1, x_2, \cdots, x_n)$ 为统计量 $T = g(X_1, X_2, \cdots, X_n)$ 的观测值．

（二）几种常见的统计量

设 $X_1, X_2, \cdots, X_n$ 是来自总体 X 的简单随机样本，$x_1, x_2, \cdots, x_n$ 是相应于 $X_1, X_2, \cdots, X_n$ 的观测值．若总体的期望、方差都存在，记 $E(X) = \mu$，$D(X) = \sigma^2$．

1. 样本均值

称统计量 $\overline{X} = \dfrac{1}{n}\sum\limits_{i=1}^{n} X_i$ 为样本均值，其观测值为：$\overline{x} = \dfrac{1}{n}\sum\limits_{i=1}^{n} x_i$．

样本均值的数字特征：$E(\overline{X}) = E(X) = \mu$，$D(\overline{X}) = \dfrac{D(X)}{n} = \dfrac{\sigma^2}{n}$．

2. 样本方差

称统计量 $S^2 = \dfrac{1}{n-1}\sum\limits_{i=1}^{n}(X_i - \overline{X})^2$ 为样本方差，其观测值为：$s^2 = \dfrac{1}{n-1}\sum\limits_{i=1}^{n}(x_i - \overline{x})^2$．

统计量 $S = \sqrt{\dfrac{1}{n-1}\sum\limits_{i=1}^{n}(X_i - \overline{X})^2}$ 为样本标准差，其观测值为：$s = \sqrt{\dfrac{1}{n-1}\sum\limits_{i=1}^{n}(x_i - \overline{x})^2}$．

样本方差的期望：$E(S^2) = D(X) = \sigma^2$．

良哥解读

（1）考生需要掌握 $E(S^2) = D(X) = \sigma^2$ 推导过程．

因 $E(S^2) = E[\dfrac{1}{n-1}\sum\limits_{i=1}^{n}(X_i - \overline{X})^2] = \dfrac{1}{n-1}\sum\limits_{i=1}^{n} E(X_i - \overline{X})^2$，而

$E(X_i - \overline{X})^2 = D(X_i - \overline{X}) + [E(X_i - \overline{X})]^2$，又

$E(X_i - \overline{X}) = E(X_i) - E(\overline{X}) = 0$，

$D(X_i - \overline{X}) = D(X_i) + D(\overline{X}) - 2\mathrm{cov}(X_i, \overline{X})$

$= \sigma^2 + \dfrac{\sigma^2}{n} - 2\mathrm{cov}(X_i, \overline{X})$，

又 $\text{cov}(X_i, \overline{X}) = \text{cov}(X_i, \frac{1}{n}\sum_{i=1}^{n}X_i) = \text{cov}(X_i, \frac{X_i}{n} + \frac{1}{n}\sum_{\substack{j=1 \\ j \neq i}}^{n}X_j)$

$= \frac{1}{n}\text{cov}(X_i, X_i) + \text{cov}(X_i, \frac{1}{n}\sum_{\substack{j=1 \\ j \neq i}}^{n}X_j)$

$= \frac{1}{n}D(X_i) + \text{cov}(X_i, \frac{1}{n}\sum_{\substack{j=1 \\ j \neq i}}^{n}X_j)$,

由于 X_i 与 $\frac{1}{n}\sum_{\substack{j=1 \\ j \neq i}}^{n}X_j$ 相互独立，故 $\text{cov}(X_i, \frac{1}{n}\sum_{\substack{j=1 \\ j \neq i}}^{n}X_j) = 0$，所以

$\text{cov}(X_i, \overline{X}) = \frac{\sigma^2}{n} + 0 = \frac{\sigma^2}{n}$，从而

$D(X_i - \overline{X}) = \sigma^2 + \frac{\sigma^2}{n} - \frac{2\sigma^2}{n} = \frac{(n-1)\sigma^2}{n}$，进而得

$E(S^2) = \frac{1}{n-1}\sum_{i=1}^{n}\frac{(n-1)\sigma^2}{n} = \sigma^2$.

（2）考生需熟记 $E(S^2) = D(X) = \sigma^2$ 这个结论并灵活应用. 若题目直接考查计算 $E(S^2)$，则有

$E(S^2) = \sigma^2$；若计算类似 $E[\sum_{i=1}^{n}(X_i - \overline{X})^2]$，则考虑将其凑成样本方差的形式，再用结论，即

$E[\sum_{i=1}^{n}(X_i - \overline{X})^2] = (n-1)E[\frac{1}{n-1}\sum_{i=1}^{n}(X_i - \overline{X})^2] = (n-1)\sigma^2$.

例 设总体 X 的概率密度为 $f(x) = \frac{1}{2}e^{-|x|}$ $(-\infty < x < +\infty)$，$X_1, X_2, \cdots, X_n$ 为总体的简单随机样本，

其样本方差 S^2，则 $E(S^2) = $ _____.

解析 因 $E(S^2) = D(X)$，又

$E(X) = \int_{-\infty}^{+\infty}x \cdot f(x)\text{d}x = \int_{-\infty}^{+\infty}x \cdot \frac{1}{2}e^{-|x|}\text{d}x = 0$,

$E(X^2) = \int_{-\infty}^{+\infty}x^2 \cdot f(x)\text{d}x = \int_{-\infty}^{+\infty}x^2 \cdot \frac{1}{2}e^{-|x|}\text{d}x = \int_{0}^{+\infty}x^2 e^{-x}\text{d}x = 2$,

故 $E(S^2) = D(X) = E(X^2) - [E(X)]^2 = 2$.

例 设 $X_1, X_2, \cdots, X_n$ 是来自二项分布总体 $B(n, p)$ 的简单随机样本，$\overline{X}$ 和 S^2 分别为样本均值和样本方差，记统计量 $T = \overline{X} - S^2$，则 $E(T) = $ _____.

解析 因总体服从二项分布 $B(n, p)$，故 $E(\overline{X}) = np$，$E(S^2) = np(1-p)$，则

$E(T) = E(\overline{X} - S^2) = E(\overline{X}) - E(S^2) = np - np(1-p) = np^2$.

例 设 $X_1, X_2, \cdots, X_n$ 是来自指数分布总体 $E(2)$ 的简单随机样本，$\overline{X}$ 和 S^2 分别为样本均值和样本方差，记统计量 $T = 2\overline{X}^2 - S^2$，则 $E(T) = $ _____.

解析 因总体服从指数分布 $E(2)$，故 $E(\overline{X}) = \frac{1}{2}$，$D(\overline{X}) = \frac{D(X)}{n} = \frac{1}{4n}$，$E(S^2) = \frac{1}{4}$，则

$$E(T) = E(2\overline{X}^2 - S^2) = 2E(\overline{X}^2) - E(S^2) = 2\{D(\overline{X}) + [E(\overline{X})]^2\} - E(S^2)$$

$$= 2\left(\frac{1}{4n} + \frac{1}{4}\right) - \frac{1}{4} = \frac{1}{2n} + \frac{1}{4}.$$

例 设总体 X 服从正态分布 $N(\mu_1, \sigma^2)$，总体 Y 服从正态分布 $N(\mu_2, \sigma^2)$，$X_1, X_2, \cdots, X_{n_1}$ 和 $Y_1, Y_2, \cdots, Y_{n_2}$ 分别是来自总体 X 和 Y 的简单随机样本，则 $E\left[\dfrac{\sum\limits_{i=1}^{n_1}(X_i - \overline{X})^2 + \sum\limits_{j=1}^{n_2}(Y_j - \overline{Y})^2}{n_1 + n_2 - 2}\right] = $ _____.

解析 因

$$E\left[\sum_{i=1}^{n_1}(X_i - \overline{X})^2\right] = (n_1 - 1)E\left[\frac{1}{n_1 - 1}\sum_{i=1}^{n_1}(X_i - \overline{X})^2\right] = (n_1 - 1)\sigma^2,$$

$$E\left[\sum_{j=1}^{n_2}(Y_j - \overline{Y})^2\right] = (n_2 - 1)E\left[\frac{1}{n_2 - 1}\sum_{j=1}^{n_2}(Y_j - \overline{Y})^2\right] = (n_2 - 1)\sigma^2,$$

故 $E\left[\dfrac{\sum\limits_{i=1}^{n_1}(X_i - \overline{X})^2 + \sum\limits_{j=1}^{n_2}(Y_j - \overline{Y})^2}{n_1 + n_2 - 2}\right] = \dfrac{1}{n_1 + n_2 - 2}\left\{E\left[\sum\limits_{i=1}^{n_1}(X_i - \overline{X})^2\right] + E\left[\sum\limits_{j=1}^{n_2}(Y_j - \overline{Y})^2\right]\right\}$

$$= \frac{1}{n_1 + n_2 - 2}\left[(n_1 - 1)\sigma^2 + (n_2 - 1)\sigma^2\right] = \sigma^2.$$

例 设 $X_1, X_2, \cdots, X_n (n > 2)$ 为来自总体 $N(0, \sigma^2)$ 的简单随机样本，其样本均值为 $\overline{X}$，记 $Y_i = X_i - \overline{X}, i = 1, 2, \cdots, n$．求 $D(Y_i), i = 1, 2, \cdots, n$．

解析 法一：由题设知 $X_1, X_2, \cdots, X_n (n > 2)$ 相互独立，且均服从 $N(0, \sigma^2)$，故

$$D(X_i) = \sigma^2 \ (i = 1, 2, \cdots, n), \quad D(\overline{X}) = \frac{\sigma^2}{n}.$$

因为 $D(Y_i) = D(X_i - \overline{X}) = D(X_i) + D(\overline{X}) - 2\,\mathrm{cov}(X_i, \overline{X})$，

又

$$\mathrm{cov}(X_i, \overline{X}) = \mathrm{cov}\left(X_i, \frac{1}{n}X_i + \frac{1}{n}\sum_{\substack{j=1 \\ j \neq i}}^{n} X_j\right)$$

$$= \frac{1}{n}\mathrm{cov}(X_i, X_i) + \mathrm{cov}\left(X_i, \frac{1}{n}\sum_{\substack{j=1 \\ j \neq i}}^{n} X_j\right)$$

$$= \frac{1}{n}D(X_i) + 0 = \frac{\sigma^2}{n},$$

所以 $D(Y_i) = \sigma^2 + \dfrac{\sigma^2}{n} - \dfrac{2\sigma^2}{n} = \dfrac{n-1}{n}\sigma^2$.

法二：可借助 $E(S^2) = \sigma^2$ 这个结论解决 .

因 $D(Y_i) = D(X_i - \overline{X}) = E(X_i - \overline{X})^2 - [E(X_i - \overline{X})]^2$

$= \dfrac{1}{n}\sum\limits_{i=1}^{n}E(X_i - \overline{X})^2 - [E(X_i) - E(\overline{X})]^2$

$= \dfrac{1}{n}\sum\limits_{i=1}^{n}E(X_i - \overline{X})^2 - 0 = \dfrac{1}{n}E[\sum\limits_{i=1}^{n}(X_i - \overline{X})^2]$

$= \dfrac{n-1}{n}E[\dfrac{1}{n-1}\sum\limits_{i=1}^{n}(X_i - \overline{X})^2] = \dfrac{n-1}{n}\sigma^2$.

3. 样本的 K 阶原点矩

称统计量 $A_k = \dfrac{1}{n}\sum\limits_{i=1}^{n}X_i^k$ 为样本的 k 阶原点矩，其观测值为：$a_k = \dfrac{1}{n}\sum\limits_{i=1}^{n}x_i^k$，$k = 1,2,\cdots$.

如果总体的 X 的 k 阶原点矩 $E(X^k) = \mu_k (k=1,2\cdots)$ 存在，则当 $n \to \infty$ 时，有

$$A_k = \dfrac{1}{n}\sum\limits_{i=1}^{n}X_i^k \xrightarrow{\ P\ } \mu_k, k = 1,2,\cdots ,$$

即样本的 k 阶原点矩依概率收敛到总体的 k 阶原点矩，这也是参数估计中矩估计的理论依据 .

4. 样本的 K 阶中心矩

称统计量 $B_k = \dfrac{1}{n}\sum\limits_{i=1}^{n}(X_i - \overline{X})^k$ 为样本的 k 阶中心矩，其观测值为：$b_k = \dfrac{1}{n}\sum\limits_{i=1}^{n}(x_i - \overline{x})^k$，$k = 2,3,\cdots$.

5. 顺序统计量

称统计量 $X_{(1)} = \min(X_1, X_2, \cdots, X_n)$ 为最小顺序统计量，$X_{(n)} = \max(X_1, X_2, \cdots, X_n)$ 为最大顺序统计量.

良哥解读

最大（最小）顺序统计量主要涉及两方面的考查：

（1）求最大（最小）顺序统计量的分布 .

设总体 X 的分布函数为 $F(x)$，$X_1, X_2, \cdots, X_n$ 是来自总体 X 的简单随机样本，则统计量

$X_{(n)} = \max(X_1, X_2, \cdots, X_n)$ 和 $X_{(1)} = \min(X_1, X_2, \cdots, X_n)$ 的分布函数分别为：

$F_{X_{(n)}}(x) = P\{\max(X_1, X_2, \cdots, X_n) \le x\} = [F(x)]^n$，

$F_{X_{(1)}}(x) = P\{\min(X_1, X_2, \cdots, X_n) \le x\} = 1 - [1 - F(x)]^n$.

（2）求最大（最小）顺序统计量的期望、方差 .

若总体为连续型总体，由 1. 可得其分布函数 $F_{X_{(n)}}(x)$，$F_{X_{(1)}}(x)$，进而可得概率密度为

$f_{X_{(n)}}(x) = F'_{X_{(n)}}(x)$，$f_{X_{(1)}}(x) = F'_{X_{(1)}}(x)$，再借助期望、方差的计算公式即可 .

例 设总体 X 的概率密度为 $f(x) = \begin{cases} 2\mathrm{e}^{-2(x-\theta)}, & x > \theta, \\ 0, & x \le \theta. \end{cases}$

其中 $\theta > 0$ 是未知参数．从总体 X 中抽取简单随机样本 $X_1, X_2, \cdots, X_n$，记 $\hat{\theta} = \min(X_1, X_2, \cdots, X_n)$．

（1）求总体 X 的分布函数 $F(x)$；

（2）求统计量 $\hat{\theta}$ 的分布函数 $F_{\hat{\theta}}(x)$；

（3）求 $E(\hat{\theta})$．

解析 （1）因 $F(x) = \int_{-\infty}^{x} f(t)\mathrm{d}t$，则

当 $x < \theta$ 时，$F(x) = 0$；

当 $x \geqslant \theta$ 时，$F(x) = \int_{-\infty}^{x} f(t)\mathrm{d}t = \int_{\theta}^{x} 2\mathrm{e}^{-2(t-\theta)}\mathrm{d}t = 1 - \mathrm{e}^{-2(x-\theta)}$，故 $F(x) = \begin{cases} 1 - \mathrm{e}^{-2(x-\theta)}, & x \geqslant \theta, \\ 0, & x < \theta. \end{cases}$

（2）由分布函数的定义有，

$$
\begin{aligned}
F_{\hat{\theta}}(x) &= P\{\hat{\theta} \leqslant x\} = P\{\min(X_1, X_2, \cdots, X_n) \leqslant x\} \\
&= 1 - P\{\min(X_1, X_2, \cdots, X_n) > x\} \\
&= 1 - P\{X_1 > x, X_2 > x, \cdots, X_n > x\} \\
&= 1 - P\{X_1 > x\}P\{X_2 > x\}\cdots P\{X_n > x\} \\
&= 1 - [1 - F(x)]^n,
\end{aligned}
$$

当 $x < \theta$ 时，$F_{\hat{\theta}}(x) = 0$；

当 $x \geqslant \theta$ 时，$F_{\hat{\theta}}(x) = 1 - \left\{1 - [1 - \mathrm{e}^{-2(x-\theta)}]\right\}^n = 1 - \mathrm{e}^{-2n(x-\theta)}$．

故 $F_{\hat{\theta}}(x) = \begin{cases} 1 - \mathrm{e}^{-2n(x-\theta)}, & x \geqslant \theta, \\ 0, & x < \theta. \end{cases}$

（3）由（2）得 $\hat{\theta}$ 的密度函数 $f_{\hat{\theta}}(x) = F_{\hat{\theta}}'(x) = \begin{cases} 2n\mathrm{e}^{-2n(x-\theta)}, & x \geqslant \theta, \\ 0, & \text{其他.} \end{cases}$

故

$$
\begin{aligned}
E(\hat{\theta}) &= \int_{-\infty}^{+\infty} x f_{\hat{\theta}}(x)\mathrm{d}x = \int_{\theta}^{+\infty} x \cdot 2n\mathrm{e}^{-2n(x-\theta)}\mathrm{d}x \\
&\xlongequal{\text{令} t = x - \theta} \int_{0}^{+\infty} (t + \theta) \cdot 2n \cdot \mathrm{e}^{-2nt}\mathrm{d}t \\
&= \int_{0}^{+\infty} t \cdot 2n \cdot \mathrm{e}^{-2nt}\mathrm{d}t + \theta \int_{0}^{+\infty} 2n \cdot \mathrm{e}^{-2nt}\mathrm{d}t \\
&= \frac{1}{2n} + \theta.
\end{aligned}
$$

七、三大分布

（一）χ^2 分布

1. 典型模式

设随机变量 $X_1, X_2, \cdots, X_n$ 相互独立，都服从标准正态分布 $N(0,1)$，称随机变量

$\chi^2 = X_1^2 + X_2^2 + \cdots + X_n^2$ 为服从自由度是 n 的 χ^2 分布，记作 $\chi^2 \sim \chi^2(n)$．

2. χ^2分布的性质

设$X \sim \chi^2(m), Y \sim \chi^2(n)$，且$X$和$Y$相互独立，则$X + Y \sim \chi^2(m+n)$；

3. 上α分位点$\chi_a^2(n)$

设$X \sim \chi^2(n)$，对于任给定的$\alpha(0 < \alpha < 1)$，称满足条件$P\{X > \chi_a^2(n)\} = \alpha$的点$\chi_a^2(n)$为$X$的上$\alpha$分位点.

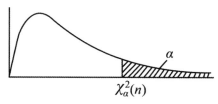

图 1 χ^2分布上α分位点

4. χ^2分布的数字特征

设$X \sim \chi^2(n)$，则有$E(X) = n, D(X) = 2n$.

良哥解读

（1）若$X \sim N(0,1)$，则$X^2 \sim \chi^2(1)$.

（2）若$X \sim N(u, \sigma^2)$，求$D[(X-u)^2]$.

因$\dfrac{X-u}{\sigma} \sim N(0,1)$，故$\dfrac{(X-u)^2}{\sigma^2} \sim \chi^2(1)$. 又$D[\chi^2(1)] = 2$，故有$D[\dfrac{(X-u)^2}{\sigma^2}] = 2$，从而得

$D[(X-u)^2] = 2\sigma^4$.

思维定势：若遇到正态分布的平方求方差，考虑用χ^2分布方差的结论计算.

（一）t分布

1. 典型模式

设随机变量$X \sim N(0,1)$，$Y \sim \chi^2(n)$，且X和Y相互独立，则随机变量$t = \dfrac{X}{\sqrt{Y/n}}$服从自由度为$n$的$t$

分布（学生氏t分布），记作$t \sim t(n)$.

2. 性质

$t(n)$分布的概率密度$f(x)$是偶函数且有$\lim\limits_{n \to \infty} f(x) = \dfrac{1}{\sqrt{2\pi}} e^{-\frac{x^2}{2}}$.

即当n充分大时，$t(n)$分布近似$N(0,1)$分布.

3. 上α分位点$t_\alpha(n)$

设$X \sim t(n)$，对于任给定的$\alpha(0 < \alpha < 1)$，称满足条件$P\{X > t_\alpha(n)\} = \alpha$的点$t_\alpha(n)$为$t$分布的上$\alpha$分位点. 由于$t(n)$分布的概率密度是偶函数，因此$t_{1-\alpha}(n) = -t_\alpha(n)$.

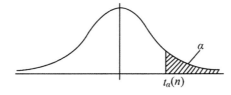

图 2 t 分布上 α 分位点

（三）F 分布

1. 典型模式

设 $X \sim \chi^2(m), Y \sim \chi^2(n)$，且随机变量 X, Y 相互独立，则随机变量 $F = \dfrac{X/m}{Y/n}$ 服从自由度为 (m, n) 的 F 分布，记作 $F \sim F(m, n)$．

2. 性质

设 $F \sim F(m, n)$，则 $\dfrac{1}{F} \sim F(n, m)$．

【注】若 $F \sim F(n, n)$，则 $\dfrac{1}{F} \sim F(n, n)$，即 F 与 $\dfrac{1}{F}$ 同分布．

（3）上 α 分位点 $F_\alpha(m, n)$

设 $F \sim F(m, n)$，对于任给定的 $\alpha(0 < \alpha < 1)$，称满足条件 $P\{F > F_a(m, n)\} = \alpha$ 的点 $F_\alpha(m, n)$ 为

$F(m, n)$ 的上 α 分位点，且有 $F_{1-\alpha}(m, n) = \dfrac{1}{F_a(n, m)}$．

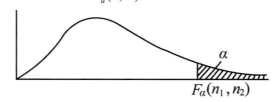

图 3 F 分布上 α 分位点

4. t 分布与 F 分布的关系

若 $T \sim t(n)$，则 $T^2 \sim F(1, n)$．

因 $T \sim t(n)$，则存在 $X \sim N(0,1)$，$Y \sim \chi^2(n)$，且 X 和 Y 相互独立，有 $T = \dfrac{X}{\sqrt{Y/n}}$．

又 $T^2 = \dfrac{X^2}{Y/n}$，而 $X^2 \sim \chi^2(1)$，且 X^2 和 Y 相互独立，故由 F 分布的典型模式有

$T^2 = \dfrac{X^2/1}{Y/n} \sim F(1, n)$．

例 设随机变量 X 和 Y 都服从标准正态分布，则（　　　）

（A）$X + Y$ 服从正态分布．　　　　　　　　（B）$X^2 + Y^2$ 服从 $\chi^2(2)$．

（C）X^2 和 Y^2 都服从 $\chi^2(1)$．　　　　　　（D）X^2 / Y^2 服从 $F(1,1)$．

解析 因 $X \sim N(0,1), Y \sim N(0,1)$，故由 χ^2 的典型模式知 X^2 与 Y^2 均服从 $\chi^2(1)$，所以选项（C）正确．

对于（A）选项：若 X 与 Y 相互独立或者 (X, Y) 服从二维正态分布，则 $X + Y$ 服从正态分布，但这

两个前提都没有，故 $X+Y$ 是否服从正态分布不确定，所以（A）选项错误；

对于（B）、（D）选项：若 X 与 Y 相互独立，则 X^2+Y^2 服从 $\chi^2(2)$，$X^2/Y^2 \sim F(1,1)$，但条件没有 X 与 Y 相互独立，所以（B）（D）选项均错误.

例 设 X_1,X_2,X_3,X_4 是来自正态总体 $N(0,2^2)$ 的简单随机样本，$X=a(X_1-2X_2)^2+b(3X_3-4X_4)^2$.则当 $a=$ _____，$b=$ _____ 时，统计量 X 服从 χ^2 分布，其自由度为 _____.

解析 因 X_1,X_2,X_3,X_4 为来自总体 $N(0,2^2)$ 的简单随机样本，故 $X_i \sim N(0,2^2)$，

$(i=1,2,3,4)$，且 X_1,X_2,X_3,X_4 相互独立，进而有

$X_1-2X_2 \sim N(0,20)$，$3X_3-4X_4 \sim N(0,100)$，且 X_1-2X_2 与 $3X_3-4X_4$ 相互独立.

又 $\dfrac{X_1-2X_2-0}{\sqrt{20}} \sim N(0,1)$，$\dfrac{3X_3-4X_4-0}{\sqrt{100}} \sim N(0,1)$，由 χ^2 分布的构成形式，有

$$\dfrac{(X_1-2X_2)^2}{20}+\dfrac{(3X_3-4X_4)^2}{100} \sim \chi^2(2).$$

所以当 $a=\dfrac{1}{20}$，$b=\dfrac{1}{100}$ 时，X 服从 χ^2 分布，自由度为 2.

【注】事实上，此题当 $a=\dfrac{1}{20}$，$b=0$ 时，X 服从自由度为 1 的 χ^2 分布；当 $a=0$，$b=\dfrac{1}{100}$ 时，X 也服从自由度为 1 的 χ^2 分布.

例 设随机变量 X 和 Y 相互独立且都服从于 $N(0,3^2)$，而 $X_1,X_2,\cdots,X_9$ 和 $Y_1,Y_2,\cdots,Y_9$ 分别是来自总体 X 和 Y 的简单随机样本，则统计量 $U=\dfrac{X_1+X_2+\cdots+X_9}{\sqrt{Y_1^2+Y_2^2+\cdots+Y_9^2}}$ 服从 _____ 分布，参数为 _____.

解析 由题意易得到 $X_1,\cdots,X_9$ 相互独立，且均服从 $N(0,3^2)$.$Y_1,\cdots,Y_9$ 相互独立，且均服从 $N(0,3^2)$.

由相互独立的正态分布的线性组合服从一维正态分布，则 $X_1+\cdots+X_9 \sim N(0,81)$.

将其标准化得 $\dfrac{X_1+\cdots+X_9-0}{\sqrt{81}}=\dfrac{X_1+\cdots+X_9}{9} \sim N(0,1)$.

将 Y_i 标准化有 $\dfrac{Y_i-0}{3}=\dfrac{Y_i}{3} \sim N(0,1)$，$(i=1,2,\cdots,9)$.

由 χ^2 的构成形式知 $\dfrac{Y_1^2+Y_2^2+\cdots+Y_9^2}{9} \sim \chi^2(9)$.

因总体 X 与 Y 相互独立，故 $\dfrac{X_1+\cdots+X_9}{9}$ 与 $\dfrac{Y_1^2+Y_2^2+\cdots+Y_9^2}{9}$ 也相互独立，由 t 分布的构成形式，有

$$\dfrac{\dfrac{X_1+\cdots+X_9}{9}}{\sqrt{(Y_1^2+\cdots+Y_9^2)\Big/9}} \sim t(9)，\text{化简有 } \dfrac{X_1+\cdots+X_9}{\sqrt{Y_1^2+\cdots+Y_9^2}} \sim t(9).$$

例 设总体 X 服从正态分布 $N(0,2^2)$，而 $X_1,X_2,\cdots,X_{15}$ 是来自总体 X 的简单随机样本，则随机变

量 $Y = \dfrac{X_1^2 + X_2^2 + \cdots + X_{10}^2}{2(X_{11}^2 + X_{12}^2 + \cdots + X_{15}^2)}$ 服从＿＿＿＿＿分布，参数为＿＿＿＿＿＿．

解析 由题意有 $X_1, X_2, \cdots, X_{15}$ 相互独立，且均服从 $N(0, 2^2)$，将其标准化有

$$\frac{X_i - 0}{2} \sim N(0,1)，i = 1, 2, \cdots, 15．$$

由 χ^2 分布的构成形式有 $\displaystyle\sum_{i=1}^{10} \left(\frac{X_i}{2}\right)^2 = \frac{X_1^2 + \cdots + X_{10}^2}{4} \sim \chi^2(10)$，$\displaystyle\sum_{i=11}^{15} \left(\frac{X_i}{2}\right)^2 = \frac{X_{11}^2 + \cdots + X_{15}^2}{4} \sim \chi^2(5)$，

因 $X_1, X_2, \cdots, X_{15}$ 相互独立，故有 $\dfrac{X_1^2 + \cdots + X_{10}^2}{4}$ 与 $\dfrac{X_{11}^2 + \cdots + X_{15}^2}{4}$ 相互独立，由 F 分布的构成形式，有

$$\frac{\dfrac{X_1^2 + \cdots + X_{10}^2}{4} \Big/ 10}{\dfrac{X_{11}^2 + \cdots + X_{15}^2}{4} \Big/ 5} = \frac{X_1^2 + \cdots + X_{10}^2}{2(X_{11}^2 + \cdots + X_{15}^2)} \sim F(10, 5)．$$

所以 Y 服从第一自由度为 10，第二自由度为 5 的 F 分布．

例 设随机变量 $X \sim t(n)(n > 1), Y = \dfrac{1}{X^2}$，则（　　　　）

（A）$Y \sim \chi^2(n)$． 　　　　　　　（B）$Y \sim \chi^2(n-1)$．

（C）$Y \sim F(n, 1)$． 　　　　　　　（D）$Y \sim F(1, n)$．

解析 因 $X \sim t(n)$，则由 t 分布的构成形式知，存在 $X_1 \sim N(0,1), X_2 \sim \chi^2(n)$，且 X_1 与 X_2 相互独立，

$X = \dfrac{X_1}{\sqrt{X_2/n}}$，故 $X^2 = \dfrac{X_1^2}{X_2/n}$，则

$$Y = \frac{1}{X^2} = \frac{X_2/n}{X_1^2} = \frac{X_2/n}{X_1^2/1}，$$

因 X_1 与 X_2 相互独立，X_1^2 与 X_2 也相互独立，由 F 分布的构成形式有 $Y \sim F(n, 1)$．故应选（C）．

八、正态总体抽样分布

（一）一个正态总体的抽样分布

设 $X_1, X_2, \cdots, X_n$ 是来自正态总体 $X \sim N(\mu, \sigma^2)$ 的简单随机样本，$\overline{X}$ 是样本均值，S^2 是样本方差，则有：

（1）$\overline{X} \sim N(\mu, \dfrac{\sigma^2}{n})$，$U = \dfrac{\overline{X} - \mu}{\sigma / \sqrt{n}} \sim N(0,1)$；

（2）$\overline{X}$ 与 S^2 相互独立，且 $\dfrac{(n-1)S^2}{\sigma^2} \sim \chi^2(n-1)$；

（3）$t = \dfrac{\overline{X} - \mu}{S / \sqrt{n}} \sim t(n-1)$；

（4）$\chi^2 = \frac{1}{\sigma^2}\sum_{i=1}^{n}(X_i - \mu)^2 \sim \chi^2(n)$.

良哥解读

（1）因 $\overline{X} = \frac{1}{n}\sum_{i=1}^{n}X_i$ 是由 n 个独立正态分布的线性组合构成，故 $\overline{X}$ 服从一维正态分布，期望

$E(\overline{X}) = \mu$ ，方差 $D(\overline{X}) = \frac{\sigma^2}{n}$ ，从而 $\overline{X} \sim N(\mu, \frac{\sigma^2}{n})$ ，将其标准化有 $\frac{\overline{X} - \mu}{\sigma / \sqrt{n}} \sim N(0,1)$ ；

（2）$\overline{X}$ 与 S^2 相互独立，且 $\frac{(n-1)S^2}{\sigma^2} \sim \chi^2(n-1)$ 的证明考生不需要掌握，只需熟记结论，会用

这两个结论解决问题即可．这两个结论常用于计算一个正态总体抽样的数字特征问题．

例如：设 $X_1, X_2, \cdots, X_n$ 是来自正态总体 $X \sim N(\mu, \sigma^2)$ 的简单随机样本，$\overline{X}$ 是样本均值，S^2 是

样本方差，求：①$E(\overline{X}S^2)$；②$D(S^2)$．

① 由于 $\overline{X}$ 与 S^2 相互独立，故 $E(\overline{X}S^2) = E(\overline{X})E(S^2) = \mu\sigma^2$；

② 由于 $\frac{(n-1)S^2}{\sigma^2} \sim \chi^2(n-1)$，故 $D\left[\frac{(n-1)S^2}{\sigma^2}\right] = 2(n-1)$，利用方差的性质得

$\frac{(n-1)^2}{\sigma^4}D(S^2) = 2(n-1)$，从而有 $D(S^2) = \frac{2\sigma^4}{n-1}$．

思维定势：若遇到从一个正态总体抽样，计算样本方差的方差（或计算类似样本方差形式的

统计量，比如 $\sum_{i=1}^{n}(X_i - \overline{X})^2$ 的方差），用 χ^2 分布的方差结论计算．

（3）因 $\overline{X}$ 与 S^2 相互独立，故 $\frac{\overline{X} - \mu}{\sigma / \sqrt{n}}$ 与 $\frac{(n-1)S^2}{\sigma^2}$ 也相互独立，又 $\frac{\overline{X} - \mu}{\sigma / \sqrt{n}} \sim N(0,1)$，

$\frac{(n-1)S^2}{\sigma^2} \sim \chi^2(n-1)$，则由 t 分布的典型模式有：

$\frac{\overline{X} - \mu}{\sigma / \sqrt{n}} \bigg/ \sqrt{\frac{(n-1)S^2}{\sigma^2} \bigg/ n-1} = \frac{\overline{X} - \mu}{S / \sqrt{n}} \sim t(n-1)$ ．

（4）因 $X_1, X_2, \cdots, X_n$ 相互独立，且均服从 $N(\mu, \sigma^2)$，故 $\frac{X_i - u}{\sigma} \sim N(0,1), i = 1, 2 \cdots, n$，由 χ^2 分

布的典型模式得 $\sum_{i=1}^{n}(\frac{X_i - u}{\sigma})^2 = \frac{1}{\sigma^2}\sum_{i=1}^{n}(X_i - u)^2 \sim \chi^2(n)$ ．

例 设 $X_1, X_2, \cdots, X_n (n \geq 2)$ 为来自总体 $N(0,1)$ 的简单随机样本，$\overline{X}$ 为样本均值，S^2 为样本方差，

则

（A）$n\overline{X} \sim N(0,1)$.   （B）$nS^2 \sim \chi^2(n)$.

（C）$\frac{(n-1)\overline{X}}{S} \sim t(n-1)$.   （D）$\frac{(n-1)X_1^2}{\sum_{i=2}^{n}X_i^2} \sim F(1, n-1)$.

解析 因 $X_1, \cdots, X_n$ 为来自 $N(0,1)$ 的简单随机样本，故由一个正态总体抽样分布的结论知，

$\dfrac{\overline{X} - \mu}{\sigma / \sqrt{n}} \sim N(0,1)$，即 $\dfrac{\overline{X} - 0}{1 / \sqrt{n}} = \sqrt{n}\,\overline{X} \sim N(0,1)$，排除（A）；

由 $\dfrac{(n-1)S^2}{\sigma^2} \sim \chi^2(n-1)$，得 $(n-1)S^2 \sim \chi^2(n-1)$，排除（B）；

由 $\dfrac{\overline{X} - \mu}{S / \sqrt{n}} \sim t(n-1)$，即 $\dfrac{\overline{X} - 0}{S / \sqrt{n}} = \dfrac{\sqrt{n}\,\overline{X}}{S} \sim t(n-1)$，排除（C）. 故应选（D）.

事实上，对于（D）选项：因 $X_1^2 \sim \chi^2(1)$，$\sum\limits_{i=2}^{n} X_i^2 \sim \chi^2(n-1)$. 又 X_1^2 与 $\sum\limits_{i=2}^{n} X_i^2$ 相互独立，由 F 分布

的构成形式有 $\dfrac{X_1^2 \big/ 1}{\sum\limits_{i=2}^{n} X_i^2 \Big/ (n-1)} \sim F(1, n-1)$，化简有 $\dfrac{(n-1)X_1^2}{\sum\limits_{i=2}^{n} X_i^2} \sim F(1, n-1)$.

例 设 $X_1, X_2, \cdots, X_n$ 是来自正态总体 $N(\mu, \sigma^2)$ 的简单随机样本，$\overline{X}$ 是样本均值，记

$$S_1^2 = \dfrac{1}{n-1} \sum_{i=1}^{n} (X_i - \overline{X})^2, \quad S_2^2 = \dfrac{1}{n} \sum_{i=1}^{n} (X_i - \overline{X})^2,$$

$$S_3^2 = \dfrac{1}{n-1} \sum_{i=1}^{n} (X_i - \mu)^2, \quad S_4^2 = \dfrac{1}{n} \sum_{i=1}^{n} (X_i - \mu)^2,$$

则服从自由度为 $n-1$ 的 t 分布的随机变量是

（A）$t = \dfrac{\overline{X} - \mu}{S_1 / \sqrt{n-1}}$.　　　　　　　（B）$t = \dfrac{\overline{X} - \mu}{S_2 / \sqrt{n-1}}$.

（C）$t = \dfrac{\overline{X} - \mu}{S_3 / \sqrt{n}}$.　　　　　　　（D）$t = \dfrac{\overline{X} - \mu}{S_4 / \sqrt{n}}$.

解析 由一个正态总体的抽样分布有 $\dfrac{\overline{X} - \mu}{S / \sqrt{n}} \sim t(n-1)$，其中 $S^2 = \dfrac{1}{n-1} \sum\limits_{i=1}^{n} (X_i - \overline{X})^2$.

此题中 $S_1^2 = S^2$，故排除（A）.

对于（B）选项，虽然 $S_2^2 = \dfrac{1}{n} \sum\limits_{i=1}^{n} (X_i - \overline{X})^2$ 不是 S^2，但 $\dfrac{nS_2^2}{n-1} = \dfrac{1}{n-1} \sum\limits_{i=1}^{n} (X_i - \overline{X})^2 = S^2$.

故有 $\dfrac{\overline{X} - \mu}{S \big/ \sqrt{n}} = \dfrac{\overline{X} - \mu}{\sqrt{\dfrac{nS_2^2}{n-1}} \Big/ \sqrt{n}} \sim t(n-1)$，化简得 $\dfrac{\overline{X} - \mu}{S_2 \big/ \sqrt{n-1}} \sim t(n-1)$.

从而（B）选项正确，故应选（B）.

（C）（D）选项对考生有一定的干扰性. 根据一个正态总体抽样分布知，若要得到 $t(n-1)$，需要用到样本方差 $S^2 = \dfrac{1}{n-1}\sum_{i=1}^{n}(X_i - \overline{X})^2$，但 $S_3^2 = \dfrac{1}{n-1}\sum_{i=1}^{n}(X_i - \mu)^2$ 与 $S_4^2 = \dfrac{1}{n}\sum_{i=1}^{n}(X_i - \mu)^2$ 都不能化为样本方差形式，故可直接排除.

例 已知总体 X 服从正态分布 $N(\mu, \sigma^2)$，$X_1, X_2, \cdots, X_n$ 是来自总体的简单随机样本，

$$\overline{X} = \frac{1}{n}\sum_{i=1}^{n}X_i，\quad S_n^2 = \frac{1}{n}\sum_{i=1}^{n}(X_i - \overline{X})^2，则 E(\overline{X}S_n^2) = \underline{\qquad}.$$

解析 因样本均值 $\overline{X}$ 与样本方差 S^2 相互独立，虽然 $S_n^2 = \dfrac{1}{n}\sum_{i=1}^{n}(X_i - \overline{X})^2$ 不是样本方差 S^2，但

$$\frac{nS_n^2}{n-1} = \frac{1}{n-1}\sum_{i=1}^{n}(X_i - \overline{X})^2 = S^2，故$$

$$E(\overline{X}S_n^2) = \frac{n-1}{n}E\left(\overline{X}\frac{nS_n^2}{n-1}\right) = \frac{n-1}{n}E(\overline{X}S^2) = \frac{n-1}{n}E(\overline{X})E(S^2) = \frac{n-1}{n}\mu\sigma^2.$$

（二）两个正态总体的抽样分布

设 $X \sim N(\mu_1, \sigma_1^2)$，$Y \sim N(\mu_2, \sigma_2^2)$，$X_1, X_2, \cdots, X_{n_1}$ 和 $Y_1, Y_2, \cdots, Y_{n_2}$，分别来自总体 X 和 Y 的样本，且两个总体相互独立，则有

（1）$U = \dfrac{(\overline{X} - \overline{Y}) - (\mu_1 - \mu_2)}{\sqrt{\dfrac{\sigma_1^2}{n_1} + \dfrac{\sigma_2^2}{n_2}}} \sim N(0,1)$；

（2）如果 $\sigma_1^2 = \sigma_2^2$ 则

$$T = \frac{(\overline{X} - \overline{Y}) - (\mu_1 - \mu_2)}{S_w\sqrt{\dfrac{1}{n_1} + \dfrac{1}{n_2}}} \sim t(n_1 + n_2 - 2)，\quad 其中 S_w^2 = \frac{(n_1 - 1)S_1^2 + (n_2 - 1)S_2^2}{n_1 + n_2 - 2}；$$

（3）$F = \dfrac{n_2\sigma_2^2 \displaystyle\sum_{i=1}^{n_1}(X_i - \mu_1)^2}{n_1\sigma_1^2 \displaystyle\sum_{j=1}^{n_2}(Y_j - \mu_2)^2} \sim F(n_1, n_2)$；

（4）$F = \dfrac{\sigma_2^2}{\sigma_1^2} \cdot \dfrac{S_1^2}{S_2^2} \sim F(n_1 - 1, n_2 - 1)$.

可通过下列推导过程记以上几个结论.

（1）因 $\overline{X} \sim N(\mu_1, \frac{\sigma_1^2}{n_1})$，$\overline{Y} \sim N(\mu_2, \frac{\sigma_2^2}{n_2})$，且两个总体 X，Y 相互独立，故 $\overline{X}$ 与 $\overline{Y}$ 相互独立，

从而有 $\overline{X} - \overline{Y} \sim N\left(\mu_1 - \mu_2, \frac{\sigma_1^2}{n_1} + \frac{\sigma_2^2}{n_2}\right)$，将其标准化有

$$U = \frac{(\overline{X} - \overline{Y}) - (\mu_1 - \mu_2)}{\sqrt{\dfrac{\sigma_1^2}{n_1} + \dfrac{\sigma_2^2}{n_2}}} \sim N(0,1) .$$

（2）因 $\frac{(n_1-1)S_1^2}{\sigma_1^2} \sim \chi^2(n_1-1)$，$\frac{(n_2-1)S_2^2}{\sigma_2^2} \sim \chi^2(n_2-1)$，且两个总体 X，Y 相互独立，故 $\frac{(n_1-1)S_1^2}{\sigma_1^2}$

与 $\frac{(n_2-1)S_2^2}{\sigma_2^2}$ 相互独立，从而有

$$\frac{(n_1-1)S_1^2}{\sigma_1^2} + \frac{(n_2-1)S_2^2}{\sigma_2^2} \sim \chi^2(n_1 + n_2 - 2) .$$

如果 $\sigma_1^2 = \sigma_2^2$，则有 $\frac{(n_1-1)S_1^2 + (n_2-1)S_2^2}{\sigma_1^2} \sim \chi^2(n_1+n_2-2)$，$\frac{(\overline{X}-\overline{Y})-(\mu_1-\mu_2)}{\sqrt{\dfrac{\sigma_1^2}{n_1} + \dfrac{\sigma_1^2}{n_2}}} \sim N(0,1)$．

因样本均值与样本方差独立，则 $\frac{(\overline{X}-\overline{Y})-(\mu_1-\mu_2)}{\sqrt{\dfrac{\sigma_1^2}{n_1} + \dfrac{\sigma_1^2}{n_2}}}$ 与 $\frac{(n_1-1)S_1^2 + (n_2-1)S_2^2}{\sigma_1^2}$ 相互独立，故由 t 分

布的典型模式有 $\frac{(\overline{X}-\overline{Y})-(\mu_1-\mu_2)}{\sqrt{\dfrac{\sigma_1^2}{n_1} + \dfrac{\sigma_1^2}{n_2}}} \Bigg/ \sqrt{\frac{(n_1-1)S_1^2 + (n_2-1)S_2^2}{\sigma_1^2} \Bigg/ n_1+n_2-2} \sim t(n_1+n_2-2)$，

记 $S_w^2 = \frac{(n_1-1)S_1^2 + (n_2-1)S_2^2}{n_1+n_2-2}$，将上式化简有 $T = \frac{(\overline{X}-\overline{Y})-(\mu_1-\mu_2)}{S_w\sqrt{\dfrac{1}{n_1} + \dfrac{1}{n_2}}} \sim t(n_1+n_2-2)$．

（3）因 $\frac{1}{\sigma_1^2}\sum\limits_{i=1}^{n_1}(X_i - \mu_1)^2 \sim \chi^2(n_1)$，$\frac{1}{\sigma_2^2}\sum\limits_{j=1}^{n_2}(Y_j - \mu_2)^2 \sim \chi^2(n_2)$，且两个总体 X，Y 相互独立，故

$\frac{1}{\sigma_1^2}\sum\limits_{i=1}^{n_1}(X_i - \mu_1)^2$ 与 $\frac{1}{\sigma_2^2}\sum\limits_{j=1}^{n_2}(Y_j - \mu_2)^2$ 相互独立，则由 F 分布的典型模式有

$$\frac{\dfrac{1}{\sigma_1^2}\sum\limits_{i=1}^{n_1}(X_i - \mu_1)^2 \Big/ n_1}{\dfrac{1}{\sigma_2^2}\sum\limits_{j=1}^{n_2}(Y_j - \mu_2)^2 \Big/ n_2} \sim F(n_1, n_2)，整理得$$

$$F = \frac{n_2 \sigma_2^2}{n_1 \sigma_1^2} \frac{\sum\limits_{i=1}^{n_1}(X_i - \mu_1)^2}{\sum\limits_{j=1}^{n_2}(Y_j - \mu_2)^2} \sim F(n_1, n_2).$$

（4）因 $\dfrac{(n_1 - 1)S_1^2}{\sigma_1^2} \sim \chi^2(n_1 - 1)$，$\dfrac{(n_2 - 1)S_2^2}{\sigma_2^2} \sim \chi^2(n_2 - 1)$，且两个总体 X，Y 相互独立，故 $\dfrac{(n_1 - 1)S_1^2}{\sigma_1^2}$

与 $\dfrac{(n_2 - 1)S_2^2}{\sigma_2^2}$ 相互独立，则由 F 分布的典型模式有 $\dfrac{\dfrac{(n_1 - 1)S_1^2}{\sigma_1^2} \Big/ n_1 - 1}{\dfrac{(n_2 - 1)S_2^2}{\sigma_2^2} \Big/ n_2 - 1} \sim F(n_1 - 1, n_2 - 1)$，整理得

$$F = \frac{\sigma_2^2}{\sigma_1^2} \cdot \frac{S_1^2}{S_2^2} \sim F(n_1 - 1, n_2 - 1).$$

李良概率章节笔记

第七章

参数估计与假设检验

📖 **大纲要求**

（1）理解参数的点估计、估计量与估计值的概念.

（2）掌握矩估计法（一阶矩、二阶矩）和最大似然估计法.

（3）了解估计量的无偏性、有效性（最小方差性）和一致性（相合性）的概念，并会验证估计量的无偏性. （数学一）

（4）理解区间估计的概念，会求单个正态总体的均值和方差的置信区间，会求两个正态总体的均值差和方差比的置信区间. （数学一）

（5）理解显著性检验的基本思想，掌握假设检验的基本步骤，了解假设检验可能产生的两类错误. （数学一）

（6）掌握单个及两个正态总体的均值和方差的假设检验. （数学一）

⛵ **本章重点**

（1）矩估计和最大似然估计.

（2）估计量的无偏性. （数学一）

（3）区间估计. （数学一）

📖 **基础知识**

[一、点估计的概念]

设总体X的分布函数$F(x;\theta)$的形式已知，θ是待估参数，$X_1, X_2, \cdots, X_n$是来自总体X的简单随机样本. 所谓的点估计就是构造一个适当的统计量$\hat{\theta}(X_1, X_2, \cdots, X_n)$，用$\hat{\theta}$估计相应的参数$\theta$，这个统计量$\hat{\theta}$就称为$\theta$的估计量. 若$x_1, x_2, \cdots, x_n$为样本的一组观察值，则称$\hat{\theta}(x_1, x_2, \cdots, x_n)$为$\theta$的一个估计值.

[二、点估计的方法]

（一）矩估计法

矩估计法思想：1900年英国统计学家 K·Pearson 提出了一个替换原则——用样本矩去替换总体矩. 如果总体X的k（k为正整数）阶原点矩存在，则对任意给定的$\varepsilon > 0$，当样本容量n趋于无穷大时，有$\lim\limits_{n \to \infty} P\left\{\left|\dfrac{1}{n}\sum\limits_{i=1}^{n} X_i^k - E(X^k)\right| < \varepsilon\right\} = 1$，即样本的$k$阶原点矩依概率收敛于总体的$k$阶原点矩，故用样本的$k$阶原点矩$A_k = \dfrac{1}{n}\sum\limits_{i=1}^{n} X_i^k$作为总体$k$阶原点矩$\mu_k = E(X^k)$的估计，令$A_k = \mu_k$，即$\dfrac{1}{n}\sum\limits_{i=1}^{n} X_i^k = E(X^k)(k = 1, 2, \cdots)$，对于不同的$k$值，可以得到若干个等式，从中求得参数$\theta$的估计量$\hat{\theta}$是样本$X_1, X_2, \cdots, X_n$的函数，称为参数的矩估计量. 若$x_1, x_2, \cdots, x_n$为样本的一组观察值，则

称 $\hat{\theta}(x_1, x_2, \cdots, x_n)$ 为 θ 的一个矩估计值.

良哥解读

根据大数定律，样本的 k 阶原点矩 $A_k = \dfrac{1}{n}\sum_{i=1}^{n} X_i^k$ 依概率收敛到总体的 k 阶原点矩

$E\left(\dfrac{1}{n}\sum_{i=1}^{n} X_i^k\right) = E(X^k)\,(k = 1, 2, \cdots)$，故我们用样本的 k 阶原点矩近似代替总体的 k 阶原点矩，解

出未知参数 $\hat{\theta}$，作为 θ 的矩估计，从一阶矩开始建立方程.

如果只有一个未知参数 θ，则需建立一个方程：令 $\dfrac{1}{n}\sum_{i=1}^{n} X_i = E(X)$. 若一阶原点矩不能解决

问题，则需用二阶原点矩建立方程：令 $\dfrac{1}{n}\sum_{i=1}^{n} X_i^2 = E(X^2)$，解出未知参数 $\hat{\theta}$，作为 θ 的矩估计.

如果含有两个未知参数 θ_1，θ_2，则需建立方程组：令 $\begin{cases} \frac{1}{n}\sum_{i=1}^{n} X_i = E(X), \\ \frac{1}{n}\sum_{i=1}^{n} X_i^2 = E(X^2). \end{cases}$ 解出 $\hat{\theta}_1$，$\hat{\theta}_2$ 作为未知参数

θ_1，θ_2 的矩估计.

例 设总体 X 的概率分布为

X	0	1	2	3
P	θ^2	$2\theta(1-\theta)$	θ^2	$1-2\theta$

其中 $\theta\left(0 < \theta < \dfrac{1}{2}\right)$ 是未知参数，利用总体 X 的如下样本值：3,1,3,0,3,1,2,3.求 θ 的矩估计值.

解析 因为 $E(X) = 0\times\theta^2 + 1\times 2\theta(1-\theta) + 2\times\theta^2 + 3\times(1-2\theta) = 3 - 4\theta$，

样本均值的观测值 $\bar{x} = \dfrac{3+1+3+0+3+1+2+3}{8} = 2$.

令 $E(X) = \bar{x}$，有 $3 - 4\theta = 2$，解之得 θ 的矩估计值为 $\hat{\theta} = \dfrac{1}{4}$.

例 设总体 X 的概率密度为 $f(x;\theta) = \begin{cases} \dfrac{1}{2\theta}, & 0 < x < \theta, \\ \dfrac{1}{2(1-\theta)}, & \theta \leqslant x < 1, \\ 0, & \text{其他.} \end{cases}$

其中参数 $\theta(0 < \theta < 1)$ 未知，$X_1, X_2, \cdots, X_n$ 是来自总体 X 的简单随机样本.$\overline{X}$ 是样本均值.求参数 θ 的矩估计量 $\hat{\theta}$.

解析 因为 $E(X) = \displaystyle\int_{-\infty}^{+\infty} xf(x;\theta)\mathrm{d}x = \int_0^\theta \dfrac{x}{2\theta}\mathrm{d}x + \int_\theta^1 \dfrac{x}{2(1-\theta)}\mathrm{d}x = \dfrac{1}{4} + \dfrac{1}{2}\theta$，

样本均值 $\overline{X} = \frac{1}{n}\sum_{i=1}^{n}X_i$，令 $E(X) = \overline{X}$，则有 $\frac{1}{4} + \frac{1}{2}\theta = \overline{X}$．解之得 $\hat{\theta} = 2\overline{X} - \frac{1}{2}$ 为 θ 的矩估计量．

例 设随机变量 X 的分布函数为

$$F(x;\beta) = \begin{cases} 1 - \dfrac{1}{x^\beta}, & x > 1, \\ 0, & x \leqslant 1. \end{cases}$$

其中未知参数 $\beta > 1$．设 $X_1, X_2, \cdots, X_n$ 为来自总体 X 的简单随机样本，求 β 的矩估计量．

解析 因 X 的密度函数

$$f(x;\beta) = F'(x;\beta) = \begin{cases} \dfrac{\beta}{x^{\beta+1}}, & x > 1, \\ 0, & x \leqslant 1. \end{cases}$$

故 $E(X) = \int_{-\infty}^{+\infty} xf(x;\beta)\mathrm{d}x = \int_{1}^{+\infty} x \cdot \dfrac{\beta}{x^{\beta+1}}\mathrm{d}x = \dfrac{\beta}{\beta-1}$，

又 $\overline{X} = \frac{1}{n}\sum_{i=1}^{n}X_i$，令 $E(X) = \overline{X}$，即 $\dfrac{\beta}{\beta-1} = \overline{X}$，解之得 β 的矩估计量 $\hat{\beta} = \dfrac{\overline{X}}{\overline{X}-1}$．

例 设总体 X 服从区间 $(-\theta, \theta)$ $(\theta > 0)$ 上的均匀分布，$X_1, X_2, \cdots, X_n$ 是来自总体 X 的简单随机样本，求未知参数 θ 的矩估计量．

解析 因为 X 服从区间 $(-\theta, \theta)$ $(\theta > 0)$ 上的均匀分布，故 X 的概率密度为

$$f(x;\theta) = \begin{cases} \dfrac{1}{2\theta}, & -\theta < x < \theta, \\ 0, & \text{其他}. \end{cases}$$

因 $E(X^2) = \int_{-\infty}^{+\infty} x^2 f(x;\theta)\mathrm{d}x = \int_{-\theta}^{\theta} \dfrac{x^2}{2\theta}\mathrm{d}x = \dfrac{\theta^2}{3}$，故令

$\dfrac{1}{n}\sum_{i=1}^{n}X_i^2 = E(X^2)$，即 $\dfrac{1}{n}\sum_{i=1}^{n}X_i^2 = \dfrac{\theta^2}{3}$，解之得 $\hat{\theta} = \sqrt{\dfrac{3}{n}\sum_{i=1}^{n}X_i^2}$ 为 θ 的矩估计量．

良哥解读

由于 $E(X) = \dfrac{-\theta+\theta}{2} = 0$，故一阶原点矩中并未含有未知参数 θ，从而用一阶矩无法解出未知参数，进而用二阶原点矩解决．

例 设总体 X 服从 $N(\mu, \sigma^2)$，$X_1, X_2, \cdots, X_n$ 是来自总体 X 的简单随机样本，求未知参数 μ, σ^2 的矩估计量．

解析 因 X 服从 $N(\mu, \sigma^2)$，故 $E(X) = \mu$，$E(X^2) = [E(X)]^2 + D(X) = \mu^2 + \sigma^2$．

令 $\begin{cases} \dfrac{1}{n}\sum_{i=1}^{n}X_i = \mu \\ \dfrac{1}{n}\sum_{i=1}^{n}X_i^2 = \mu^2 + \sigma^2, \end{cases}$ 解之得

$\hat{\mu} = \overline{X}$, $\widehat{\sigma^2} = \dfrac{1}{n}\sum\limits_{i=1}^{n}X_i^2 - (\overline{X})^2 = \dfrac{1}{n}\sum\limits_{i=1}^{n}(X_i - \overline{X})^2$ 分别为 μ, σ^2 的矩估计量.

良哥解读

因 $\dfrac{1}{n}\sum\limits_{i=1}^{n}X_i^2 - \overline{X}^2 = \dfrac{1}{n}\sum\limits_{i=1}^{n}X_i^2 - 2\overline{X}^2 + \overline{X}^2$

$= \dfrac{1}{n}\sum\limits_{i=1}^{n}X_i^2 - 2\overline{X}\dfrac{1}{n}\sum\limits_{i=1}^{n}X_i + \overline{X}^2$

$= \dfrac{1}{n}\sum\limits_{i=1}^{n}X_i^2 - \dfrac{1}{n}\sum\limits_{i=1}^{n}2X_i\overline{X} + \dfrac{1}{n}\sum\limits_{i=1}^{n}\overline{X}^2 = \dfrac{1}{n}\sum\limits_{i=1}^{n}(X_i^2 - 2X_i\overline{X} + \overline{X}^2) = \dfrac{1}{n}\sum\limits_{i=1}^{n}(X_i - \overline{X})^2$,

故 $\widehat{\sigma^2} = \dfrac{1}{n}\sum\limits_{i=1}^{n}X_i^2 - (\overline{X})^2 = \dfrac{1}{n}\sum\limits_{i=1}^{n}(X_i - \overline{X})^2$.

（二）最大似然估计法

1. 离散型总体的最大似然估计

设总体 X 是离散型随机变量，概率分布为 $P(X = t_i) = p(t_i; \theta), i = 1, 2, \cdots,$

其中 $\theta \in \Theta$ 为待估参数，设 $X_1, X_2, \cdots, X_n$ 是来自总体 X 的样本，$x_1, x_2, \cdots, x_n$ 是样本值，函数

$L(\theta) = L(x_1, x_2, \cdots, x_n; \theta) = \prod\limits_{i=1}^{n} p(x_i, \theta)$ 为样本 $x_1, x_2, \cdots, x_n$ 的似然函数.

如果 $\hat{\theta} \in \Theta$，使得 $L(\hat{\theta}) = \max\limits_{\theta \in \Theta} L(\theta)$，这样的 $\hat{\theta}$ 与 $x_1, x_2, \cdots, x_n$ 有关，记作 $\hat{\theta}(x_1, x_2, \cdots, x_n)$ 称为未知参数 θ 的最大似然估计值，相应的统计量 $\hat{\theta}(X_1, X_2, \cdots, X_n)$ 称为 θ 的最大似然估计量.

2. 连续型总体的最大似然估计

设总体 X 具有概率密度函数 $f(x; \theta)$，其中 $\theta \in \Theta$ 为待估参数，设 $X_1, X_2, \cdots, X_n$ 是来自总体 X 的样本 $x_1, x_2, \cdots, x_n$ 是样本值，称函数 $L(\theta) = L(x_1, x_2, \cdots, x_n; \theta) = \prod\limits_{i=1}^{n} f(x_i, \theta)$ 为样本 $x_1, x_2, \cdots, x_n$ 的似然函数.

如果 $\hat{\theta} \in \Theta$，使得 $L(\hat{\theta}) = \max\limits_{\theta \in \Theta} L(\theta)$，这样的 $\hat{\theta}$ 与 $x_1, x_2, \cdots, x_n$ 有关，记作 $\hat{\theta}(x_1, x_2, \cdots, x_n)$ 称为未知参数 θ 的最大似然估计值，相应的统计量 $\hat{\theta}(X_1, X_2, \cdots, X_n)$ 称为 θ 的最大似然估计量.

最大似然估计的解题步骤

写出似然函数

$L(\theta) = L(x_1, x_2, \ldots, x_n; \theta) = \prod\limits_{i=1}^{n} p(x_i, \theta)$ （离散型）；

$L(\theta) = L(x_1, x_2, \ldots, x_n; \theta) = \prod\limits_{i=1}^{n} f(x_i, \theta)$ （连续型）.

取对数 $\ln L(\theta)$；

将 $\ln L(\theta)$ 对 θ 求导 $\dfrac{\mathrm{d}\ln L(\theta)}{\mathrm{d}\theta}$；

判断方程组 $\dfrac{\mathrm{d}\ln L}{\mathrm{d}\theta}=0$ 是否有解. 若有唯一的解, 则其解即为所求最大似然估计; 若有不同的解, 则根据题干条件取舍; 若无解, 则最大似然估计常在 θ 取值的端点上取得.

例 设总体 X 的概率分布为

X	0	1	2	3
P	θ^2	$2\theta(1-\theta)$	θ^2	$1-2\theta$

其中 $\theta\left(0<\theta<\dfrac{1}{2}\right)$ 是未知参数, 利用总体 X 的如下样本值: 3,1,3,0,3,1,2,3. 求 θ 的最大似然估计值.

解析 设似然函数为 $L(\theta)$, 则

$$L(\theta)=\theta^2\cdot[2\theta(1-\theta)]^2\cdot\theta^2\cdot(1-2\theta)^4=4\theta^6(1-\theta)^2(1-2\theta)^4,\quad\left(0<\theta<\dfrac{1}{2}\right).$$

两边取对数有 $\ln L(\theta)=\ln 4+6\ln\theta+2\ln(1-\theta)+4\ln(1-2\theta)$,

两边对 θ 求导有 $\dfrac{\mathrm{d}\ln L(\theta)}{\mathrm{d}\theta}=\dfrac{6}{\theta}-\dfrac{2}{1-\theta}-\dfrac{8}{1-2\theta}=\dfrac{6-28\theta+24\theta^2}{\theta(1-\theta)(1-2\theta)}$,

令 $\dfrac{\mathrm{d}\ln L(\theta)}{\mathrm{d}\theta}=0$, 解得 $\theta_{1,2}=\dfrac{7\pm\sqrt{13}}{12}$. 因 $\dfrac{7+\sqrt{13}}{12}>\dfrac{1}{2}$ 与 $0<\theta<\dfrac{1}{2}$ 矛盾, 所以 θ 的最大似然估计值为

$$\hat{\theta}=\dfrac{7-\sqrt{13}}{12}.$$

良哥解读

离散型的似然函数, 本质是取到这组样本值的概率. 由于样本是相互独立的, 故似然函数是取到的每个样本点概率的乘积. 此题中样本点 0 取了一次则其对应的概率 θ^2 乘一次, 样本点 1 取了两次则其对应的概率 $2\theta(1-\theta)$ 乘两次, 样本点 2 取了一次则其对应的概率 θ^2 乘一次, 样本点 3 取了 4 次则其对应的概率 $1-2\theta$ 乘 4 次, 所以似然函数 $L(\theta)=\theta^2\cdot[2\theta(1-\theta)]^2\cdot\theta^2\cdot(1-2\theta)^4$.

例 设总体 X 的概率密度为 $f(x)=\begin{cases}\lambda^2 x\mathrm{e}^{-\lambda x}, & x>0,\\ 0, & \text{其他}.\end{cases}$ 其中参数 $\lambda(\lambda>0)$ 未知, $X_1,X_2,\cdots,X_n$ 是来自总体 X 的简单随机样本, 求参数 λ 的最大似然估计量.

解析 设 $x_1,x_2,\cdots,x_n$ 为样本的观测值, 则似然函数为

$$L(\lambda)=\prod_{i=1}^{n}f(x_i;\lambda)=\begin{cases}\lambda^{2n}\cdot\prod_{i=1}^{n}x_i\cdot\mathrm{e}^{-\lambda\sum\limits_{i=1}^{n}x_i}, & x_i>0,(i=1,2,\cdots,n)\\ 0, & \text{其他}.\end{cases}$$

当 $x_i>0,(i=1,2,\cdots,n)$ 时, $L(\lambda)=\lambda^{2n}\prod\limits_{i=1}^{n}x_i\mathrm{e}^{-\lambda\sum\limits_{i=1}^{n}x_i}$ 两边取对数得

$$\ln L(\lambda)=2n\ln\lambda+\sum_{i=1}^{n}\ln x_i-\lambda\sum_{i=1}^{n}x_i$$

令 $\dfrac{\mathrm{d}\ln L(\lambda)}{\mathrm{d}\lambda}=\dfrac{2n}{\lambda}-\sum\limits_{i=1}^{n}x_i=0$，解得 $\lambda=\dfrac{2}{\dfrac{1}{n}\sum\limits_{i=1}^{n}x_i}$，则 $\hat{\lambda}=\dfrac{2}{\overline{X}}$ 为 λ 的最大似然估计量.

良哥解读

连续型总体的似然函数，本质是取到这组样本的联合密度函数.由于样本是相互独立的，故似然函数为每个样本的边缘密度函数的乘积.

此题中样本的边缘密度函数为 $f(x_i;\lambda)=\begin{cases}\lambda^2 x_i\mathrm{e}^{-\lambda x_i}, & x_i>0,\\ 0, & \text{其他,}\end{cases}(i=1,2,\cdots,n)$.

只有当 $x_i>0\,(i=1,2,\cdots,n)$ 时，$f(x_i;\lambda)\neq 0$，故似然函数为

$$L(\lambda)=\prod_{i=1}^{n}f(x_i;\lambda)=\begin{cases}\lambda^{2n}\cdot\prod\limits_{i=1}^{n}x_i\cdot\mathrm{e}^{-\lambda\sum\limits_{i=1}^{n}x_i}, & x_i>0,(i=1,2,\cdots,n)\\ 0, & \text{其他.}\end{cases}$$

例 设某种元件的使用寿命 X 的概率密度为 $f(x;\theta)=\begin{cases}2\mathrm{e}^{-2(x-\theta)}, & x\geqslant\theta,\\ 0, & x<\theta.\end{cases}$

其中 $\theta>0$ 为未知参数，又设 $x_1,x_2,\cdots,x_n$ 是 X 的一组样本观测值，求参数 θ 的最大似然估计值.

解析 似然函数为

$$L(\theta)=\prod_{i=1}^{n}f(x_i;\theta)=\begin{cases}2^{n}\mathrm{e}^{-2\sum\limits_{i=1}^{n}(x_i-\theta)}, & x_i\geqslant\theta(i=1,2,\cdots,n),\\ 0, & \text{其他.}\end{cases}$$

当 $x_i\geqslant\theta(i=1,2,\cdots,n)$ 时，$L(\theta)=2^{n}\mathrm{e}^{-2\sum\limits_{i=1}^{n}(x_i-\theta)}=2^{n}\mathrm{e}^{-2\sum\limits_{i=1}^{n}x_i+2n\theta}$，两边取对数有

$$\ln L(\theta)=n\ln 2-2\sum_{i=1}^{n}x_i+2n\theta,$$

又 $\dfrac{\mathrm{d}\ln L(\theta)}{\mathrm{d}\theta}=2n>0$，故 $L(\theta)$ 为单调递增的函数，所以要使 $L(\theta)$ 取最大，只要 θ 取最大即可.由于 $x_i\geqslant\theta(i=1,2,\cdots,n)$，即有 $\min(x_1,x_2,\cdots,x_n)\geqslant\theta$，故 θ 最大取

$\min(x_1,x_2,\cdots,x_n)$，所以 θ 的最大似然估计值为 $\hat{\theta}=\min(x_1,x_2,\cdots,x_n)$.

例 设总体 X 服从 $N(\mu,\sigma^2)$，$X_1,X_2,\cdots,X_n$ 是来自总体 X 的简单随机样本，求未知参数 μ,σ^2 的最大似然估计量.

解析 因 X 服从 $N(\mu,\sigma^2)$，故概率密度为

$$f(x)=\dfrac{1}{\sqrt{2\pi}\sigma}\mathrm{e}^{-\frac{(x-\mu)^2}{2\sigma^2}}\ (-\infty<x<+\infty).$$

设 $x_1,x_2,\cdots,x_n$ 为样本的观测值，则似然函数为

$$L(\mu,\sigma^2)=\prod_{i=1}^{n}f(x_i)=\prod_{i=1}^{n}\left[\dfrac{1}{\sqrt{2\pi}\sigma}\mathrm{e}^{-\frac{(x_i-\mu)^2}{2\sigma^2}}\right]$$

$$= \left(\frac{1}{\sqrt{2\pi}\sigma} \right)^n e^{-\frac{\sum\limits_{i=1}^{n}(x_i-\mu)^2}{2\sigma^2}}, \quad -\infty < x_i < +\infty.$$

两边取对数得 $\ln L(\mu, \sigma^2) = -\frac{n}{2}\ln(2\pi) - \frac{n}{2}\ln\sigma^2 - \frac{1}{2\sigma^2}\sum\limits_{i=1}^{n}(x_i-\mu)^2$,

令
$$\begin{cases} \dfrac{\partial \ln L}{\partial \mu} = \dfrac{1}{\sigma^2}\left(\sum\limits_{i=1}^{n}x_i - n\mu\right) = 0, \\ \dfrac{\partial \ln L}{\partial \sigma^2} = -\dfrac{n}{2\sigma^2} + \dfrac{1}{2(\sigma^2)^2}\sum\limits_{i=1}^{n}(x_i-\mu)^2 = 0. \end{cases}$$ 解之得

$\hat{\mu} = \dfrac{1}{n}\sum\limits_{i=1}^{n}x_i = \bar{x}$, $\widehat{\sigma^2} = \dfrac{1}{n}\sum\limits_{i=1}^{n}(x_i-\bar{x})^2$. 因此 μ, σ^2 的最大似然估计量分别为 $\hat{\mu} = \bar{X}$,

$\widehat{\sigma^2} = \dfrac{1}{n}\sum\limits_{i=1}^{n}(X_i - \bar{X})^2$.

良哥解读

若有两个未知参数时, 似然函数的构造与一个未知参数类似. 一个未知参数的似然函数是一元函数, 求最大值点需求导找驻点, 而两个未知参数的似然函数是二元函数, 找最大值点通过求偏导找驻点即可.

三、估计量的评选标准（数学一）

（一）无偏性

如果估计量 $\hat{\theta}(X_1, X_2, \cdots, X_n)$ 的数学期望 $E(\hat{\theta})$ 存在, 且对于任意 $\hat{\theta} \in \Theta$, 有 $E(\hat{\theta}) = \theta$,
则称 $\hat{\theta}$ 是未知参数 θ 的无偏估计量.

例 设 $X_1, X_2, \cdots, X_m$ 为来自二项分布总体 $B(n, p)$ 的简单随机样本, $\bar{X}$ 和 S^2 分别为样本均值和样本方差. 若 $\bar{X} + kS^2$ 为 np^2 的无偏估计量, 则 $k = $ _____.

解析 因为 $\bar{X} + kS^2$ 为 np^2 的无偏估计量, 所以 $E(\bar{X} + kS^2) = np^2$, 又

$E(\bar{X} + kS^2) = E(\bar{X}) + kE(S^2) = np + knp(1-p)$,

故有 $np + knp(1-p) = np^2$, 解得 $k = -1$.

例 设总体 X 的概率密度为 $f(x; \theta) = \begin{cases} \dfrac{1}{2\theta}, & 0 < x < \theta, \\ \dfrac{1}{2(1-\theta)}, & \theta \leqslant x < 1, \\ 0, & 其他. \end{cases}$

其中参数 $\theta (0 < \theta < 1)$ 未知, $X_1, X_2, \cdots, X_n$ 是来自总体 X 的简单随机样本, $\bar{X}$ 是样本均值.
判断 $4\bar{X}^2$ 是否为 θ^2 的无偏估计量, 并说明理由.

解析 因 $E(X) = \int_{-\infty}^{+\infty} xf(x;\theta)\mathrm{d}x = \int_0^\theta \frac{x}{2\theta}\mathrm{d}x + \int_\theta^1 \frac{x}{2(1-\theta)}\mathrm{d}x = \frac{1}{4} + \frac{1}{2}\theta$,

$E(X^2) = \int_{-\infty}^{+\infty} x^2 f(x;\theta)\mathrm{d}x = \int_0^\theta \frac{x^2}{2\theta}\mathrm{d}x + \int_\theta^1 \frac{x^2}{2(1-\theta)}\mathrm{d}x = \frac{1}{6}(2\theta^2 + \theta + 1)$,

故 $D(X) = E(X^2) - [E(X)]^2 = \frac{2\theta^2 + \theta + 1}{6} - \left(\frac{1}{4} + \frac{\theta}{2}\right)^2 = \frac{5}{48} - \frac{\theta}{12} + \frac{\theta^2}{12}$.

因 $E(4\overline{X}^2) = 4E(\overline{X}^2) = 4\{D(\overline{X}) + [E(\overline{X})]^2\}$,而

$E(\overline{X}) = E(X)$,$D(\overline{X}) = \frac{D(X)}{n}$,

故 $E(4\overline{X}^2) = 4\left\{\frac{1}{n}D(X) + [E(X)]^2\right\} = \frac{5 + 3n}{12n} + \frac{3n-1}{3n}\theta + \frac{3n+1}{3n}\theta^2 \neq \theta^2$,

因此 $4\overline{X}^2$ 不是 θ^2 的无偏估计量.

（二）有效性

设 $\widehat{\theta}_1(X_1, X_2, \cdots, X_n)$ 和 $\widehat{\theta}_2(X_1, X_2, \cdots, X_n)$ 都是未知参数 θ 的无偏估计量,如果对于任意 $\widehat{\theta} \in \Theta$,有 $D(\widehat{\theta}_1) \leqslant D(\widehat{\theta}_2)$,则称 $\widehat{\theta}_1(X_1, X_2, \cdots, X_n)$ 比 $\widehat{\theta}_2(X_1, X_2, \cdots, X_n)$ 更有效.

例 设 X_1, X_2, X_3, X_4 是来自正态总体 $N(\mu, \sigma^2)$ 的简单随机样本,其中 μ, σ^2 为未知参数.设有 μ 的两个估计量 $\widehat{\mu}_1 = \frac{1}{5}(X_1 + X_2) + \frac{3}{10}(X_3 + X_4)$,$\widehat{\mu}_2 = \frac{X_1 + X_2 + X_3 + X_4}{4}$,试比较 $\widehat{\mu}_1$ 与 $\widehat{\mu}_2$ 哪个更有效.

解析 因 $E(\widehat{\mu}_1) = E[\frac{1}{5}(X_1 + X_2) + \frac{3}{10}(X_3 + X_4)]$

$= \frac{1}{5}[E(X_1) + E(X_2)] + \frac{3}{10}[E(X_3) + E(X_4)]$

$= \frac{2}{5}\mu + \frac{3}{5}\mu = \mu$,

$E(\widehat{\mu}_2) = E(\frac{X_1 + X_2 + X_3 + X_4}{4}) = \mu$,

故 $\widehat{\mu}_1$ 与 $\widehat{\mu}_2$ 均为 μ 的无偏估计.

又 $D(\widehat{\mu}_1) = D[\frac{1}{5}(X_1 + X_2) + \frac{3}{10}(X_3 + X_4)]$

$= \frac{1}{25}[D(X_1) + D(X_2)] + \frac{9}{100}[D(X_3) + D(X_4)]$

$= \frac{2}{25}\sigma^2 + \frac{9}{50}\sigma^2 = \frac{13}{50}\sigma^2 = \frac{26}{100}\sigma^2$,

$D(\widehat{\mu}_2) = D(\frac{X_1 + X_2 + X_3 + X_4}{4}) = \frac{\sigma^2}{4} = \frac{25\sigma^2}{100}$.

因 $D(\widehat{\mu}_2) < D(\widehat{\mu}_1)$,故 $\widehat{\mu}_2$ 比 $\widehat{\mu}_1$ 更有效.

（三）一致性（相合性）

设 $\hat{\theta}(X_1, X_2, \cdots, X_n)$ 为未知参数 θ 的估计量，如果对于任意 $\theta \in \Theta$，当 $n \to \infty$ 时，$\hat{\theta}(X_1, X_2, \cdots, X_n)$ 依概率收敛于 θ，则称 $\hat{\theta}(X_1, X_2, \cdots, X_n)$ 为未知参数 θ 的一致估计量或相合估计量.

> **良哥解读**
>
> 因矩估计是由样本的 k 阶原点矩依概率收敛到总体的 k 阶原点矩建立方程得到，故若 $\hat{\theta}$ 为未知参数 θ 的矩估计量，则其一定为一致估计量.

四、置信区间（数学一）

（一）定义

设总体 X 的分布函数为 $F(x; \theta)$，其中 θ 为未知参数，从总体 X 中抽取样本 $X_1, X_2, \cdots, X_n$，对于给定的 $\alpha(0 < \alpha < 1)$，如果两个统计量 $\theta_1 = \theta_1(X_1, X_2, \cdots, X_n)$，$\theta_2 = \theta_2(X_1, X_2, \cdots, X_n)$，满足 $P(\theta_1 < \theta < \theta_2) = 1 - \alpha$，则称随机区间 (θ_1, θ_2) 为参数 θ 的置信水平（或置信度）是 $1 - \alpha$ 的置信区间（或区间估计），简称为 θ 的 $1 - \alpha$ 的置信区间，θ_1 和 θ_2 分别称为置信下限和置信上限.

（二）一个正态总体的区间估计

设 $X \sim N(\mu, \sigma^2)$，从总体 X 中抽取样本 $X_1, X_2, \cdots, X_n$，样本均值为 $\overline{X}$，样本方差为 S^2.

未知参数		$1 - \alpha$ 置信区间
μ	σ^2 已知	$\left(\overline{X} - U_{\alpha/2} \dfrac{\sigma}{\sqrt{n}}, \overline{X} + U_{\alpha/2} \dfrac{\sigma}{\sqrt{n}} \right)$
	σ^2 未知	$\left(\overline{X} - t_{\alpha/2}(n-1) \dfrac{S}{\sqrt{n}}, \overline{X} + t_{\alpha/2}(n-1) \dfrac{S}{\sqrt{n}} \right)$
σ^2	μ 已知	$\left(\dfrac{\sum_{i=1}^{n}(X_i - \mu)^2}{\chi_{\alpha/2}^2(n)}, \dfrac{\sum_{i=1}^{n}(X_i - \mu)^2}{\chi_{1-\frac{\alpha}{2}}^2(n)} \right)$
	μ 未知	$\left(\dfrac{(n-1)S^2}{\chi_{\alpha/2}^2(n-1)}, \dfrac{(n-1)S^2}{\chi_{1-\frac{\alpha}{2}}^2(n-1)} \right)$

> **良哥解读**
>
> 容易看出一个正态总体的区间估计中，参数 μ 的置信区间是关于样本均值 $\overline{X}$ 对称的，若知道样本均值和置信上限（或下限），我们就能找到 μ 的置信区间.

例 设 $x_1, x_2, \cdots, x_n$ 为来自总体 $N(\mu, \sigma^2)$ 的简单随机样本，样本均值 $\bar{x} = 9.5$，参数 μ 的置信度为 0.95 的双侧置信区间的置信上限为 10.8，则 μ 的置信度为 0.95 的双侧置信区间为_____.

解析 因为参数 μ 的双侧置信区间关于样本均值 $\bar{x} = 9.5$ 对称，又置信上限为 10.8，设置信下限为 x，则有 $\dfrac{x + 10.8}{2} = 9.5$，解之得 $x = 8.2$，从而 μ 的置信度为 0.95 的双侧置信区间为 $(8.2, 10.8)$.

例 设一批零件的长度服从正态分布 $N(\mu, \sigma^2)$，其中 μ, σ^2 均未知. 现从中随机抽取 16 个零件，测得样本均值 $\bar{x} = 20$ (cm)，样本标准差 $s = 1$ (cm)，则 μ 的置信度为 0.9 的置信区间是

（A） $\left(20 - \dfrac{1}{4} t_{0.05}(16), 20 + \dfrac{1}{4} t_{0.05}(16) \right)$. （B） $\left(20 - \dfrac{1}{4} t_{0.1}(16), 20 + \dfrac{1}{4} t_{0.1}(16) \right)$.

（C） $\left(20 - \dfrac{1}{4} t_{0.05}(15), 20 + \dfrac{1}{4} t_{0.05}(15) \right)$. （D） $\left(20 - \dfrac{1}{4} t_{0.1}(15), 20 + \dfrac{1}{4} t_{0.1}(15) \right)$.

解析 因估计 μ 的置信区间，而 σ^2 未知，故构造统计量 $\dfrac{\bar{X} - \mu}{S / \sqrt{n}} \sim t(n-1)$. 又置信度 $1 - \alpha = 0.9$，

则 $\alpha = 0.1$，从而有 $P\left\{ \left| \dfrac{\bar{X} - \mu}{S / \sqrt{n}} \right| < t_{\frac{\alpha}{2}}(n-1) \right\} = 0.9$.

代入 $\bar{x} = 20$，$s = 1$，$n = 16$，有 $P\left\{ \left| \dfrac{20 - \mu}{1 / 4} \right| < t_{0.05}(15) \right\} = 0.9$，即

$$P\left\{ 20 - \dfrac{1}{4} t_{0.05}(15) < \mu < 20 + \dfrac{1}{4} t_{0.05}(15) \right\} = 0.9,$$

所以 μ 的置信度为 0.9 的置信区间为 $\left(20 - \dfrac{1}{4} t_{0.05}(15), 20 + \dfrac{1}{4} t_{0.05}(15) \right)$，应选（C）.

例 已知一批零件的长度 X（单位：cm）服从正态分布 $N(\mu, 1)$，从中随机地抽取 16 个零件，得到长度的平均值为 40 (cm)，则 μ 的置信度为 0.95 的置信区间是_____.（注：标准正态分布函数值 $\Phi(1.96) = 0.975, \Phi(1.645) = 0.95$）

解析 因估计 μ 的置信区间，而 $\sigma^2 = 1$ 已知，故构造统计量 $U = \dfrac{\bar{X} - \mu}{\sigma / \sqrt{n}} \sim N(0,1)$. 又置信度为 0.95，即 $1 - \alpha = 0.95$，则 $\alpha = 0.05$. 由上 α 分位点定义有，$P\{U > U_{0.025}\} = 0.025$，则有 $P\{U \leqslant U_{0.025}\} = 0.975$，又 $\Phi(1.96) = 0.975$，故 $U_{0.025} = 1.96$.

因 $P\left\{ \left| \dfrac{\bar{X} - \mu}{\sigma / \sqrt{n}} \right| < U_{0.025} \right\} = 0.95$，将 $\bar{x} = 40$，$n = 16$，$\sigma = 1$ 代入有

$P\left\{ \left| \dfrac{40 - \mu}{1 / 4} \right| < 1.96 \right\} = 0.95$，解之得 $P\{39.51 < \mu < 40.49\} = 0.95$，从而得 μ 的置信度为 0.95 的置信

区间是 $(39.51, 40.49)$.

（三）两个正态总体参数的区间估计

设两个总体 $X \sim N(\mu_1, \sigma_1^2)$，$Y \sim N(\mu_2, \sigma_2^2)$ 相互独立，从总体 X 中抽取样本 $X_1, X_2, \cdots, X_{n_1}$，样本均值为 $\overline{X}$，样本方差为 S_1^2，从总体 Y 中抽取样本 $Y_1, Y_2, \cdots, Y_{n_2}$，样本均值为 $\overline{Y}$，样本方差为 S_2^2.

未知参数		$1-\alpha$ 置信区间
$\mu_1 - \mu_2$	σ_1^2, σ_2^2 已知	$\left(\overline{X} - \overline{Y} - U_{\alpha/2}\sqrt{\dfrac{\sigma_1^2}{n_1} + \dfrac{\sigma_2^2}{n_2}},\ \overline{X} - \overline{Y} + U_{\alpha/2}\sqrt{\dfrac{\sigma_1^2}{n_1} + \dfrac{\sigma_2^2}{n_2}} \right)$
	σ_1^2, σ_2^2 未知，但 $\sigma_1^2 = \sigma_2^2$	$\left(\overline{X} - \overline{Y} - t_{\alpha/2}(n_1+n_2-2)S_w\sqrt{\dfrac{1}{n_1} + \dfrac{1}{n_2}},\ \overline{X} - \overline{Y} + t_{\alpha/2}(n_1+n_2-2)S_w\sqrt{\dfrac{1}{n_1} + \dfrac{1}{n_2}} \right)$
$\dfrac{\sigma_1^2}{\sigma_2^2}$	μ_1, μ_2 已知	$\left(\dfrac{n_2 \sum\limits_{i=1}^{n_1}(X_i - \mu_1)^2}{n_1 \sum\limits_{j=1}^{n_2}(Y_j - \mu_2)^2} \cdot \dfrac{1}{F_{\alpha/2}(n_1, n_2)},\ \dfrac{n_2 \sum\limits_{i=1}^{n_1}(X_i - \mu_1)^2}{n_1 \sum\limits_{j=1}^{n_2}(Y_j - \mu_2)^2} \cdot F_{\alpha/2}(n_2, n_1) \right)$
	μ_1, μ_2 未知	$\left(\dfrac{S_1^2}{S_2^2} \dfrac{1}{F_{\alpha/2}(n_1-1, n_2-1)},\ \dfrac{S_1^2}{S_2^2} \dfrac{1}{F_{1-\alpha/2}(n_1-1, n_2-1)} \right)$

其中 $S_w = \sqrt{\dfrac{(n_1-1)S_1^2 + (n_2-1)S_2^2}{n_1+n_2-2}}$.

五、假设检验（数学一）

（一）假设

关于总体分布的未知参数的假设，所提出的假设称为零假设或原假设，记为 H_0，对立于零假设的假设称为对立假设或备择假设，记为 H_1

（二）假设检验

根据样本，按照一定规则判断所做假设 H_0 的真伪，并作出接受还是拒绝接受 H_0 的决定.

（三）假设检验的原理（实际推断原理）

小概率事件在一次试验中几乎是不可能发生的.

（四）两类错误

拒绝实际真的假设 H_0（弃真）称为第一类错误；

接受实际不真的假设 H_0（纳伪）称为第二类错误.

（五）显著性检验

在确定检验法则时，应尽可能地使犯两类错误的概率都小些，但是一般来说，当样本容量取定后，如果要减少犯某一类错误的概率，则犯另一类错误的概率往往要增大. 要使犯两类错误的概率都减少，只好加大样本容量. 在给定样本容量的情况下，我们总是控制犯第一类错误的概率，使它不大于给定的 $\alpha(0 < \alpha < 1)$，这种检验问题称为显著性检验问题，给定的 α 称为显著性水平，通常取 $\alpha = 0.1, 0.05, 0.01, 0.001$.

在对假设 H_0 进行检验时，常使用某个统计量 T，称为检验统计量. 当检验统计量在某个区域 W 取值时，我们就拒绝假设 H_0，称区域 W 为拒绝域.

（六）显著性检验的一般步骤

1. 根据问题要求提出原假设 H_0 和对立假设 H_1；

2. 给出显著性水平 $\alpha(0 < \alpha < 1)$ 及样本容量 n；

3. 确定检验统计量及拒绝域形式；

4. 按犯第一类错误的概率等于 α，求出拒绝域 W；

5. 根据样本值计算检验统计量 T 的观测值 t，当 $t \in W$ 时，拒绝原假设 H_0，否则接受原假设 H_0.

（七）正态总体参数的假设检验

设显著性水平为 α，单个正态总体为 $N(\mu, \sigma^2)$ 的参数的假设检验列表如下：

检验参数	情形	假设		检验统计量	为真时检验统计量的分布	拒绝域
		H_0	H_1			
μ	σ^2 已知	$\mu = \mu_0$	$\mu \neq \mu_0$	$U = \dfrac{\overline{X} - \mu_0}{\sigma / \sqrt{n}}$	$N(0,1)$	$\lvert U \rvert \geq u_{\alpha/2}$
	σ^2 未知	$\mu = \mu_0$	$\mu \neq \mu_0$	$T = \dfrac{\overline{X} - \mu_0}{S / \sqrt{n}}$	$t(n-1)$	$\lvert T \rvert \geq t_{\alpha/2}(n-1)$
σ^2	μ 已知	$\sigma^2 = \sigma_0^2$	$\sigma^2 \neq \sigma_0^2$	$\chi^2 = \dfrac{1}{\sigma_0^2} \sum\limits_{i=1}^{n} (X_i - \mu)^2$	$\chi^2(n)$	$\chi^2 \leq \chi^2_{1-\alpha/2}(n)$ 或 $\chi^2 \geq \chi^2_{\alpha/2}(n)$
	μ 未知	$\sigma^2 = \sigma_0^2$	$\sigma^2 \neq \sigma_0^2$	$\chi^2 = \dfrac{(n-1)S^2}{\sigma_0^2}$	$\chi^2(n-1)$	$\chi^2 \leq \chi^2_{1-\alpha/2}(n-1)$ 或 $\chi^2 \geq \chi^2_{\alpha/2}(n-1)$

例 设总体 X 服从正态分布 $N(\mu, \sigma^2)$. $X_1, X_2, \cdots, X_n$ 为来自总体 X 的简单随机样本，据此样本检测：假设 $H_0 : \mu = \mu_0, H_1 : \mu \neq \mu_0$，则（　　　）

（A）如果在检验水平 $\alpha = 0.05$ 下拒绝 H_0，那么在检验水平 $\alpha = 0.01$ 下必拒绝 H_0.

（B）如果在检验水平 $\alpha = 0.05$ 下拒绝 H_0，那么在检验水平 $\alpha = 0.01$ 下必接受 H_0.

（C）如果在检验水平 $\alpha = 0.05$ 下接受 H_0，那么在检验水平 $\alpha = 0.01$ 下必拒绝 H_0.

（D）如果在检验水平 $\alpha = 0.05$ 下接受 H_0，那么在检验水平 $\alpha = 0.01$ 下必接受 H_0.

解析 在 H_0 成立时，若 σ^2 已知，构造统计量 $U = \dfrac{\overline{X} - \mu_0}{\sigma / \sqrt{n}}$．当显著性水平为 α 时，拒绝域为

$$\left\{ \left| \dfrac{\overline{X} - \mu_0}{\sigma / \sqrt{n}} \right| \geq U_{\frac{\alpha}{2}} \right\}.$$ 若在 $\alpha = 0.05$ 时，接受 H_0，即有 $\left\{ \left| \dfrac{\overline{X} - \mu_0}{\sigma / \sqrt{n}} \right| < U_{0.025} \right\}.$

当 $\alpha = 0.01$ 时，接受 H_0 的区域为 $\left\{ \left| \dfrac{\overline{X} - \mu_0}{\sigma / \sqrt{n}} \right| < U_{0.005} \right\}.$

因 $\left\{ \left| \dfrac{\overline{X} - \mu_0}{\sigma / \sqrt{n}} \right| < U_{0.025} \right\} \subset \left\{ \left| \dfrac{\overline{X} - \mu_0}{\sigma / \sqrt{n}} \right| < U_{0.005} \right\}$，故若在 $\alpha = 0.05$ 时，接受 H_0，则在 $\alpha = 0.01$ 时也接受 H_0．

若 σ^2 未知，则构造统计量 $\dfrac{\overline{X} - \mu_0}{S / \sqrt{n}} \sim t(n-1)$，可得相同的结论．

故应选（D）．

例 设某次考试的学生成绩服从正态分布，从中随机地抽取 36 位考生地成绩，算得平均成绩为 66.5 分，标准差为 15 分，问在显著性水平 0.05 下，是否可以认为这次考试全体考生的平均成绩为 70 分？并给出检验过程．

附表： t 分布表

$$P\{t(n) \leq t_p(n)\} = p.$$

$t_p(n)$ ＼ P ／ n	0.95	0.975
35	1.6896	2.0301
36	1.6883	2.0281

解析 由题意需要检验

$H_0 : \mu = \mu_0 = 70, H_1 : \mu \neq \mu_0 = 70$．

由于 σ^2 未知，故选择检验统计量为 $T = \dfrac{\overline{X} - \mu}{S / \sqrt{n}} \sim t(n-1)$，显著性水平 $\alpha = 0.05$．

此检验问题的拒绝域为 $|t| = \left| \dfrac{\overline{x} - \mu_0}{s / \sqrt{n}} \right| \geq t_{0.975}(n-1)$．

现在 $n = 36$，$t_{0.975}(35) = 2.0301$，又 $\overline{x} = 66.5$，$\mu_0 = 70$，$s = 15$，故有

$|t| = \dfrac{|66.5 - 70|}{15/6} = 1.4 < 2.0301$．$|t|$ 没有在拒绝域中，故接受 H_0，即在显著性水平为 0.05 下，可以认为这次考试全体考生的平均成绩为 70 分．

李良概率章节笔记

强

化

篇

第一章

随机事件和概率

题型 1 事件的关系与运算

📝 **基础知识回顾**

一、事件的关系

（1）**包含关系：** $A \subset B$，它表示事件 A 发生一定导致 B 发生.

（2）**事件相等：** 若 $A \subset B$ 且 $B \subset A$，则称事件 A 与 B 相等，即 $A = B$.

（3）A **和** B **的和事件：** 称事件 $A \cup B = \{x | x \in A \text{或} x \in B\}$ 为 A 和 B 的和事件. 它表示 A, B 两个事件至少有一个发生时事件 $A \cup B$ 发生.

类似地，称 $\bigcup\limits_{k=1}^{n} A_k$ 为 n 个事件 $A_1, A_2, \cdots, A_n$ 的和事件.

（4）A **和** B **的积事件：** 称事件 $A \cap B = \{x | x \in A \text{且} x \in B\}$ 为 A 和 B 的积事件. 它表示 A, B 两个事件同时发生时事件 $A \cap B$ 发生，$A \cap B$ 也记为 AB.

类似地，称 $\bigcap\limits_{k=1}^{n} A_k$ 为 n 个事件 $A_1, A_2, \cdots, A_n$ 的积事件.

（5）A **和** B **的差事件：** 事件 $A - B = \{x | x \in A \text{且} x \notin B\}$ 称为事件 A 和 B 的差事件. 它表示 A 发生且 B 不发生时事件 $A - B$ 发生. $A - B$ 也可记为 $A\bar{B}$.

（6）**互斥事件（互不相容）：** 当 $AB = \varnothing$ 时，称事件 A 与 B 互不相容（或互斥）. 它表示事件 A 与 B 不能同时发生.

（7）**对立事件（逆事件）：** 若 $A \cup B = \Omega$ 且 $A \cap B = \varnothing$，则称 A 与 B 互为逆事件，也称互为对立事件. A 的对立事件记为 $\bar{A}$.

（8）**完全（备）事件组：** 若事件组 $A_1, \cdots, A_n$ 满足：

$A_1 \cup A_2 \cup \cdots \cup A_n = \Omega, A_i A_j = \varnothing, 1 \leqslant i \neq j \leqslant n$，则称事件 $A_1, \cdots, A_n$ 是一个完全（备）事件组，也称为样本空间的一个划分.

二、随机事件的运算律

（1）**交换律：** $A \cup B = B \cup A$；$A \cap B = B \cap A$.

（2）**结合律：** $A \cup (B \cup C) = (A \cup B) \cup C$；$A \cap (B \cap C) = (A \cap B) \cap C$.

（3）**分配律：** $A \cup (B \cap C) = (A \cup B) \cap (A \cup C)$；$A \cap (B \cup C) = (A \cap B) \cup (A \cap C)$.

（4）**对偶律（德摩根律）：** $\overline{A \cup B} = \bar{A} \cap \bar{B}, \overline{A \cap B} = \bar{A} \cup \bar{B}$.

例 1.1 以 A 表示事件"甲种产品畅销，乙种产品滞销"，则其对立事件 $\overline{A}$ 为（　　）

（A）"甲种产品滞销，乙种产品畅销"．　　（B）"甲、乙两种产品均畅销"．

（C）"甲种产品滞销"．　　（D）"甲种产品滞销或乙种产品畅销"．

解析　设事件 B 表示"甲种产品畅销"，事件 C 表示"乙种产品滞销"，故 $A = BC$，

$\overline{A} = \overline{BC} = \overline{B} \cup \overline{C}$，所以 $\overline{A}$ 表示"甲种产品滞销或乙种产品畅销"．故应选（D）．

例 1.2 对任意二事件 A 和 B，与 $A \cup B = B$ 不等价的是

（A）$A \subset B$．　　（B）$\overline{B} \subset \overline{A}$．　　（C）$A\overline{B} = \varnothing$．　　（D）$\overline{A}B = \varnothing$．

解析　$A \cup B = B$ 等价于 $A \subset B$ 或 $\overline{B} \subset \overline{A}$，也说明 A 与 $\overline{B}$ 没有公共部分，即 $A\overline{B} = \varnothing$．

故 $A \cup B = B$ 与（A）、（B）、（C）选项都等价．应选（D）．

题型 2　概率的性质

基础知识回顾

一、概率的性质

性质 1（非负性）　设 A 为随机事件，则 $0 \leqslant P(A) \leqslant 1$．

性质 2（规范性）　$P(\varnothing) = 0, P(\Omega) = 1$．

性质 3（有限可加性）　设 $A_1, A_2, \cdots, A_n$ 是两两互不相容的事件，即对于

$i \neq j, A_i A_j = \varnothing, i, j = 1, 2, \cdots, n$，则有 $P(A_1 \cup A_2 \cdots \cup A_n) = P(A_1) + P(A_2) + \cdots + P(A_n)$．

性质 4　（逆事件的概率）对于任一事件 A，有 $P(\overline{A}) = 1 - P(A)$．

性质 5　设 A, B 是两个事件，若 $A \subset B$，则有 $P(A) \leqslant P(B)$ 且 $P(B - A) = P(B) - P(A)$．

考点及方法小结

（1）互斥事件与对立事件的关系：对立一定互斥，但互斥不一定对立．

（2）$P(\varnothing) = 0, P(\Omega) = 1$，但概率为 0 的事件不一定是不可能事件，概率为 1 的事件不一定是必然事件．

（3）概率的不等式问题常涉及的知识点：

①$0 \leqslant P(A) \leqslant 1$；

②若 $A \subset B$，则 $P(A) \leqslant P(B)$．

③因 $AB \subset A \subset A + B$，故 $P(AB) \leqslant P(A) \leqslant P(A + B)$．

（4）逆事件思维是解决复杂事件的一个重要思维：$P(\overline{A}) = 1 - P(A)$．

精选例题

例 1.3 设当事件 A 与 B 同时发生时，事件 C 必发生，则（　　）

（A）$P(C) \leqslant P(A) + P(B) - 1$．　　（B）$P(C) \geqslant P(A) + P(B) - 1$．

（C）$P(C) = P(AB)$．　　（D）$P(C) = P(A \cup B)$．

解析 由 A 与 B 同时发生时，C 一定发生得 $AB \subset C$，故 $P(AB) \leqslant P(C)$.

又由 $P(A+B) = P(A) + P(B) - P(AB)$，得

$P(AB) = P(A) + P(B) - P(A+B)$.

故有 $P(C) \geqslant P(A) + P(B) - P(A+B)$.

又 $P(A+B) \leqslant 1$，故得 $P(C) \geqslant P(A) + P(B) - P(A+B) \geqslant P(A) + P(B) - 1$. 故应选（B）.

良哥解读

事件 A 发生一定导致事件 B 发生，表示事件 A 与 B 具有包含关系，即 $A \subset B$. 由概率的性质，事件有包含关系，进而得到事件概率的不等式关系.

例 1.4 设 A, B 为随机事件，$P(B) > 0$，则（　　　　）

（A）$P(A \cup B) \geqslant P(A) + P(B)$.　　　　　（B）$P(A-B) \geqslant P(A) - P(B)$.

（C）$P(AB) \geqslant P(A)P(B)$.　　　　　（D）$P(A|B) \geqslant \dfrac{P(A)}{P(B)}$.

解析 $P(A \cup B) = P(A) + P(B) - P(AB) \leqslant P(A) + P(B)$，选项（A）不成立.

因 $AB \subset B$，故 $P(AB) \leqslant P(B)$，从而有

$P(A-B) = P(A) - P(AB) \geqslant P(A) - P(B)$，故正确选项为（B）.

例 1.5 随机事件 A, B，满足 $P(A) = P(B) = \dfrac{1}{2}$ 和 $P(A \cup B) = 1$ 则有（　　　　）

（A）$A \cup B = \Omega$.　　　　　（B）$AB = \varnothing$.

（C）$P(\overline{A} \cup \overline{B}) = 1$.　　　　　（D）$P(A-B) = 0$.

解析 因 $1 = P(A \cup B) = P(A) + P(B) - P(AB)$，又 $P(A) = P(B) = \dfrac{1}{2}$，故 $P(AB) = 0$.

由于概率为 1 的事件不一定是必然事件，概率为 0 的事件不一定是不可能事件，故排除（A），（B）.因 $P(\overline{A} \cup \overline{B}) = P(\overline{A \cap B}) = 1 - P(AB) = 1$，故应选（C）.对于（D）选项，

$P(A-B) = P(A) - P(AB) = P(A) = \dfrac{1}{2}$，故（D）不正确.

例 1.6 设事件 A 与事件 B 互不相容，则（　　　　）

（A）$P(\overline{A}\overline{B}) = 0$.　　　　　（B）$P(AB) = P(A)P(B)$.

（C）$P(A) = 1 - P(B)$.　　　　　（D）$P(\overline{A} \cup \overline{B}) = 1$.

解析 因为事件 A 与 B 互不相容，即 $AB = \varnothing$，则 $P(\overline{A} \cup \overline{B}) = P(\overline{A \cap B}) = 1 - P(AB) = 1$，

故应选（D）.

良哥解读

此题主要考查三个概念：互不相容（互斥）、对立、独立的关系.事件对立则一定互斥，但互斥不一定对立，故（A）（C）选项可排除.事件互不相容（互斥）与事件独立没关系，它们互相都不能推出，故排除（B）.

题型 3　计算事件的概率

（一）古典概型

1. 定义

具有以下两个特点的试验称为古典概型：

①样本空间有限 $\Omega = \{e_1, e_2 \cdots e_n\}$；

②等可能性 $P(e_1) = P(e_2) = \cdots = P(e_n)$．

2. 计算方法

$$P(A) = \frac{A\text{中基本事件的个数}k}{\Omega\text{中基本事件总数}n}.$$

（二）几何概型

如果试验 E 是从某一线段（或平面、空间中有界区域）Ω 上任取一点，并且所取得点位于 Ω 中任意两个长度（或面积、体积）相等的子区间（或子区域）内的可能性相同，则所取得点位于 Ω 中任意子区间（或子区域）A 内这一事件（仍记作 A）的概率为

$$P(A) = \frac{A\text{的长度（或面积、体积）}}{\Omega\text{的长度（或面积、体积）}}.$$

（三）计算概率的五大公式

1. 加法公式

对于任意两个随机事件 A 与 B，有 $P(A+B) = P(A) + P(B) - P(AB)$．

对于任意三个事件 A，B，C，有

$$P(A+B+C) = P(A) + P(B) + P(C) - P(AB) - P(BC) - P(AC) + P(ABC).$$

2. 减法公式

设 A, B 是两个事件，则 $P(A-B) = P(A\overline{B}) = P(A) - P(AB)$．

3. 乘法公式

设 A, B 是两个随机事件，若 $P(A) > 0$，则有 $P(AB) = P(B|A)P(A)$．

设 A, B, C 为三个随机事件，若 $P(AB) > 0$，则有 $P(ABC) = P(C|AB)P(B|A)P(A)$．

4. 全概率公式

设 $A_1, A_2, \cdots, A_n$ 是一组完全事件组，且 $P(A_i) > 0, i = 1, 2, \cdots, n$，则 $P(B) = \sum_{i=1}^{n} P(A_i)P(B|A_i)$．

5. 贝叶斯公式

设 $A_1, A_2, \cdots, A_n$ 是一组完全事件组，$P(B) > 0, P(A_i) > 0, i = 1, 2, \cdots, n$，则

$$P(A_i|B) = \frac{P(A_i)P(B|A_i)}{\sum_{i=1}^{n} P(A_i)P(B|A_i)} \ (i = 1, 2, \cdots, n).$$

（四）条件概率

1. 条件概率的定义

设 A, B 是两个随机事件，且 $P(A) > 0$，称 $P(B|A) = \dfrac{P(AB)}{P(A)}$ 为在事件 A 发生的条件下事件 B 发生的

条件概率.

2. 条件概率的性质

若 $P(A) > 0$，则有

①非负性：$P(B \mid A) \geqslant 0$.

②规范性：$P(\Omega \mid A) = 1$.

③可列可加性：设 $B_1, B_2, \cdots$ 是两两互不相容的事件，则有 $P(\bigcup\limits_{i=1}^{\infty} B_i \mid A) = \sum\limits_{i=1}^{\infty} P(B_i \mid A)$.

④条件概率的逆事件概率公式：$P(\overline{B} \mid A) = 1 - P(B \mid A)$.

⑤条件概率的加法公式：$P\big[(B_1 + B_2) \mid A\big] = P(B_1 \mid A) + P(B_2 \mid A) - P(B_1 B_2 \mid A)$.

（五）事件的独立性

1. 两个事件独立的定义

设 A, B 是两个随机事件，若满足等式 $P(AB) = P(A)P(B)$，则称事件 A, B 相互独立，简称事件 A, B 独立.

2. 两个事件独立的性质

若事件 A, B 相互独立，则下列各对事件也相互独立：

A 与 $\overline{B}$，$\overline{A}$ 与 B，$\overline{A}$ 与 $\overline{B}$.

3. 两个事件独立的等价说法

若 $0 < P(A) < 1$，则事件 A, B 独立 $\Leftrightarrow P(B) = P(B \mid A) \Leftrightarrow P(B) = P(B \mid \overline{A}) \Leftrightarrow P(B \mid A) = P(B \mid \overline{A})$.

4. 三个事件的两两独立性

设 A, B, C 是三个事件，如果满足等式

$$\begin{cases} P(AB) = P(A)P(B), \\ P(AC) = P(A)P(C), \\ P(BC) = P(B)P(C), \end{cases}$$ 则称三个事件 A, B, C 两两独立.

5. 三个事件的相互独立性

如果满足等式 $\begin{cases} P(AB) = P(A)P(B), \\ P(AC) = P(A)P(C), \\ P(BC) = P(B)P(C), \\ P(ABC) = P(A)P(B)P(C), \end{cases}$ 则称三个事件 A, B, C 相互独立.

⚓ **考点及方法小结**

（1）考生需熟记计算事件概率的五大公式（加法、减法、乘法、全概率和贝叶斯公式）.

（2）全概率公式的适用场景：

①计算复杂事件概率的两个重要思维：逆事件思维与全概率思维. 若计算复杂事件概率时，逆事件不能解决，则想到用全概率公式解决.

②若一个试验可以看成分两个阶段完成，第一个阶段的具体结果未知，但所有可能结果已知，求第二个阶段某个结果发生的概率，用全概率公式.全概率公式的关键是完全事件组，第一个阶段的所有可能结果即为完全事件组.

（3）事件独立性涉及的几个考点：

①独立和互斥的关系：独立不一定互斥，互斥也不一定独立.对于非0概率事件，独立一定不互斥，互斥一定不独立.

②概率为0或概率为1的事件与任何事件都独立.特殊地，不可能事件与任何事件既独立又互斥.

③判定事件独立性：

1）两个事件独立 $P(AB) = P(A)P(B)$；

2）三个事件两两独立 $\begin{cases} P(AB) = P(A)P(B), \\ P(AC) = P(A)P(C), \\ P(BC) = P(B)P(C) \end{cases}$；

3）三个事件相互独立：$\begin{cases} P(AB) = P(A)P(B), \\ P(AC) = P(A)P(C), \\ P(BC) = P(B)P(C), \\ P(ABC) = P(A)P(B)P(C). \end{cases}$

④三个事件两两独立与相互独立的关系：

三个事件相互独立一定两两独立，但两两独立不一定相互独立.

（4）几何概型的应用场景：

① 在某个区间（区域）内随机取数或者任意取点；

② 在某个时间段内随机到达某个地方；

③ 在某个区间（区域）内任意子区间（区域）上取值概率与该区间（区域）的长度（面积）成正比.

精选例题

例 1.7　设两个相互独立的事件 A 和 B 都不发生的概率为 $\dfrac{1}{9}$，A 发生 B 不发生的概率与 B 发生 A 不发生的概率相等，则 $P(A) = $ _____.

解析　由题意知，$P(\overline{A}\,\overline{B}) = \dfrac{1}{9}$，$P(A\overline{B}) = P(B\overline{A})$，

由减法公式有，$P(A\overline{B}) = P(A) - P(AB)$，$P(B\overline{A}) = P(B) - P(AB)$，故有

$P(A) = P(B)$，因 A, B 相互独立，则 $\overline{A}$ 与 $\overline{B}$ 相互独立，所以

$P(\overline{A}\,\overline{B}) = P(\overline{A})P(\overline{B}) = \left[P(\overline{A})\right]^2 = \dfrac{1}{9}$，

解之有得 $P(\overline{A}) = \dfrac{1}{3}$，故 $P(A) = 1 - P(\overline{A}) = \dfrac{2}{3}$.

例 1.8　已知事件 A 发生的概率为 p，在事件 A 发生的条件下事件 B 发生的概率为 p，在 A 不发

生的条件下 B 发生的概率为 $\dfrac{p}{2}$，则 A,B 至少有一个发生的概率为（　　　）

（A）$\dfrac{3p-p^2}{2}$.　　　　（B）$\dfrac{3p}{2}$.　　　　（C）$p-\dfrac{p^2}{2}$.　　　　（D）$\dfrac{p(1-p)}{2}$.

解析 由题意知，$P(A)=p$，$P(B|A)=p$，$P\left(B|\overline{A}\right)=\dfrac{p}{2}$，则 $P(AB)=P(A)P(B|A)=p^2$.

又 $P\left(B|\overline{A}\right)=\dfrac{P\left(B\overline{A}\right)}{P\left(\overline{A}\right)}=\dfrac{P(B)-P(AB)}{1-P(A)}$，得 $P(B)=\dfrac{p+p^2}{2}$.

从而 A,B 至少有一个发生的概率为

$$P(A+B)=P(A)+P(B)-P(AB)=p+\dfrac{p+p^2}{2}-p^2=\dfrac{3p-p^2}{2}.$$

故正确答案为（A）.

例 1.9　设对于事件 A,B,C，有 $P(A)=P(B)=P(C)=\dfrac{1}{4}$，$P(AB)=P(BC)=0$，$P(AC)=\dfrac{1}{8}$，则 A,B,C 三个事件中至少出现一个的概率为＿＿＿＿.

解析 因 $P(AB)=0$，故 $P(ABC)=0$. 则 A,B,C 至少出现一个的概率为

$$P(A+B+C)=P(A)+P(B)+P(C)-P(AB)-P(BC)-P(AC)+P(ABC)$$
$$=\dfrac{1}{4}+\dfrac{1}{4}+\dfrac{1}{4}-0-0-\dfrac{1}{8}+0=\dfrac{5}{8}.$$

例 1.10　已知事件 A,B 仅发生一个的概率为 0.3，且 $P(A)+P(B)=0.5$，则 A,B 至少有一个不发生的概率为＿＿＿＿.

解析 由题设 $P(A\overline{B}\cup\overline{A}B)=0.3$，又 $A\overline{B}$ 与 $\overline{A}B$ 互斥，所以

$$P(A\overline{B}\cup\overline{A}B)=P(A\overline{B})+P(\overline{A}B)=P(A)-P(AB)+P(B)-P(AB)$$
$$=P(A)+P(B)-2P(AB)=0.3,$$

又 $P(A)+P(B)=0.5$，于是 $P(AB)=0.1$，那么所求的概率为

$$P(\overline{A}\cup\overline{B})=P(\overline{AB})=1-P(AB)=1-0.1=0.9.$$

例 1.11　设 A,B,C 是两两相互独立且三事件不能同时发生的随机事件，且它们的概率相等，则 $P(A\cup B\cup C)$ 的最大值为＿＿＿＿.

解析

$$P(A\cup B\cup C)=P(A)+P(B)+P(C)-P(AB)-P(BC)-P(AC)+P(ABC)$$
$$=P(A)+P(B)+P(C)-P(A)P(B)-P(B)P(C)-P(A)P(C)+P(\varnothing)$$
$$=3P(A)-3[P(A)]^2=\dfrac{3}{4}-3\left[P(A)-\dfrac{1}{2}\right]^2,$$

故 $P(A\cup B\cup C)$ 的最大值为 $\dfrac{3}{4}$.

例 1.12　从 $0,1,2,\cdots,9$ 这十个数字中任意选出三个不同数字，试求下列事件的概率 $A_1=\{$ 三个数

字中不含 0 和 5 }；$A_2 = \{$ 三个数字中不含 0 或 5 $\}$；$A_3 = \{$ 三个数字中含 0 但不含 5 $\}$.

解析 设事件 $B_1 = \{$三个数字中不含 0$\}$，$B_2 = \{$三个数字中不含 5$\}$，则

$$P(A_1) = \frac{C_8^3}{C_{10}^3} = \frac{7}{15},$$

$$P(A_2) = P(B_1 \cup B_2) = 1 - P(\overline{B_1 \cup B_2}) = 1 - P(\overline{B_1}\,\overline{B_2}) = 1 - \frac{C_8^1}{C_{10}^3} = \frac{14}{15},$$

$$P(A_3) = P(\overline{B_1} B_2) = P(B_2) - P(B_1 B_2) = \frac{C_9^3}{C_{10}^3} - \frac{C_8^3}{C_{10}^3} = \frac{7}{30}.$$

例 1.13 10 个同规格的零件中混入 3 个次品，现进行逐个检查，则查完第 5 个零件时正好查出 3 个次品的概率为_____.

解析 记 A = "查完第 5 个零件正好查出 3 个次品". 事件 A 由两个事件组成：
B = "前 4 次检查，查出 2 个次品"和 C = "第 5 次检查，查出的零件为次品"，即 $A = BC$，由乘法公式 $P(A) = P(BC) = P(B)P(C|B)$.

事件 B 是前 4 次检查中有 2 个正品 2 个次品所组合，故 $P(B) = \frac{C_3^2 \cdot C_7^2}{C_{10}^4} = \frac{3}{10}$.

已知 B 发生的条件下，也就是已检查了 2 正 2 次，剩下 6 个零件，其中 5 正 1 次，再要抽检一个恰是次品的概率 $P(C|B) = \frac{1}{6}$，则 $P(A) = \frac{3}{10} \cdot \frac{1}{6} = \frac{1}{20}$.

例 1.14 已知甲袋有 3 个白球，6 个黑球，乙袋有 5 个白球，4 个黑球. 先从甲袋中任取一球放入乙袋，然后再从乙袋中任取一球放回甲袋，则甲袋中白球数不变的概率为_____.

解析 记 A = "经过两次交换，甲袋中白球数不变"，B = "从甲袋中取出一个白球放入乙袋"，C = "从乙袋中取出一个白球放入甲袋"，则 $A = BC \cup \overline{B}\,\overline{C}$，

那么，$P(A) = P(BC) + P(\overline{B}\,\overline{C}) = P(B)P(C|B) + P(\overline{B})P(\overline{C}|\overline{B}) = \frac{3}{9} \cdot \frac{6}{10} + \frac{6}{9} \cdot \frac{5}{10} = \frac{8}{15}$.

例 1.15 设袋中有红、白、黑球各 1 个，从中有放回地取球，每次取 1 个，直到三种颜色的球都取到时停止，则取球次数恰好为 4 的概率为_____.

解析 【法 1】设所求事件为 A，则 A = "第四次出现 1 种颜色的球，前三次出现另外两种颜色的球". 从袋中有放回地取 4 次球，共有 3^4 个基本结果，事件 A 包含的基本结果数为 $3 \times 3 \times 2$，
所以 $P(A) = \frac{3 \times 3 \times 2}{3^4} = \frac{2}{9}$.

【法 2】设 A 表示事件 "直到三种颜色的球都取到时停止，取球次数恰好为 4"，A_1 表示事件 "第 4 次取到红球"，A_2 表示事件 "第 4 次取到白球"，A_3 表示事件 "第 4 次取到黑球"，则

$$P(A_1) = P(A_2) = P(A_3) = \frac{1}{3}.$$

在 A_1 发生的条件下，A 发生当且仅当前 3 次取到 2 个白球 1 个黑球或 1 个白球 2 个黑球，从而

$$P(A|A_1) = 2 \times \frac{3}{3^3} = \frac{2}{9}.$$

同理，$P(A|A_2) = P(A|A_3) = \frac{2}{9}$，则

$$P(A) = P(A_1)P(A|A_1) + P(A_2)P(A|A_2) + P(A_3)P(A|A_3) = \frac{2}{9}.$$

例 1.16 袋中有 50 个乒乓球，其中 20 个是黄球，30 个是白球，今有两人一次随机地从袋中各取一球，取后不放回，则第二人取得黄球的概率为_____.

解析 【法 1】用"抽签原理".

由于抽签的公平性，每次抽签抽中的概率大小相同与抽签的先后次序无关. 本题中第二人取黄球的概率与第一人取黄球的概率相同，故第二人取黄球的概率为 $\frac{20}{50} = \frac{2}{5}$.

【法 2】用"全概率公式"

设 $A_i =$ "第 i 个人取黄球"，$i = 1,2$，由全概率公式，得

$$P(A_2) = P(A_1)P(A_2|A_1) + P(\overline{A_1})P(A_2|\overline{A_1}) = \frac{20}{50} \times \frac{19}{49} + \frac{30}{50} \times \frac{20}{49} = \frac{2}{5}.$$

例 1.17 三个箱子，第一个箱子中有 4 个黑球 1 个白球，第二个箱子中有 3 个黑球 3 个白球，第三个箱子中有 3 个黑球 5 个白球. 现随机地取一个箱子，再从这个箱子中取出 1 个球，这个球为白球的概率等于_____. 已知取出的球是白球，此球属于第二个箱子的概率为_____.

解析 设 A_i 表示球取自第 i 个箱子（$i = 1,2,3$）；B 表示取出的为白球.

①由全概率公式：$P(B) = \sum_{i=1}^{3} P(B|A_i)P(A_i) = \frac{1}{3} \times \frac{1}{5} + \frac{1}{3} \times \frac{1}{2} + \frac{1}{3} \times \frac{5}{8} = \frac{53}{120}$.

②由贝叶斯公式：$P(A_2|B) = \frac{P(A_2 B)}{P(B)} = \frac{P(A_2)P(B|A_2)}{P(B)} = \frac{\frac{1}{3} \times \frac{1}{2}}{\frac{53}{120}} = \frac{20}{53}$.

例 1.18 在区间 $(0,1)$ 中随机地取两个数，则这两数之差的绝对值小于 $\frac{1}{2}$ 的概率为_____.

解析 在区间内随机取数问题对应的是几何概型. 设 x, y 表示所取的两个数，则样本空间

$\Omega = \{(x,y) | 0 < x < 1, 0 < y < 1\}$，记 $A =$ "两数之差的绝对值小于 $\frac{1}{2}$"，则

$$A = \left\{ (x,y) \middle| (x,y) \in \Omega, |x-y| < \frac{1}{2} \right\}.$$

如图，由几何概型计算概率公式有

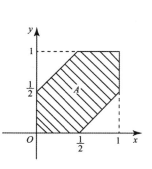

$$P(A) = \frac{S_A}{S_\Omega} = \frac{\frac{3}{4}}{1} = \frac{3}{4}，其中 S_A，S_\Omega 分别表示 A 与 \Omega 的面积.$$

例1.19 将一根长为L的木棒随机折成三段，记事件$A=$"中间一段为三段中长度最大的"，则$P(A)=$（　　）

（A）$\dfrac{1}{2}$.　　　　　　（B）$\dfrac{1}{3}$.　　　　　　（C）$\dfrac{1}{4}$.　　　　　　（D）$\dfrac{2}{3}$.

解析 设折得的三段长度依次为$x,L-x-y,y$，则样本空间为

$$\Omega=\left\{(x,y)\,\middle|\,0<x<L,0<y<L,0<x+y<L\right\}.$$

随机事件A相应的区域Ω_1应满足：$0<x<L-x-y,0<y<L-x-y$，即

$$\Omega_1=\left\{(x,y)\,\middle|\,x>0,0<y<L-2x,0<y<\dfrac{L-x}{2}\right\}.$$

如图所示，容易计算Ω的面积为$\dfrac{1}{2}L^2$，Ω_1的面积为$\dfrac{1}{6}L^2$，故

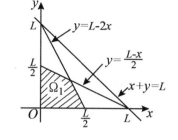

$$P(A)=\dfrac{\dfrac{1}{6}L^2}{\dfrac{1}{2}L^2}=\dfrac{1}{3}.$$

故正确答案为（B）.

例1.20 设A,B,C是随机事件，A与C互不相容，$P(AB)=\dfrac{1}{2}$，$P(C)=\dfrac{1}{3}$，则

$$P(AB\,|\,\overline{C})=\underline{\qquad\qquad}.$$

解析 因A与C互不相容，故$P(AC)=0$，从而$P(ABC)=0$，则

$$P(AB\,|\,\overline{C})=\dfrac{P(AB\overline{C})}{P(\overline{C})}=\dfrac{P(AB)-P(ABC)}{1-P(C)}=\dfrac{\dfrac{1}{2}-0}{1-\dfrac{1}{3}}=\dfrac{3}{4}.$$

例1.21 甲、乙两人独立地对同一目标各射击一次，其命中率分别为0.6和0.5，现已知目标被命中，则它是甲射中的概率为____.

解析 设事件A表示甲命中，B表示乙命中. 由题意，A与B相互独立. 又$P(A)=0.6$，$P(B)=0.5$，则$P(AB)=P(A)\cdot P(B)=0.6\times0.5=0.3$.

目标命中即甲命中或者乙命中可用事件"$A\cup B$"表示，因此要求概率为

$$P(A\,|\,A\cup B)=\dfrac{P[A(A\cup B)]}{P(A\cup B)}=\dfrac{P(A)}{P(A)+P(B)-P(AB)}=\dfrac{0.6}{0.6+0.5-0.3}=\dfrac{3}{4}.$$

例1.22 某人打靶的命中率为$\dfrac{1}{2}$，当他连续射击三次后检查目标，发现靶已命中，则他在第1次射击时就命中目标的概率为（　　）

（A）$\dfrac{3}{8}$.　　　　　　（B）$\dfrac{1}{2}$.　　　　　　（C）$\dfrac{3}{7}$.　　　　　　（D）$\dfrac{4}{7}$.

解析 设A_i表示"第i次命中"$(i=1,2,3)$，由题意知，A_1,A_2,A_3相互独立，且$P(A_i)=\dfrac{1}{2}$，

故

$$p = P\left(A_1 \mid A_1 + A_2 + A_3\right) = \frac{P(A_1)}{P(A_1 + A_2 + A_3)}$$

$$= \frac{\dfrac{1}{2}}{1 - P\left(\overline{A_1}\,\overline{A_2}\,\overline{A_3}\right)} = \frac{\dfrac{1}{2}}{1 - \dfrac{1}{2} \times \dfrac{1}{2} \times \dfrac{1}{2}} = \frac{4}{7}.$$

故应选（D）.

例 1.23 假设一批产品中一、二、三等品各占 $60\%, 30\%, 10\%$，从中随意取出一件，结果不是三等品，则取到的是一等品的概率为 _____.

解析 设事件 $A_i =$ "取到的是第 i 等品"，$i = 1,2,3$，则由题意有

$$P(A_1) = 0.6，\quad P(A_3) = 0.1，\quad P(A_1 A_3) = 0.$$

由条件概率公式有

$$P(A_1 \mid \overline{A_3}) = \frac{P(A_1 \overline{A_3})}{P(\overline{A_3})} = \frac{P(A_1) - P(A_1 A_3)}{1 - P(A_3)} = \frac{P(A_1)}{1 - P(A_3)} = \frac{0.6}{0.9} = \frac{2}{3}.$$

例 1.24 已知 $0 < P(B) < 1$，且 $P\left[(A_1 + A_2) \mid B\right] = P(A_1 \mid B) + P(A_2 \mid B)$，则下列选项成立的是（ ）

（A）$P[(A_1 + A_2) \mid \overline{B}] = P(A_1 \mid \overline{B}) + P(A_2 \mid \overline{B})$.

（B）$P(A_1 B + A_2 B) = P(A_1 B) + P(A_2 B)$.

（C）$P(A_1 + A_2) = P(A_1 \mid B) + P(A_2 \mid B)$.

（D）$P(B) = P(A_1) P(B \mid A_1) + P(A_2) P(B \mid A_2)$.

解析 在 $P\left[(A_1 + A_2) \mid B\right] = P(A_1 \mid B) + P(A_2 \mid B)$，两边同乘以 $P(B)$ 有

$$P\left[(A_1 + A_2) \mid B\right] \cdot P(B) = P(A_1 \mid B) \cdot P(B) + P(A_2 \mid B) \cdot P(B)，$$

由乘法公式有 $P\left[(A_1 + A_2) B\right] = P(A_1 B) + P(A_2 B)$，即 $P(A_1 B + A_2 B) = P(A_1 B) + P(A_2 B)$. 故应选（B）.

例 1.25 设 A, B 为任意两个事件，且 $A \subset B$，$P(B) > 0$，则下列选项必然成立的是（ ）

（A）$P(A) < P(A \mid B)$. 　　　　　　（B）$P(A) \leqslant P(A \mid B)$.

（C）$P(A) > P(A \mid B)$. 　　　　　　（D）$P(A) \geqslant P(A \mid B)$.

解析 因 $A \subset B$，故 $AB = A$，又 $0 < P(B) \leqslant 1$，由条件概率公式，得

$$P(A \mid B) = \frac{P(AB)}{P(B)} = \frac{P(A)}{P(B)} \geqslant P(A).$$

故应选（B）.

例 1.26 设 A, B 为随机事件，若 $0 < P(A) < 1$，$0 < P(B) < 1$，则 $P(A \mid B) > P(A \mid \overline{B})$ 的充分必要条件是（ ）

（A）$P(B \mid A) > P(B \mid \overline{A})$. 　　（B）$P(B \mid A) < P(B \mid \overline{A})$.

（C）$P(\overline{B} \mid A) > P(B \mid \overline{A})$. 　　（D）$P(\overline{B} \mid A) < P(B \mid \overline{A})$.

$\boxed{解析}$ 因 $P(A|B) > P(A|\bar{B})$ 等价于 $\dfrac{P(AB)}{P(B)} > \dfrac{P(A\bar{B})}{P(\bar{B})}$，又

$P(A\bar{B}) = P(A) - P(AB)$，$P(\bar{B}) = 1 - P(B)$，

可得 $P(A|B) > P(A|\bar{B})$ 等价于 $P(AB) > P(A)P(B)$．

对于（A）选项：因 $P(B|A) > P(B|\bar{A})$ 等价于 $\dfrac{P(AB)}{P(A)} > \dfrac{P(B\bar{A})}{P(\bar{A})}$，又

$P(B\bar{A}) = P(B) - P(AB)$，

$P(\bar{A}) = 1 - P(A)$．

整理得 $P(B|A) > P(B|\bar{A})$ 等价于 $P(AB) > P(A)P(B)$．故应选（A）．

$\boxed{例1.27}$ 设 A, B, C 为随机事件，A 与 B 相互独立，$P(C) = 1$．则不相互独立事件组为（   ）

（A）$A, B, A \cup C$．   （B）$A, B, A - C$．

（C）A, B, AC．   （D）$A, B, \overline{AC}$．

$\boxed{解析}$ 由于 $P(C) = 1$，故 $P(\bar{C}) = 0$，所以

$P(A \cup C) = 1$，$P(A - C) = 0$，$P(\overline{AC}) = 0$．

由 "概率为 0 或 1 的事件与任意事件相互独立" 且 A 与 B 相互独立，故（A），（B），（D）中的事件组相互独立．应选（C）．

事实上对于（C）选项，由于 $P(C) = 1$，若 $0 < P(A) < 1$，则

$P(AAC) = P(AC) = P(A) \ne P(A)P(AC) = P(A) \cdot P(A)$，

故 A 与 AC 不独立，因此（C）中的事件组 A, B, AC 不相互独立．

$\boxed{例1.28}$ 设 A, B, C 三个事件两两独立，则 A, B, C 相互独立的充分必要条件是（   ）

（A）A 与 BC 独立．   （B）AB 与 $A \cup C$ 独立．

（C）AB 与 AC 独立．   （D）$A \cup B$ 与 $A \cup C$ 独立．

$\boxed{解析}$ A, B, C 相互独立的充要条件是 A, B, C 事件两两独立且满足

$P(ABC) = P(A)P(B)P(C)$．

因 A, B, C 两两独立，故只需验证 $P(ABC) = P(A)P(B)P(C)$ 即可．

对于（A）选项：若 A 与 BC 独立，则 $P(ABC) = P(A)P(BC) = P(A)P(B)P(C)$．

故应选（A）．

$\boxed{例1.29}$ 设 A, B, C 为三个随机事件，且 A 与 C 相互独立，B 与 C 相互独立，则 $A \cup B$ 与 C 相互独立的充分必要条件是（   ）

（A）A 与 B 相互独立．   （B）A 与 B 互不相容．

（C）AB 与 C 相互独立．   （D）AB 与 C 互不相容．

$\boxed{解析}$ $A \cup B$ 与 C 相互独立的充分必要条件是 $P[(A \cup B)C] = P(A \cup B)P(C)$．

因为

$P[(A \cup B)C] = P(AC \cup BC) = P(AC) + P(BC) - P(ABC)$，

又 A 与 C 相互独立，B 与 C 相互独立，故

$$P[(A \cup B)C] = P(A)P(C) + P(B)P(C) - P(ABC).$$

而

$$P(A \cup B)P(C) = [P(A) + P(B) - P(AB)]P(C)$$
$$= P(A)P(C) + P(B)P(C) - P(AB)P(C),$$

因此等式 $P[(A \cup B)C] = P(A \cup B)P(C)$ 成立的充分必要条件为 $P(ABC) = P(AB)P(C)$，即 AB 与 C 相互独立. 故应选（C）.

例 1.30 袋中有 4 个球，1 个红色球，1 个蓝色球，1 个绿色球，1 个红、蓝、绿兼色球. 从中随机地取出一个球，设事件 $A_1 = \{$取出的球上有红色$\}$，$A_2 = \{$取出的球上有蓝色$\}$，$A_3 = \{$取出的球上有绿色$\}$，$A_4 = \{$取出的球上红、蓝、绿色都有$\}$，则事件（　　　　）

（A）A_1, A_2, A_3 相互独立.　　　　　（B）A_2, A_3, A_4 相互独立.

（C）A_1, A_2, A_3 两两独立.　　　　　（D）A_2, A_3, A_4 两两独立.

解析　由已知条件知，

$$P(A_1) = P(A_2) = P(A_3) = \frac{1}{2}, P(A_4) = \frac{1}{4},$$

$$P(A_1 A_2) = P(A_1 A_3) = P(A_1 A_4) = P(A_2 A_3) = P(A_2 A_4) = P(A_3 A_4) = \frac{1}{4},$$

$$P(A_1 A_2 A_3) = \frac{1}{4} \neq P(A_1)P(A_2)P(A_3),$$

显然 A_1, A_2, A_3 两两独立，但并不相互独立，故应选（C）.

题型 4　伯努利概型

基础知识回顾

1. 伯努利试验与 n 重伯努利试验

只有两个结果 A 和 $\overline{A}$ 的试验称为伯努利试验. 若将伯努利试验独立重复地进行 n 次，称为 n 重伯努利试验.

2. 二项概率公式

设在每次试验中，事件 A 发生的概率 $P(A) = p(0 < p < 1)$，在 n 重伯努利试验中，事件 A 发生 k 次记为 A_k，则事件 A 发生 k 次的概率为：

$$P(A_k) = C_n^k p^k (1-p)^{n-k} (k = 0, 1, 2, \cdots, n)，此公式称为二项概率公式.$$

精选例题

例 1.31 设在一次试验中 A 发生的概率为 p，现进行 n 次独立试验，则 A 至少发生一次的概率为＿＿＿；事件 A 至多发生一次的概率为＿＿＿＿.

解析　遇到做 n 次独立重复试验，求事件发生或不发生多少次的概率问题，通常用二项概率公式 $P(A_k) = C_n^k p^k (1-p)^{n-k} (k = 0, 1, 2, \cdots, n)$ 来计算（A_k 表示事件 A 发生的次数）.

设A_k：表示A发生的次数为k $(k=0,1,2,\cdots,n)$．

A至少发生一次的概率为$1-P(A_0)=1-C_n^0 p^0 (1-p)^{n-0}=1-(1-p)^n$．

A至多发生一次的概率为

$$P(A_0)+P(A_1)=C_n^0 p^0 (1-p)^n + C_n^1 p^1 (1-p)^{n-1}$$
$$=(1-p)^n + np(1-p)^{n-1}.$$

例1.32 假设一厂家生产的每台仪器，以概率0.70可以直接出厂；以概率0.30需进一步调试，经调试后以概率0.80可以出厂；以概率0.20定为不合格品不能出厂．现该厂新生产了$n(n \geqslant 2)$台仪器（假设各台仪器的生产过程相互独立）．求：

（1）全部能出厂的概率α；

（2）其中恰好有两台不能出厂的概率β；

（3）其中至少有两台不能出厂的概率θ．

解析 设事件A表示"仪器需进一步调试"，B表示"仪器能出厂"，

令$p=P(B)$，由全概公式有

$p=P(B)=P(A)P(B|A)+P(\overline{A})P(B|\overline{A})=0.8 \times 0.3 + 1 \times 0.7 = 0.94$．

设X表示"n台仪器中能出厂的台数"，故

（1）$\alpha = P\{X=n\} = C_n^n \cdot 0.94^n \cdot 0.06^{n-n} = 0.94^n$；

（2）恰好两台不能出厂，说明有$n-2$台能出厂，故

$\beta = P\{X=n-2\} = C_n^2 \cdot 0.94^{n-2} \cdot 0.06^2 = \dfrac{n(n-1)}{2} 0.94^{n-2} \cdot 0.06^2$；

（3）至少有两台不能出厂，说明能出厂的台数最多有$n-2$台，故

$\theta = P\{X \leqslant n-2\} = 1 - P\{X=n-1\} - P\{X=n\}$
$\quad = 1 - C_n^{n-1} \cdot 0.94^{n-1} \cdot 0.06 - 0.94^n$
$\quad = 1 - n \times 0.06 \times 0.94^{n-1} - 0.94^n$．

李良概率章节笔记

李良概率章节笔记

题型 1　分布函数的概念与性质

基础知识回顾

1. 随机变量分布函数的定义

设 X 是一个随机变量，对于任意实数 x，令 $F(x) = P\{X \leqslant x\}$ $(-\infty < x < +\infty)$，称 $F(x)$ 为随机变量 X 的概率分布函数，简称为分布函数.

2. 利用分布函数求各种随机事件的概率

已知随机变量 X 的分布函数 $F(x) = P\{X \leqslant x\}$，则有

（1）$P\{X \leqslant a\} = F(a)$.

（2）$P\{X > a\} = 1 - F(a)$.

（3）$P\{X < a\} = \lim\limits_{x \to a^-} F(x) = F(a - 0)$.

（4）$P\{X \geqslant a\} = 1 - F(a - 0)$.

（5）$P\{X = a\} = F(a) - F(a - 0)$.

（6）$P\{a < X \leqslant b\} = F(b) - F(a)$.

（7）$P\{a \leqslant X < b\} = F(b - 0) - F(a - 0)$.

（8）$P\{a < X < b\} = F(b - 0) - F(a)$.

（9）$P\{a \leqslant X \leqslant b\} = F(b) - F(a - 0)$.

3. 分布函数的性质

设随机变量 X 的分布函数为 $F(x) = P\{X \leqslant x\}$，则 $F(x)$ 满足

（1）非负性：$0 \leqslant F(x) \leqslant 1$；

（2）规范性：$F(-\infty) = \lim\limits_{x \to -\infty} F(x) = 0, F(+\infty) = \lim\limits_{x \to +\infty} F(x) = 1$；

（3）单调不减性：对于任意 $x_1 < x_2$，有 $F(x_1) \leqslant F(x_2)$；

（4）右连续性：$F(x_0) = F(x_0 + 0)$.

考点及方法小结

（1）已知分布函数求某事件的概率，用知识 2 解决.

（2）求分布函数的未知参数，用知识 3 中的性质（2）或（4）解决.

（3）判定函数是否为分布函数，验证知识 3 中的四条性质，四条性质均满足即为分布函数.

精选例题

例 2.1　假设 $F(x)$ 是随机变量 X 的分布函数，则不正确的是（　　　）

（A）如果 $F(a) = 0$，则当 $x \leqslant a$ 时，有 $F(x) = 0$.

（B）如果 $F(a) = 1$，则当 $x \geqslant a$ 时，有 $F(x) = 1$.

（C）如果 $F(a) = \dfrac{1}{2}$，则 $P\{X \leqslant a\} = \dfrac{1}{2}$.

（D）如果 $F(a) = \dfrac{1}{2}$，则 $P\{X \geqslant a\} = \dfrac{1}{2}$.

解析　对于（A）选项，因为 $F(a) = 0$，即 $P\{X \leqslant a\} = 0$，而当 $x \leqslant a$ 时，$\{X \leqslant x\} \subset \{X \leqslant a\}$，故

$P\{X \leqslant x\} = 0$，即 $F(x) = 0$，从而（A）正确；

对于（B）选项，因为 $F(a) = 1$，即 $P\{X \leqslant a\} = 1$，而当 $x \geqslant a$ 时，$\{X \leqslant a\} \subset \{X \leqslant x\}$，故

$P\{X \leqslant x\} = 1$，即 $F(x) = 1$，从而（B）正确；

对于（C）选项，因 $F(a) = P\{X \leqslant a\}$，故（C）正确，从而应选（D）.

事实上对于（D）选项，由 $F(a) = P\{X \leqslant a\} = \dfrac{1}{2}$，有

$P\{X \geqslant a\} = 1 - P\{X < a\} = 1 - F(a - 0)$，但分布函数不一定左连续，即 $F(a-0)$ 与 $F(a)$ 不一定相等，

从而 $P\{X \geqslant a\} = \dfrac{1}{2}$ 不一定成立.

例 2.2　设 $F_1(x)$ 与 $F_2(x)$ 为随机变量 X_1 与 X_2 的分布函数. 若 $F(x) = aF_1(x) - bF_2(x)$ 是某一变量的分布函数，在下列给定的各组数值中应取（　　）

（A）$a = \dfrac{3}{5}, b = -\dfrac{2}{5}$.　　　　　　　　　　　　（B）$a = \dfrac{3}{5}, b = \dfrac{2}{3}$.

（C）$a = -\dfrac{1}{2}, b = \dfrac{3}{2}$.　　　　　　　　　　　　（D）$a = \dfrac{1}{2}, b = -\dfrac{3}{2}$.

解析　若 $F(x)$ 为分布函数，则 $\lim\limits_{x \to +\infty} F(x) = 1$，故 $\lim\limits_{x \to +\infty} [aF_1(x) - bF_2(x)] = a - b = 1$，

由于四个选项中只有（A）满足此条件. 故应选（A）.

良哥解读

设 $F_1(x)$ 与 $F_2(x)$ 均为分布函数，要使 $F(x) = aF_1(x) + bF_2(x)$ 也是分布函数，只要满足组合系数 $a \geqslant 0, b \geqslant 0$，且 $a + b = 1$ 即可.

例 2.3　设随机变量 X 的分布函数为 $F(x)$，则下列可作为某个随机变量分布函数的是（　　）

（A）$F(ax)$.　　　　　（B）$F(x^2 + 1)$.　　　　　（C）$F(x^3 - 1)$.　　　　　（D）$F(|x|)$.

解析　对于（A）选项，当 $a < 0$ 时，$\lim\limits_{x \to -\infty} F(ax) = 1$，故 $F(ax)$ 不一定是分布函数；

对于（B）选项，因 $\lim\limits_{x \to -\infty} F(x^2 + 1) = 1$，故 $F(x^2 + 1)$ 一定不是分布函数；

对于（C）选项，因 $0 \leqslant F(x^3 - 1) \leqslant 1$，$\lim\limits_{x \to -\infty} F(x^3 - 1) = 0$，$\lim\limits_{x \to +\infty} F(x^3 - 1) = 1$，且满足单调不减性和右连续性，故 $F(x^3 - 1)$ 一定是分布函数，应选（C）.

对于（D）选项，因 $\lim\limits_{x \to -\infty} F(|x|) = 1$，故 $F(|x|)$ 一定不是分布函数.

例 2.4 设随机变量 X 的分布函数为 $F(x) = \begin{cases} 0, & x < -1, \\ \dfrac{5x+7}{16}, & -1 \leqslant x < 1, \\ 1, & x \geqslant 1, \end{cases}$ 则 $P\{X^2 = 1\} = $ _____.

解析 因 $P\{X^2 = 1\} = P\{X = 1\} + P\{X = -1\}$，而

$$P\{X = 1\} = F(1) - F(1-0) = 1 - \frac{3}{4} = \frac{1}{4},$$

$$P\{X = -1\} = F(-1) - F(-1-0) = \frac{1}{8} - 0 = \frac{1}{8},$$

故 $P\{X^2 = 1\} = \dfrac{3}{8}$.

题型 2 一维离散型随机变量及其分布

基础知识回顾

1. 离散型随机变量的定义

若随机变量 X 的取值是有限个或者可列无穷多个，则称 X 为离散型随机变量.

2. 离散型随机变量的分布律

设 X 为离散型随机变量，其所有可能取值为 $x_1, x_2, \cdots, x_k, \cdots$，且 X 取各个值 x_k 的概率为

$P\{X = x_k\} = p_k$，其中 $p_k \geqslant 0$，$(k = 1, 2, \cdots)$，$\displaystyle\sum_{k=1}^{\infty} p_k = 1$，

则称 $P\{X = x_k\} = p_k (k = 1, 2, \cdots)$ 为随机变量 X 的概率分布或分布律，也可记为

X	x_1	x_2	x_3	$\cdots$	x_k	$\cdots$
p	p_1	p_2	p_3	$\cdots$	p_k	$\cdots$

3. 常见的离散型分布

（1）二项分布

设事件 A 在任意一次实验中出现的概率均为 p（$0 < p < 1$），X 表示 n 重伯努利试验中事件 A 发生的次数，其所有可能的取值为 $0, 1, 2, \cdots, n$，且相应的概率为：

$P\{X = k\} = C_n^k p^k (1-p)^{n-k} (k = 0, 1, \cdots, n)$，

则称 X 服从二项分布，记为 $X \sim B(n, p)$.

二项分布的期望：$E(X) = np$，方差 $D(X) = np(1-p)$.

（2）0-1 分布

若随机变量 X 的概率分布为：$P\{X = k\} = p^k (1-p)^{1-k}$，$k = 0, 1 (0 < p < 1)$，则称 X 服从 0-1 分布.

0-1 分布 X 的期望：$E(X) = p$，方差：$D(X) = p(1-p)$.

（3）泊松分布

设随机变量 X 的概率分布为：

$$P\{X=k\}=\frac{\lambda^k e^{-\lambda}}{k!}, \quad (k=0,1,2,\cdots), \text{ 其中参数 } \lambda>0,$$

则称 X 服从参数为 λ 的泊松分布, 记为 $X \sim P(\lambda)$.

泊松分布的期望: $E(X)=\lambda$, 方差: $D(X)=\lambda$.

（4）几何分布

设随机变量 X 的概率分布为:

$$P\{X=k\}=(1-p)^{k-1}p, \quad (0<p<1), \quad k=1,2,\cdots$$

则称 X 服从几何分布, 记为 $G(p)$.

几何分布的期望: $E(X)=\dfrac{1}{p}$, 方差: $D(X)=\dfrac{1-p}{p^2}$.

（5）超几何分布

设随机变量 X 的概率分布为:

$$P\{X=k\}=\frac{C_M^k C_{N-M}^{n-k}}{C_N^n}, \quad k=0,1,2,\cdots n,$$

其中 M,N,n 都是正整数, 且 $n \leq M \leq N$, 则称 X 服从参数为 M,N 和 n 的超几何分布, 记为 $X \sim H(n,M,N)$.

4. 泊松定理

设 $\lambda>0$ 是一个常数, n 是任意正整数, 设 $\lambda=np_n$, 则对于任一固定的非负整数 k, 有

$$\lim_{n\to+\infty} C_n^k p_n^k (1-p_n)^{n-k}=\frac{\lambda^k}{k!}e^{-\lambda}, \quad (k=0,1,2,\cdots).$$

> ⛵ 考点及方法小结
>
> （1）计算离散型随机变量分布律的三步曲: 定取值、算概率、验证 1.
>
> （2）计算分布律中的未知参数可用 $\sum\limits_{k=1}^{\infty} p_k=1$ 解决.
>
> （3）计算离散型随机变量的概率分布, 若没要求计算分布函数, 则算出分布律即可.
>
> （4）二项分布的背景: 做 n 次独立重复试验, 每次试验成功的概率为 p, 成功的次数服从二项分布. 解题过程中, 通过背景辨别题目在考查二项分布, 找到其参数 n 和 p, 再结合其分布律和数字特征解决问题.
>
> （5）泊松分布的关键是熟记其分布律和数字特征, 根据题目条件找到泊松分布的参数 λ, 再结合分布律或数字特征的结论解决问题.
>
> （6）几何分布的背景: 做独立重复试验, 每次试验成功的概率为 p, 直到成功为止一共做的试验次数服从几何分布. 解题过程中, 通过背景辨别题目是考查几何分布, 找到其参数 p, 再结合其分布律和数字特征解决问题.
>
> （7）泊松定理的本质: 用泊松分布近似代替二项分布近似计算, 其中 $\lambda \approx np_n$.

🐌 精选例题

例 2.5 设 X 是离散型随机变量, 其分布律为 $P(X=k)=b\lambda^k (k=1,2,\cdots)$ 且 $b>0$ 为常数, 则 λ 为

（　　　）

（A）$\lambda > 0$ 的任意实数.　　　　　　　　　（B）$\lambda = b+1$.

（C）$\lambda = \dfrac{1}{b+1}$.　　　　　　　　　　　（D）$\lambda = \dfrac{1}{b-1}$.

解析　因 $1 = \displaystyle\sum_{k=1}^{\infty} P(X=k) = \sum_{k=1}^{\infty} b\lambda^k$，故级数 $\displaystyle\sum_{k=1}^{\infty}\lambda^k$ 收敛且 $\displaystyle\sum_{k=1}^{\infty}\lambda^k = \dfrac{1}{b}$．又 $b\lambda^k$ 是概率且 $b>0$，

则有 $0 < \lambda < 1$．因 $\displaystyle\sum_{k=1}^{\infty}\lambda^k = \dfrac{\lambda}{1-\lambda}$，故有 $\dfrac{\lambda}{1-\lambda} = \dfrac{1}{b}$，解得 $\lambda = \dfrac{1}{b+1}$．应选（C）.

例 2.6　设离散型随机变量 X 服从分布律 $P\{X=k\} = \dfrac{C}{k!}$，$k = 0,1,2,\cdots$ 则常数 C 必为（　　　）

（A）1.　　　　　　　（B）e.　　　　　　　（C）e^{-1}.　　　　　　　（D）e^{-2}.

解析　由 $\displaystyle\sum_{k=0}^{\infty} P\{X=k\} = 1$，即 $1 = \displaystyle\sum_{k=0}^{\infty}\dfrac{C}{k!} = C\sum_{k=0}^{\infty}\dfrac{1}{k!} = C\cdot e$，所以 $C = e^{-1}$.

故应选（C）.

良哥解读

这里用到了公式 $e^x = \displaystyle\sum_{k=0}^{\infty}\dfrac{x^k}{k!}$，$-\infty < x < +\infty$，本题也可对比泊松分布的分布律

$P\{X=k\} = \dfrac{\lambda^k}{k!}e^{-\lambda}$，$k = 0,1,2,\cdots$

可以看出当 $\lambda = 1$ 时，有 $P\{X=k\} = \dfrac{1}{k!}e^{-1}$，$k = 0,1,2,\cdots$，得 $C = e^{-1}$.

例 2.7　假设随机变量 X 的概率密度为 $f(x) = \begin{cases} 2x, & 0 < x < 1, \\ 0, & 其他. \end{cases}$ 现在对 X 进行 n 次独立重复观测，

以 V_n 表示观测值不大于 0.1 的次数，试求随机变量 V_n 的概率分布.

解析　设每次观测值不大于 0.1 的概率为 p，则 $p = P\{X \leqslant 0.1\} = \displaystyle\int_{-\infty}^{0.1} f(x)dx = \int_0^{0.1} 2x dx = 0.01$．

由题意知 V_n 服从参数为 n, p 的二项分布，即 $V_n \sim B(n, 0.01)$．故 V_n 的概率分布为

$P\{V_n = k\} = C_n^k (0.01)^k (0.99)^{n-k}$，$k = 0,1\cdots, n$.

例 2.8　设随机变量 X 的分布律为 $P\{X=1\} = 0.2$，$P\{X=2\} = 0.3$，$P\{X=3\} = 0.5$．现对 X 进行独立重复观测，随机变量 Y 表示直到第三次观测值大于 2 出现为止一共观测的次数，求 Y 的概率分布.

解析　设每次观测值大于 2 的概率为 p，则 $p = P\{X > 2\} = P\{X=3\} = 0.5$.

由题意随机变量 Y 的所有可能取值为：$3, 4, \cdots$，且事件 $\{Y=k\}$（$k = 3,4,\cdots$）表示"在观测随机变量 X 时，第 k 次观察值大于 2，前 $k-1$ 次观察值有两次大于 2"，则 Y 的概率分布为

$P\{Y=k\} = C_{k-1}^2 p^2 (1-p)^{k-3} p = \dfrac{(k-1)(k-2)}{2}\left(\dfrac{1}{2}\right)^k$，$k = 3, 4, \cdots$.

例2.9 袋中有8个球，其中3个白球5个黑球，现随意从中取出4个球，如果4个球中有2个白球2个黑球，试验停止. 否则将4个球放回袋中，重新抽取4个球，直到出现2个白球2个黑球为止. 用X表示抽取次数，则$P\{X=k\}=\underline{\quad}$ ($k=1,2,\cdots$).

解析 若记$A_i=$ "第i次取出4个球为2白2黑"，由于是有放回取球，所以$A_i(i=1,2,\cdots)$相互独立，而$P(A_i)=\dfrac{C_3^2 C_5^2}{C_8^4}=\dfrac{3}{7}$，所以$P\{X=k\}=P(\bar{A}_1\cdots\bar{A}_{k-1}A_k)=\left(1-\dfrac{3}{7}\right)^{k-1}\cdot\dfrac{3}{7}=\dfrac{3}{7}\cdot\left(\dfrac{4}{7}\right)^{k-1}$ ($k=1,2,\cdots$).

例2.10 在独立重复试验中，已知第4次试验恰好第2次成功的概率为$\dfrac{3}{16}$，以X表示首次成功所需要的试验的次数，则X取偶数的概率为 $\underline{\quad}$.

解析 设每次试验成功的概率为p，由题意有

$$C_3^1 p(1-p)^2\cdot p=\frac{3}{16}，解得p=\frac{1}{2}.$$

由题意知，$X\sim G\left(\dfrac{1}{2}\right)$，则所求的概率为

$$\sum_{m=1}^{\infty}P\{X=2m\}=\sum_{m=1}^{\infty}(1-p)^{2m-1}p=\sum_{m=1}^{\infty}\left(\frac{1}{2}\right)^{2m}$$

$$=\sum_{m=1}^{\infty}\left(\frac{1}{4}\right)^m=\frac{\frac{1}{4}}{1-\frac{1}{4}}=\frac{1}{3}.$$

题型3 一维连续型随机变量及其分布

基础知识回顾

1. 连续型随机变量的定义

如果对于随机变量X的分布函数$F(x)$，存在非负可积函数$f(x)$，使得对于任意实数x，有$F(x)=\displaystyle\int_{-\infty}^{x}f(t)\mathrm{d}t$，则称$X$为连续型随机变量，函数$f(x)$称为$X$的概率密度函数（简称密度函数）.

2. 概率密度的性质

（1）非负性：$f(x)\geqslant 0$ （$-\infty<x<+\infty$）.

（2）规范性：$\displaystyle\int_{-\infty}^{+\infty}f(x)\mathrm{d}x=1$.

（3）对于任意实数a和$b\,(a<b)$，有

$$P\{a<X\leqslant b\}=P\{a\leqslant X<b\}=P\{a<X<b\}=P\{a\leqslant X\leqslant b\}=\int_a^b f(x)\mathrm{d}x .$$

（4）在$f(x)$的连续点处，有$F'(x)=f(x)$.

3. 常见的连续型分布

1）均匀分布

如果随机变量X的密度函数为

$$f(x) = \begin{cases} \dfrac{1}{b-a}, & a \leqslant x \leqslant b, \\ 0, & \text{其他}. \end{cases}$$

则称X服从$[a,b]$上的均匀分布，记作$X \sim U(a,b)$．其中a,b是分布的参数．

X的分布函数为$F(x) = \begin{cases} 0, & x < a, \\ \dfrac{x-a}{b-a}, & a \leqslant x < b, \\ 1, & x \geqslant b. \end{cases}$

均匀分布的期望：$E(X) = \dfrac{a+b}{2}$，方差：$D(X) = \dfrac{(b-a)^2}{12}$．

2）指数分布

如果随机变量X的概率密度为

$$f(x) = \begin{cases} \lambda e^{-\lambda x}, & x > 0, \\ 0, & x \leqslant 0, \end{cases}$$

其中$\lambda > 0$为参数，则称X服从参数为λ的指数分布，记作$X \sim E(\lambda)$．

X的分布函数为$F(x) = \begin{cases} 1 - e^{-\lambda x}, & x > 0, \\ 0, & x \leqslant 0. \end{cases}$

指数分布的期望：$E(X) = \dfrac{1}{\lambda}$，方差：$D(X) = \dfrac{1}{\lambda^2}$．

【注】指数分布具有"无记忆性"，即$P\{X > s+t \mid X > s\} = P\{X > t\}, \forall s,t > 0$．

3）正态分布

① 正态分布的定义

如果随机变量X的密度函数为$f(x) = \dfrac{1}{\sqrt{2\pi}\sigma} e^{-\frac{(x-\mu)^2}{2\sigma^2}}$ $(-\infty < x < +\infty)$，

其中μ, σ为常数，$-\infty < \mu < +\infty$，$\sigma > 0$，则称X服从参数为μ和σ^2的正态分布，记作$X \sim N(\mu, \sigma^2)$．

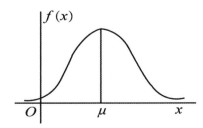

图1 正态分布密度函数

正态分布的期望：$E(X) = \mu$，方差：$D(X) = \sigma^2$．

② 标准正态分布

当正态分布中的参数$\mu = 0$，$\sigma = 1$时，称为标准正态分布，记作$N(0,1)$，其密度函数用$\varphi(x)$表示，

分布函数用 $\Phi(x)$ 表示，其中 $\varphi(x) = \dfrac{1}{\sqrt{2\pi}}\mathrm{e}^{-\frac{x^2}{2}}$ $(-\infty < x < +\infty)$．

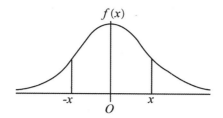

图 2 标准正态分布密度函数

③ 标准正态的性质

（1） $\varphi(-x) = \varphi(x)$；　　　（2） $\Phi(0) = \dfrac{1}{2}$；

（3） $\Phi(-x) = 1 - \Phi(x)$；　　（4） $P\{|X| \leqslant a\} = 2\Phi(a) - 1$．

④ 上 α 分位点

设 $X \sim N(0,1)$，对于给定的 $\alpha(0 < \alpha < 1)$，如果 u_α 满足 $P\{X > u_\alpha\} = \alpha$，则称 u_α 为标准正态分布的上 α 分位点．

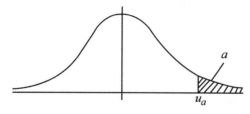

图 3 标准正态分布上 α 分位点

⑤ 标准化

若随机变量 $X \sim N(\mu, \sigma^2)$，则 $Z = \dfrac{X - \mu}{\sigma} \sim N(0,1)$．

⚓ 考点及方法小结

（1）已知概率密度函数计算分布函数，用 $F(x) = \displaystyle\int_{-\infty}^{x} f(t)\mathrm{d}t$ 解决．

（2）计算概率密度函数中的未知参数可用 $\displaystyle\int_{-\infty}^{+\infty} f(x)\mathrm{d}x = 1$ 解决．

（3）判定函数是否为概率密度函数验证知识 2 中的性质 1 与性质 2，两条性质都满足即为密度函数．

（4）已知概率密度函数计算事件的概率，用知识 2 中的性质 3 解决．由于连续型随机变量在一点取值概率为 0，故计算其在某区间上取值概率时，区间端点的等号是否取不影响．

（5）计算连续型随机变量的概率密度，先计算其分布函数，再用 $F'(x) = f(x)$ 解决．

（6）常见连续型分布中的均匀分布、指数分布、正态分布均为考试的重点，考生需熟记其分布和数字特征．

（7）正态分布的一般解题步骤：1. 标准化；2. 利用对称性；3. 给表再查表计算．

例2.11 设 $f(x)=\begin{cases} c^{-1}xe^{-\frac{x^2}{2c}}, & x>0, \\ 0, & x\leqslant 0 \end{cases}$ 是某随机变量的概率密度，则 c 应取（　　　）

（A）任何实数．　　　　　　　　　　　　　　（B）任何的正实数．

（C）$c\neq 1$．　　　　　　　　　　　　　　（D）$c\neq 0$．

解析 由密度函数 $f(x)\geqslant 0$，容易得到 $c>0$．

又 $\int_{-\infty}^{+\infty}f(x)dx=\int_0^{+\infty}c^{-1}xe^{-\frac{x^2}{2c}}dx=-\int_0^{+\infty}e^{-\frac{x^2}{2c}}d\left(-\frac{x^2}{2c}\right)=1$，故 c 可取任何正实数．选（B）．

例2.12 设随机变量 X 的分布函数为 $F(x)$，其密度函数为 $f(x)=\begin{cases} Ax(1-x), & 0\leqslant x\leqslant 1, \\ 0, & 其他, \end{cases}$ 其中 A 为常数，则 $F(\frac{1}{2})$ 的值为（　　　）

（A）$\frac{1}{2}$．　　　　　　　　（B）$\frac{1}{3}$　　　　　　　　（C）$\frac{1}{4}$．　　　　　　　　（D）$\frac{1}{5}$．

解析 由规范性知，$1=\int_{-\infty}^{+\infty}f(x)dx=\int_0^1 Ax(1-x)dx=A\int_0^1(x-x^2)dx=\frac{A}{6}\Rightarrow A=6$．

则 $F(\frac{1}{2})=\int_{-\infty}^{\frac{1}{2}}f(x)dx=\int_0^{\frac{1}{2}}6x(1-x)dx=6\int_0^{\frac{1}{2}}(x-x^2)dx=6\left(\frac{1}{8}-\frac{1}{24}\right)=\frac{1}{2}$．选（A）．

例2.13 已知随机变量 X 的概率密度函数 $f(x)=\frac{1}{2}e^{-|x|}$，$-\infty<x<+\infty$，则 X 的分布函数 $F(x)=$ _____．

解析 由 $F(x)=\int_{-\infty}^x f(t)dt=\int_{-\infty}^x\frac{1}{2}e^{-|t|}dt$

当 $x<0$ 时，$F(x)=\int_{-\infty}^x\frac{1}{2}e^t dt=\frac{1}{2}e^x$；

当 $x\geqslant 0$ 时，$F(x)=\int_{-\infty}^x\frac{1}{2}e^{-|t|}dt=\int_{-\infty}^0\frac{1}{2}e^t dt+\int_0^x\frac{1}{2}e^{-t}dt=1-\frac{1}{2}e^{-x}$．

因此 $F(x)=\begin{cases} \dfrac{1}{2}e^x, & x<0, \\ 1-\dfrac{1}{2}e^{-x}, & x\geqslant 0. \end{cases}$

例2.14 设随机变量 X 的概率密度为 $f(x)$，则可以作为某随机变量密度的是（　　　）

（A）$f(2x)$．　　　　　　（B）$f(2-x)$．　　　　　　（C）$f^2(x)$．　　　　　　（D）$f(x^2)$．

解析 某函数可以作为概率密度的充要条件为：① $f(x)\geqslant 0$，② $\int_{-\infty}^{+\infty}f(x)dx=1$．

对于（A）选项：因 $\int_{-\infty}^{+\infty}f(2x)dx=\frac{1}{2}\int_{-\infty}^{+\infty}f(2x)d(2x)=\frac{1}{2}\neq 1$，故 $f(2x)$ 不是概率密度；

对于（B）选项：因 $f(2-x)\geqslant 0$，且

$\int_{-\infty}^{+\infty} f(2-x)\mathrm{d}x = -\int_{-\infty}^{+\infty} f(2-x)\mathrm{d}(2-x) = \int_{-\infty}^{+\infty} f(t)\mathrm{d}t = 1$，故 $f(2-x)$ 是概率密度，应选（B）.

对于（C）（D）选项，若取 $f(x) = \begin{cases} \dfrac{1}{8}, & -4 < x < 4, \\ 0, & 其他, \end{cases}$ 则

$$f^2(x) = \begin{cases} \dfrac{1}{64}, & -4 < x < 4, \\ 0, & 其他 \end{cases}, \quad f(x^2) = \begin{cases} \dfrac{1}{8}, & -2 < x < 2, \\ 0, & 其他. \end{cases}$$

因 $\int_{-\infty}^{+\infty} f^2(x)\mathrm{d}x = \int_{-4}^{4} \dfrac{1}{64}\mathrm{d}x = \dfrac{1}{8} \neq 1$，$\int_{-\infty}^{+\infty} f(x^2)\mathrm{d}x = \int_{-2}^{2} \dfrac{1}{8}\mathrm{d}x = \dfrac{1}{2} \neq 1$，故 $f^2(x)$ 与 $f(x^2)$ 都不一定是概率密度.

例2.15 设两个连续型随机变量的分布函数分别为 $F_1(x)$，$F_2(x)$，其相应的概率密度 $f_1(x)$ 与 $f_2(x)$ 是连续函数，则必为概率密度的是（　　　）

（A）$f_1(x)f_2(x)$.　　　　　　　　　　　　（B）$2f_2(x)F_1(x)$.

（C）$f_1(x)F_2(x)$.　　　　　　　　　　　　（D）$f_1(x)F_2(x) + f_2(x)F_1(x)$.

解析 函数 $f(x)$ 为概率密度的充要条件是：① $f(x) \geqslant 0$；② $\int_{-\infty}^{+\infty} f(x)\mathrm{d}x = 1$.

由于（A），（B），（C），（D）四个选项函数均非负，但只有（D）选项有

$$\int_{-\infty}^{+\infty} \left[f_1(x)F_2(x) + f_2(x)F_1(x) \right]\mathrm{d}x = \left[F_1(x)F_2(x) \right]\Big|_{-\infty}^{+\infty} = 1,$$

其他选项无法验证性质 2. 故应选（D）.

例2.16 设随机变量 X 的概率密度 $f(x)$ 满足 $f(1+x) = f(1-x)$，且 $\int_{0}^{2} f(x)\mathrm{d}x = 0.6$，则 $P\{X < 0\} =$

（A）0.2.　　　　　（B）0.3.　　　　　（C）0.4.　　　　　（D）0.5.

解析 由 $f(1+x) = f(1-x)$ 知，密度函数 $f(x)$ 关于 $x = 1$ 对称，故 $\int_{-\infty}^{1} f(x)\mathrm{d}x = 0.5$.

又 $\int_{0}^{2} f(x)\mathrm{d}x = 0.6$，故 $\int_{0}^{1} f(x)\mathrm{d}x = 0.3$. 因此 $P\{X < 0\} = \int_{-\infty}^{0} f(x)\mathrm{d}x = \int_{-\infty}^{1} f(x)\mathrm{d}x - \int_{0}^{1} f(x)\mathrm{d}x = 0.2$. 故应选（A）.

例2.17 设随机变量 X 服从参数为 λ 的指数分布，对 X 进行三次独立重复观察，至少有一次观测值大于2的概率为 $\dfrac{7}{8}$，则 $\lambda = \underline{\qquad}$.

解析 由题意有，X 的密度函数为 $f(x) = \begin{cases} \lambda\mathrm{e}^{-\lambda x}, & x > 0, \\ 0, & x \leqslant 0. \end{cases}$

记事件 $A = \{X > 2\}$，随机变量 Y 表示三次独立重复观察中，事件 A 发生的次数，则 $Y \sim B(3, p)$，其中 $p = P\{X > 2\} = \int_{2}^{+\infty} \lambda\mathrm{e}^{-\lambda x}\mathrm{d}x = \mathrm{e}^{-2\lambda}$. 又

$$P\{Y \geqslant 1\} = 1 - P(Y = 0) = 1 - (1-p)^3 = \dfrac{7}{8},$$

解之得，$p = \dfrac{1}{2}$，即有 $e^{-2\lambda} = \dfrac{1}{2}$，从而得，$\lambda = \dfrac{1}{2}\ln 2$.

例 2.18 假设随机变量 X 的分布函数为 $F(x)$，概率密度函数 $f(x) = af_1(x) + bf_2(x)$，其中 $f_1(x)$ 是正态分布 $N(0,\sigma^2)$ 的密度函数，$f_2(x)$ 是参数为 λ 的指数分布的密度函数，已知 $F(0) = \dfrac{1}{8}$，则（   ）

（A）$a = 1, b = 0$.　　　　　　　　　　　（B）$a = \dfrac{3}{4}, b = \dfrac{1}{4}$.

（C）$a = \dfrac{1}{2}, b = \dfrac{1}{2}$.　　　　　　　　　　（D）$a = \dfrac{1}{4}, b = \dfrac{3}{4}$.

解析 由 $\displaystyle\int_{-\infty}^{+\infty} f(x)\mathrm{d}x = a\int_{-\infty}^{+\infty} f_1(x)\mathrm{d}x + b\int_{-\infty}^{+\infty} f_2(x)\mathrm{d}x = a + b = 1$ 知，四个选项均符合这个要求，因此只好通过 $F(0) = \dfrac{1}{8}$ 确定正确选项. 因为

$$F(0) = \int_{-\infty}^{0} f(x)\mathrm{d}x = a\int_{-\infty}^{0} f_1(x)\mathrm{d}x + b\int_{-\infty}^{0} f_2(x)\mathrm{d}x$$

$$= \frac{a}{2} + 0 = \frac{1}{8} \Rightarrow a = \frac{1}{4}.$$

故应选（D）.

例 2.19 设随机变量 X 服从正态分布 $N(\mu, \sigma^2)$，则随着 σ 的增大，概率 $P\{|X - \mu| < \sigma\}$（   ）

（A）单调增大.　　　　（B）单调减少.　　　　（C）保持不变.　　　　（D）增减不定.

解析 因 $X \sim N(\mu, \sigma^2)$，将其标准化，得 $\dfrac{X - \mu}{\sigma} \sim N(0,1)$，故

$$P\{|X - \mu| < \sigma\} = P\left\{\left|\frac{X - \mu}{\sigma}\right| < 1\right\} = 2\Phi(1) - 1.$$

所以概率 $P\{|X - \mu| < \sigma\}$ 与 σ 大小无关. 故应选（C）.

例 2.20 设随机变量 X 服从正态分布 $N(\mu_1, \sigma_1^2)$，随机变量 Y 服从正态分布 $N(\mu_2, \sigma_2^2)$，且 $P\{|X - \mu_1| < 1\} > P\{|Y - \mu_2| < 1\}$，则必有（   ）

（A）$\sigma_1 < \sigma_2$.　　　　（B）$\sigma_1 > \sigma_2$.　　　　（C）$\mu_1 < \mu_2$.　　　　（D）$\mu_1 > \mu_2$.

解析 因 $X \sim N(\mu_1, \sigma_1^2), Y \sim N(\mu_2, \sigma_2^2)$，故将其标准化有

$$\frac{X - \mu_1}{\sigma_1} \sim N(0,1), \frac{Y - \mu_2}{\sigma_2} \sim N(0,1).$$

由 $P\{|X - \mu_1| < 1\} > P\{|Y - \mu_2| < 1\}$，则有 $P\left\{\left|\dfrac{X - \mu_1}{\sigma_1}\right| < \dfrac{1}{\sigma_1}\right\} > P\left\{\left|\dfrac{Y - \mu_2}{\sigma_2}\right| < \dfrac{1}{\sigma_2}\right\}$.

于是得 $2\Phi\left(\dfrac{1}{\sigma_1}\right) - 1 > 2\Phi\left(\dfrac{1}{\sigma_2}\right) - 1$，进而有 $\Phi\left(\dfrac{1}{\sigma_1}\right) > \Phi\left(\dfrac{1}{\sigma_2}\right)$，其中 $\Phi(x)$ 为标准正态的分布函数.

因 $\Phi(x)$ 单调增加，故有 $\dfrac{1}{\sigma_1} > \dfrac{1}{\sigma_2}$，即 $\sigma_1 < \sigma_2$. 故应选（A）.

例 2.21 设 X_1, X_2, X_3 是随机变量，且 $X_1 \sim N(0,1)$，$X_2 \sim N(0,2^2)$，$X_3 \sim N(5,3^2)$，

$p_i = P\{-2 \leqslant X_i \leqslant 2\}(i=1,2,3)$，则（　　　　）

（A）$p_1 > p_2 > p_3$．　　　　　　　　　　　　（B）$p_2 > p_1 > p_3$．

（C）$p_3 > p_1 > p_2$．　　　　　　　　　　　　（D）$p_1 > p_3 > p_2$．

解析　因 $X_1 \sim N(0,1)$，故 $p_1 = P\{-2 \leqslant X_1 \leqslant 2\} = 2\Phi(2)-1$．

$X_2 \sim N(0,2^2)$，故 $p_2 = P\{-2 \leqslant X_2 \leqslant 2\} = P\left\{-1 \leqslant \dfrac{X_2-0}{2} \leqslant 1\right\} = 2\Phi(1)-1$．

$X_3 \sim N(5,3^2)$，故

$$p_3 = P\{-2 \leqslant X_3 \leqslant 2\} = P\left\{-\frac{7}{3} \leqslant \frac{X_3-5}{3} \leqslant -1\right\}$$

$$= \Phi(-1) - \Phi\left(-\frac{7}{3}\right) = \Phi\left(\frac{7}{3}\right) - \Phi(1)．$$

容易得到 $p_1 > p_2 > p_3$．故选（A）．

例 2.22 在电源电压不超过 200 伏，200～240 伏和超过 240 伏三种情况下，某种电子元件损坏的概率分别为 0.1，0.001 和 0.2．假设电源电压 X 服从正态分布 $N(220,25^2)$．试求：

（1）该电子元件损坏的概率 α；

（2）该电子元件损坏时，电源电压在 200～240 伏的概率 β．

【附表】（表中 $\Phi(x)$ 是标准正态分布函数）

x	0.10	0.20	0.40	0.60	0.80	1.00	1.20	1.40
$\Phi(x)$	0.530	0.579	0.655	0.726	0.788	0.841	0.885	0.919

解析　设事件 $A_1 = \{X \leqslant 200\}, A_2 = \{200 < X \leqslant 240\}, A_3 = \{X > 240\}, B =$ "电子元件损坏"，显然，

A_1, A_2, A_3 可以构成一个完备事件组，且

$$P(A_1) = P\{X \leqslant 200\} = P\left\{\frac{X-220}{25} \leqslant \frac{200-220}{25}\right\}$$

$$= \Phi\left(\frac{200-220}{25}\right) = \Phi(-0.8) = 1 - \Phi(0.8) = 0.212,$$

$$P(A_2) = P\{200 < X \leqslant 240\} = P\left\{\frac{200-220}{25} < \frac{X-220}{25} \leqslant \frac{240-220}{25}\right\}$$

$$= \Phi(0.8) - \Phi(-0.8) = 2\Phi(0.8) - 1 = 0.576,$$

$$P(A_3) = P\{X > 240\} = 1 - P(A_1) - P(A_2) = 0.212.$$

$$P(B \mid A_1) = 0.1; P(B \mid A_2) = 0.001; P(B \mid A_3) = 0.2.$$

（1）由全概率公式，得

$$\alpha = P(B) = \sum_{i=1}^{3} P(A_i)P(B \mid A_i) = 0.1 \times 0.212 + 0.001 \times 0.576 + 0.2 \times 0.212 \approx 0.0642 ．$$

（2）由条件概率定义，有
$$\beta = P(A_2 \mid B) = \frac{P(A_2)P(B \mid A_2)}{P(B)} \approx 0.009 .$$

例2.23 假设测量的随机误差 $X \sim N(0,10^2)$，试求100次独立重复测量中，至少有三次测量误差的绝对值大于19.6的概率 α，并利用泊松分布求出 α 的近似值（要求小数点后取两位有效数字）．

【附表】

λ	1	2	3	4	5	6	7	$\cdots$
$e^{-\lambda}$	0.368	0.135	0.050	0.018	0.007	0.002	0.001	$\cdots$

解析 设事件 $A=$ "每次测量中测量误差的绝对值大于19.6"．因 $X \sim N(0,10^2)$，故
$$p = P(A) = P\{|X| > 19.6\} = P\left\{\frac{|X-0|}{10} > \frac{19.6-0}{10}\right\}$$
$$= P\left\{\frac{|X|}{10} > 1.96\right\} = 1 - P\left\{\left|\frac{X}{10}\right| \leqslant 1.96\right\}$$
$$= 1 - [2\varPhi(1.96) - 1] = 1 - (2 \times 0.975 - 1) = 0.05 .$$

设 Y 为100次独立重复观测中事件 A 出现的次数，则 Y 服从参数 $n=100, p=0.05$ 的二项分布．故
$$\alpha = P\{Y \geqslant 3\} = 1 - P\{Y < 3\} = 1 - P\{Y = 0\} - P\{Y = 1\} - P\{Y = 2\}$$
$$= 1 - C_{100}^0 0.05^0 (1-0.05)^{100} - C_{100}^1 0.05^1 (1-0.05)^{99} - C_{100}^2 0.05^2 (1-0.05)^{98}$$
$$= 1 - 0.95^{100} - 5 \times 0.95^{99} - 50 \times 99 \times 0.05^2 \times 0.95^{98} .$$

由泊松定理知，Y 近似服从 $\lambda = np = 5$ 的泊松分布，故
$$\alpha = P\{Y \geqslant 3\} = 1 - P\{Y < 3\} = 1 - P\{Y = 0\} - P\{Y = 1\} - P\{Y = 2\}$$
$$\approx 1 - \frac{\lambda^0}{0!} e^{-\lambda} - \frac{\lambda^1}{1!} e^{-\lambda} - \frac{\lambda^2}{2!} e^{-\lambda}$$
$$= 1 - e^{-5}\left(1 + 5 + \frac{25}{2}\right) \approx 0.87 .$$

题型 4 一维随机变量函数的分布

基础知识回顾

1. 一维连续型随机变量函数的分布

随机变量 X 的概率密度为 $f_X(x)$，随机变量 Y 由 X 的某函数构成，即 $Y = g(X)$（通常 $y = g(x)$ 为连续函数），求随机变量 Y 的概率分布．

方法：分布函数法

（1）求出 Y 的分布函数：$F_Y(y) = P\{Y \leqslant y\} = P\{g(X) \leqslant y\} = \int_{g(X) \leqslant y} f_X(x)\mathrm{d}x$，

（2）$F_Y(y)$ 对 y 求导，可得 Y 的概率密度为 $f_Y(y) = \dfrac{\mathrm{d}[F_Y(y)]}{\mathrm{d}y}$．

例2.24 设随机变量 X 的概率密度为 $f(x) = \begin{cases} \dfrac{1}{3\sqrt[3]{x^2}}, & x \in [1,8], \\ 0, & \text{其他}. \end{cases}$ $F(x)$ 是 X 的分布函数. 求随机变量 $Y = F(X)$ 的分布函数.

解析 由 $F(x) = \int_{-\infty}^{x} f(t)\mathrm{d}t$，则

当 $x < 1$ 时， $F(x) = 0$ ；

当 $x \geqslant 8$ 时， $F(x) = 1$ ；

当 $1 \leqslant x < 8$ 时， $F(x) = \int_{-\infty}^{x} f(t)\mathrm{d}t = \int_{1}^{x} \dfrac{1}{3\sqrt[3]{t^2}} \mathrm{d}t = \sqrt[3]{x} - 1$.

由分布函数的定义有， $F_Y(y) = P\{Y \leqslant y\} = P\{F(X) \leqslant y\}$ ，

当 $y < 0$ 时， $F_Y(y) = 0$ ；

当 $y \geqslant 1$ 时， $F_Y(y) = 1$ ；

当 $0 \leqslant y < 1$ 时，

$$
\begin{aligned}
F_Y(y) &= P\{F(X) \leqslant y\} = P\{\sqrt[3]{X} - 1 \leqslant y\} \\
&= P\{X \leqslant (y+1)^3\} \\
&= F[(y+1)^3] = \sqrt[3]{(y+1)^3} - 1 = y,
\end{aligned}
$$

于是， Y 的分布函数为

$$
F_Y(y) = \begin{cases} 0, & y < 0, \\ y, & 0 \leqslant y < 1, \\ 1, & y \geqslant 1. \end{cases}
$$

例2.25 设随机变量 X 的概率密度为 $f_X(x) = \begin{cases} \dfrac{1}{2}, & -1 < x < 0, \\ \dfrac{1}{4}, & 0 \leqslant x < 2, \\ 0, & \text{其他}. \end{cases}$ 令 $Y = X^2$ ，求 Y 的概率密度 $f_Y(y)$.

解析 由分布函数的定义 $F_Y(y) = P\{Y \leqslant y\} = P\{X^2 \leqslant y\}$ ，

当 $y < 0$ 时， $F_Y(y) = 0$ ；

当 $y \geqslant 4$ 时， $F_Y(y) = 1$ ；

当 $0 \leqslant y < 1$ 时，

$$
\begin{aligned}
F_Y(y) &= P\{X^2 \leqslant y\} = P\{-\sqrt{y} \leqslant X \leqslant \sqrt{y}\} = \int_{-\sqrt{y}}^{\sqrt{y}} f_X(x)\mathrm{d}x \\
&= \int_{-\sqrt{y}}^{0} \dfrac{1}{2}\mathrm{d}x + \int_{0}^{\sqrt{y}} \dfrac{1}{4}\mathrm{d}x = \dfrac{3\sqrt{y}}{4},
\end{aligned}
$$

当$1 \leqslant y < 4$时，

$$F_Y(y) = P\{X^2 \leqslant y\} = P\{-\sqrt{y} \leqslant X \leqslant \sqrt{y}\} = \int_{-\sqrt{y}}^{\sqrt{y}} f_X(x)\mathrm{d}x$$

$$= \int_{-1}^{0} \frac{1}{2}\mathrm{d}x + \int_{0}^{\sqrt{y}} \frac{1}{4}\mathrm{d}x = \frac{1}{2} + \frac{\sqrt{y}}{4},$$

故Y的密度函数$f_Y(y) = F_Y'(y) = \begin{cases} \dfrac{3}{8\sqrt{y}}, & 0 < y < 1, \\ \dfrac{1}{8\sqrt{y}}, & 1 \leqslant y < 4, \\ 0, & \text{其他.} \end{cases}$

例2.26 假设一设备开机后无故障工作的时间X服从参数$\lambda = \dfrac{1}{5}$的指数分布. 设备定时开机，出现故障时自动关机，而在无故障的情况下工作 2 小时便关机. 试求该设备每次开机无故障工作的时间Y的分布函数$F(y)$.

解析 由题意有，X的分布函数为

$$F_X(x) = \begin{cases} 1 - \mathrm{e}^{-\frac{x}{5}}, & x > 0, \\ 0, & \text{其他.} \end{cases}$$

随机变量$Y = \min(X, 2)$，由分布函数的定义有

$$\begin{aligned} F(y) &= P\{Y \leqslant y\} = P\{\min(X, 2) \leqslant y\} \\ &= 1 - P\{\min(X, 2) > y\} \\ &= 1 - P\{X > y, 2 > y\}. \end{aligned}$$

当$y < 0$时，$F(y) = 1 - P\{X > y, 2 > y\} = 1 - P\{X > y\} = P\{X \leqslant y\} = 0$；

当$y \geqslant 2$ 时，$F(y) = 1 - P\{X > y, 2 > y\} = 1$；

当$0 \leqslant y < 2$时，$F(y) = 1 - P\{X > y, 2 > y\} = 1 - P\{X > y\} = P\{X \leqslant y\} = 1 - \mathrm{e}^{-\frac{y}{5}}$.

故Y的分布函数为

$$F(y) = \begin{cases} 0, & y < 0, \\ 1 - \mathrm{e}^{-\frac{y}{5}}, & 0 \leqslant y < 2, \\ 1, & y \geqslant 2. \end{cases}$$

例2.27 设随机变量X的概率密度为$f(x) = \begin{cases} \dfrac{1}{9}x^2, & 0 < x < 3, \\ 0, & \text{其他.} \end{cases}$令随机变量

$$Y = \begin{cases} 2, & X \leq 1, \\ X, & 1 < X < 2, \\ 1, & X \geq 2, \end{cases}$$

（1）求 Y 的分布函数；

（2）求概率 $P\{X \leq Y\}$.

$\boxed{\text{解析}}$ （1）由分布函数的定义有 $F_Y(y) = P\{Y \leq y\}$.

当 $y < 1$ 时，$F_Y(y) = 0$ ；

当 $y \geq 2$ 时，$F_Y(y) = 1$ ；

当 $1 \leq y < 2$ 时，

$$\begin{aligned} F_Y(y) = P\{Y \leq y\} &= P\{1 \leq Y \leq y\} = P\{Y = 1\} + P\{1 < Y \leq y\} \\ &= P\{X \geq 2\} + P\{1 < X \leq y\} \\ &= \int_2^3 \frac{1}{9} x^2 \mathrm{d}x + \int_1^y \frac{1}{9} x^2 \mathrm{d}x = \frac{y^3 + 18}{27} . \end{aligned}$$

所以 Y 的分布函数为

$$F_Y(y) = \begin{cases} 0, & y < 1, \\ \dfrac{y^3 + 18}{27}, & 1 \leq y < 2, \\ 1, & y \geq 2. \end{cases}$$

（2）$P\{X \leq Y\} = P\{X < 2\} = \displaystyle\int_0^2 \frac{1}{9} x^2 \mathrm{d}x = \frac{8}{27}$.

$\boxed{\text{例2.28}}$ 在区间 $(0,2)$ 上随机取一点，将该区间分成两段，较短一段的长度记为 X，较长一段的长度记为 Y . 令 $Z = \dfrac{Y}{X}$ ，

（1）求 X 的概率密度；

（2）求 Z 的概率密度；

$\boxed{\text{解析}}$ 设 $(0,2)$ 区间上随机取一数记为 W，则由题意 $W \sim U(0,2)$，且 $X = \min(W, 2-W)$，$Y = 2 - X$.

（1）由分布函数的定义

$$\begin{aligned} F_X(x) = P\{X \leq x\} &= P\{\min(W, 2-W) \leq x\} \\ &= P\{\min(W, 2-W) \leq x, 0 < W < 1\} + P\{\min(W, 2-W) \leq x, 1 \leq W < 2\} \\ &= P\{W \leq x, 0 < W < 1\} + P\{2 - W \leq x, 1 \leq W < 2\}, \end{aligned}$$

①当 $x < 0$ 时，$F_X(x) = 0$ ；

②当 $0 \leq x < 1$ 时，$F_X(x) = P\{0 < W \leq x\} + P\{2 - x \leq W < 2\} = \dfrac{x}{2} + \dfrac{x}{2} = x$ ；

③当 $x \geq 1$ 时，$F_X(x) = 1$.

故 $f_X(x) = F_X'(x) = \begin{cases} 1, & 0 < x < 1, \\ 0, & \text{其他}. \end{cases}$

（2）由分布函数的定义

$$F_Z(z) = P\{Z \leqslant z\} = P\left\{\frac{Y}{X} \leqslant z\right\} = P\left\{\frac{2-X}{X} \leqslant z\right\}$$
$$= P\left\{\frac{2}{X} - 1 \leqslant z\right\} = P\left\{\frac{2}{X} \leqslant z+1\right\}.$$

①当 $z < 1$ 时，$F_Z(z) = 0$；

②当 $z \geqslant 1$ 时，$F_Z(z) = P\left\{\frac{2}{X} \leqslant z+1\right\} = P\left\{X \geqslant \frac{2}{z+1}\right\} = 1 - P\left\{X < \frac{2}{z+1}\right\} = 1 - \frac{2}{z+1}.$

故 $f_Z(z) = F_Z'(z) = \begin{cases} \dfrac{2}{(z+1)^2}, & z > 1, \\ 0, & \text{其他}. \end{cases}$

题型 5 计算随机变量的分布

例2.29 假设随机变量 X 的绝对值不大于 1；$P\{X = -1\} = \dfrac{1}{8}, P\{X = 1\} = \dfrac{1}{4}$；在事件 $\{-1 < X < 1\}$ 出现的条件下，X 在 $(-1, 1)$ 内的任一子区间上取值的条件概率与该子区间长度成正比. 试求 X 的分布函数 $F(x) = P\{X \leqslant x\}$.

解析 因随机变量 X 的绝对值不大于 1，即有 $P\{|X| \leqslant 1\} = 1$.

当 $x < -1$ 时，$F(x) = P\{X \leqslant x\} = 0$；

当 $x \geqslant 1$ 时，$F(x) = P\{X \leqslant x\} = 1$；

当 $-1 \leqslant x < 1$ 时，

$$\begin{aligned} F(x) &= P\{X \leqslant x\} = P\{-1 \leqslant X \leqslant x\} \\ &= P\{X = -1\} + P\{-1 < X \leqslant x\} \\ &= P\{X = -1\} + P\{-1 < X \leqslant x, -1 < X < 1\} \\ &= \frac{1}{8} + P\{-1 < X \leqslant x \mid -1 < X < 1\} P\{-1 < X < 1\}, \end{aligned}$$

因在 $\{-1 < X < 1\}$ 的条件下，X 在 $(-1, 1)$ 内任何一子区间上取值的条件概率与该子区间的长度成正比，故此条件概率可用几何概型计算，有

$$P\{-1 < X \leqslant x \mid -1 < X < 1\} = \frac{x+1}{2}.$$

又 $P\{-1 < X < 1\} = 1 - P\{X = -1\} - P\{X = 1\} = 1 - \dfrac{1}{8} - \dfrac{1}{4} = \dfrac{5}{8}$，从而当 $-1 \leqslant X < 1$ 时，

$$F(x) = \frac{1}{8} + \frac{x+1}{2} \times \frac{5}{8} = \frac{5x+7}{16}.$$

综上，得 $F(x) = \begin{cases} 0, & x < -1, \\ \dfrac{5x+7}{16}, & -1 \leqslant x < 1, \\ 1, & x \geqslant 1. \end{cases}$

例2.30 设随机变量 X 的概率分布为 $P\{X=1\} = P\{X=2\} = \dfrac{1}{2}$．在给定 $X=i$ 的条件下，随机变量 Y 服从均匀分布 $U(0,i)(i=1,2)$．求 Y 的分布函数 $F_Y(y)$；

解析 （Ⅰ）由分布函数的定义有，

$F_Y(y) = P\{Y \leqslant y\} = P\{Y \leqslant y \mid X=1\}P\{X=1\} + P\{Y \leqslant y \mid X=2\}P\{X=2\}$

$\qquad = \dfrac{1}{2}P\{Y \leqslant y \mid X=1\} + \dfrac{1}{2}P\{Y \leqslant y \mid X=2\}.$

当 $y < 0$ 时，$F_Y(y) = 0$；

当 $0 \leqslant y < 1$ 时，$F_Y(y) = \dfrac{1}{2}y + \dfrac{1}{2} \times \dfrac{1}{2}y = \dfrac{3}{4}y$；

当 $1 \leqslant y < 2$ 时，$F_Y(y) = \dfrac{1}{2} + \dfrac{1}{2} \times \dfrac{1}{2}y = \dfrac{1}{2} + \dfrac{y}{4}$；

当 $y \geqslant 2$ 时，$F_Y(y) = 1$．

故 Y 的分布函数为 $F_Y(y) = \begin{cases} 0, & y < 0, \\ \dfrac{3}{4}y, & 0 \leqslant y < 1, \\ \dfrac{1}{2} + \dfrac{y}{4}, & 1 \leqslant y < 2, \\ 1, & y \geqslant 2. \end{cases}$

良哥解读

计算复杂事件概率时，需具备的两个重要思维：1. 逆事件思维；2. 全概率思维．此题中计算 $F_Y(y) = P\{Y \leqslant y\}$ 时，逆事件不能解决，进而我们考虑用全概率公式解决，这里将离散型随机变量 X 的所有可能取值 $\{X=1\}$，$\{X=2\}$ 看成完全事件组，用全概率公式计算 $F_Y(y) = P\{Y \leqslant y\}$，问题就迎刃而解了．

例2.31 假设一大型设备在任何长为 t 的时间内发生故障的次数 $N(t)$ 服从参数为 λt 的泊松分布．

（1）求相继两次故障之间时间间隔 T 的概率分布；

（2）求在设备已经无故障工作8小时的情形下，再无故障运行8小时的概率．

解析 因 $N(t) \sim P(\lambda t)$，故 $P\{N(t)=k\} = \dfrac{(\lambda t)^k \mathrm{e}^{-\lambda t}}{k!}(k=0,1,2 \cdots)$．

（1）$F_T(t) = P\{T \leqslant t\}$，

当 $t < 0$ 时，$F_T(t) = 0$；

当 $t \geqslant 0$ 时，

$$F_T(t) = P\{T \leqslant t\} = 1 - P\{T > t\}$$

$$= 1 - P\{N(t) = 0\} = 1 - \frac{(\lambda t)^0 e^{-\lambda t}}{0!} = 1 - e^{-\lambda t}.$$

故 $F_T(t) = \begin{cases} 1 - e^{-\lambda t}, & t \geqslant 0, \\ 0, & t < 0. \end{cases}$

（2）由题意即求概率 $P\{T \geqslant 16 \mid T \geqslant 8\}$，由条件概率公式，得

$$P\{T \geqslant 16 \mid T \geqslant 8\} = \frac{P\{T \geqslant 16, T \geqslant 8\}}{P\{T \geqslant 8\}} = \frac{P\{T \geqslant 16\}}{P\{T \geqslant 8\}}$$

$$= \frac{1 - P\{T \leqslant 16\}}{1 - P\{T \leqslant 8\}} = \frac{1 - F(16)}{1 - F(8)}$$

$$= \frac{1 - (1 - e^{-16\lambda})}{1 - (1 - e^{-8\lambda})} = \frac{e^{-16\lambda}}{e^{-8\lambda}} = e^{-8\lambda}.$$

良哥解读

事件 $\{T > t\}$ 表示相继两次故障之间的时间间隔超过 t，而 $N(t)$ 表示任何长为 t 的时间内发生故障的次数，故事件 $\{T > t\}$ 即表示在长为 t 的时间内无故障，即事件 $\{N(t) = 0\}$.

李良概率章节笔记

第三章

多维随机变量及其分布

题型 1　二维离散型随机变量及其分布

基础知识回顾

一、二维随机变量的概念及性质

（一）二维随机变量的概念

定义： 设 $X = X(e), Y = Y(e)$ 是定义在样本空间 $\Omega = \{e\}$ 上的两个随机变量，则称向量 (X, Y) 为二维随机变量或二维随机向量．

（二）二维随机变量的分布函数及其性质

1. 分布函数定义

设 (X, Y) 为二维随机变量，对于任意实数 x, y，二元函数

$$F(x, y) = P\{X \leqslant x, Y \leqslant y\},$$

称为二维随机变量 (X, Y) 的分布函数，或称为随机变量 X 和 Y 的联合分布函数．

2. 分布函数的性质

①非负性：对于任意实数 $x, y \in R$，有 $0 \leqslant F(x, y) \leqslant 1$．

②规范性：

$$F(-\infty, y) = \lim_{x \to -\infty} F(x, y) = 0; \ F(x, -\infty) = \lim_{y \to -\infty} F(x, y) = 0;$$

$$F(-\infty, -\infty) = \lim_{\substack{x \to -\infty \\ y \to -\infty}} F(x, y) = 0; \ F(+\infty, +\infty) = \lim_{\substack{x \to +\infty \\ y \to +\infty}} F(x, y) = 1.$$

③单调不减性：$F(x, y)$ 分别关于 x 和 y 单调不减．

④右连续性：$F(x, y)$ 分别关于 x 和 y 具有右连续性，即

$$F(x, y) = F(x + 0, y), F(x, y) = F(x, y + 0) \quad x, y \in R.$$

（三）二维随机变量的边缘分布函数

若已知 $F(x, y) = P\{X \leqslant x, Y \leqslant y\}$，则称

$$F_X(x) = F(x, +\infty) = \lim_{y \to +\infty} F(x, y),$$

$$F_Y(y) = F(+\infty, y) = \lim_{x \to +\infty} F(x, y)$$

分别为二维随机变量 (X, Y) 关于 X 和关于 Y 的边缘分布函数．

（四）随机变量 X 和 Y 的独立性

设二维随机变量 (X, Y) 的分布函数为 $F(x, y)$，关于 X 与 Y 的分布函数分别为 $F_X(x)$ 和 $F_Y(y)$，如果对于所有的 x，y，有

$$P\{X \leqslant x, Y \leqslant y\} = P\{X \leqslant x\} P\{Y \leqslant y\}，即 F(x, y) = F_X(x) F_Y(y)，则称随机变量 X 和 Y 相互独立.$$

（1）若已知(X,Y)的分布函数判定X与Y是否独立，只需先计算两个边缘分布函数，再验证联合分布函数是否等于两个边缘分布函数乘积即可.

（2）若(X,Y)的分布函数未知，判定X与Y是否独立，通常判定其不独立.我们只需找到特殊的点x_0，y_0，使得$P\{X \leqslant x_0, Y \leqslant y_0\} \neq P\{X \leqslant x_0\}P\{Y \leqslant y_0\}$即可判定不独立.

（3）若随机变量X,Y相互独立，则$f(X)$与$g(Y)$也相互独立，其中$f(\cdot)$与$g(\cdot)$均为连续函数.比如当随机变量X,Y相互独立时，有X^2与Y独立，X^2与Y^3独立，

（4）若随机变量$X_1,X_2,\cdots,X_n,Y_1,Y_2,\cdots,Y_m$相互独立，则$f(X_1,X_2,\cdots,X_n)$与$g(Y_1,Y_2,\cdots,Y_m)$也相互独立，其中$f(\cdot)$与$g(\cdot)$分别为$n$元和$m$元连续函数（$n \geqslant 1$，$m \geqslant 1$）.

比如当随机变量X_1,X_2,X_3,X_4相互独立时，有$2X_1+X_2$与$3X_3-4X_4$独立.

二、二维离散型随机变量及其概率分布

（一）二维离散型随机变量的定义

若二维随机变量(X,Y)可能的取值为有限对或可列无穷多对实数，则称(X,Y)为二维离散型随机变量.

（二）二维离散型随机变量的分布律

设二维离散型随机变量(X,Y)所有可能的取值为$(x_i,y_j)(i,j=1,2,\cdots)$，且对应的概率为$P\{X=x_i,Y=y_j\}=p_{ij},(i,j=1,2,\cdots)$，其中

① $p_{ij} \geqslant 0, i,j=1,2,\cdots$; ② $\sum\limits_{i=1}^{+\infty}\sum\limits_{j=1}^{+\infty}p_{ij}=1$,

则称$P\{X=x_i,Y=y_j\}=p_{ij},(i,j=1,2,\cdots)$为二维离散型随机变量$(X,Y)$的分布律或随机变量$X$和$Y$的联合分布律.通常也用如下表格形式表示：

X \ Y	y_1	y_2	$\cdots$	y_j	$\cdots$
x_1	p_{11}	p_{12}	$\cdots$	p_{1j}	$\cdots$
x_2	p_{21}	p_{22}	$\cdots$	p_{2j}	$\cdots$
$\cdots$	$\cdots$	$\cdots$	$\cdots$	$\cdots$	$\cdots$
x_i	p_{i1}	p_{i2}	$\cdots$	p_{ij}	$\cdots$
$\cdots$	$\cdots$	$\cdots$	$\cdots$	$\cdots$	$\cdots$

（三）边缘分布律

设二维离散型随机变量(X,Y)的分布律为

$$P\{X=x_i,Y=y_j\}=p_{ij},\quad i,j=1,2,\cdots.$$

称 $P\{X=x_i\}=P\{X=x_i,Y<+\infty\}=\sum_{j=1}^{+\infty}P\{X=x_i,Y=y_j\}=\sum_{j=1}^{+\infty}p_{ij}\,(\,i=1,2,\cdots)$ 为

X 的边缘分布律，记为 $p_{i\cdot}$；

称 $P\{Y=y_j\}=P\{X<+\infty,Y=y_j\}=\sum_{i=1}^{+\infty}P\{X=x_i,Y=y_j\}=\sum_{i=1}^{+\infty}p_{ij}\,(\,j=1,2,\cdots)$ 为

Y 的边缘分布律，记为 $p_{\cdot j}$.

（四）条件分布律

设二维离散型随机变量 (X,Y) 的分布律为

$$P\{X=x_i,Y=y_j\}=p_{ij},\quad i,j=1,2,\cdots.$$

对于给定的 j，若 $P\{Y=y_j\}>0\,(j=1,2,\cdots)$，称

$$P\{X=x_i|Y=y_j\}=\frac{P\{X=x_i,Y=y_j\}}{P\{Y=y_j\}}=\frac{p_{ij}}{p_{\cdot j}},i=1,2,\cdots$$

为在 $Y=y_j$ 的条件下随机变量 X 的条件分布律；

对于给定的 i，如果 $P\{X=x_i\}>0\,(i=1,2,\cdots)$，称

$$P\{Y=y_j|X=x_i\}=\frac{P\{X=x_i,Y=y_j\}}{P\{X=x_i\}}=\frac{p_{ij}}{p_{i\cdot}},j=1,2,\cdots$$

为在 $X=x_i$ 的条件下随机变量 Y 的条件分布律.

（五）两个离散型随机变量的独立性

设二维离散型随机变量 (X,Y) 的分布律为

$$P\{X=x_i,Y=y_j\}=p_{ij},\quad i,j=1,2,\cdots,$$

若对于任意 $i,j=1,2,\cdots$，有 $P\{X=x_i,Y=y_j\}=P\{X=x_i\}P\{Y=y_j\}$，则称两个离散型随机变量 X 和 Y 相互独立.

（六）两个离散型随机变量函数的分布

设二维离散型随机变量 (X,Y) 的分布律为

$$P\{X=x_i,Y=y_j\}=p_{ij},\quad i,j=1,2,\cdots,$$

随机变量 $Z=g(X,Y)$，则 Z 的分布律为

$$P\{Z=z_k\}=P\{g(X,Y)=z_k\}=\sum_{g(x_i,y_j)=z_k}P\{X=x_i,Y=y_j\}.$$

（1）计算 (X,Y) 分布律：

①若已知 X 与 Y 相互独立，则 $P\{X=x_i,Y=y_j\}=P\{X=x_i\}P\{Y=y_j\}$；

②若已知一个边缘分布律和一个条件分布律，则联合分布律

$$P\{X=x_i,Y=y_j\}=P\{Y=y_j\big|X=x_i\}P\{X=x_i\},(i,j=1,2,\cdots) \text{ 或}$$

$$P\{X=x_i,Y=y_j\}=P\{X=x_i\big|Y=y_j\}P\{Y=y_j\},(i,j=1,2,\cdots)；$$

③若是应用问题，通常步骤为：定取值、算概率、验证 1.

（2）若已知 (X,Y) 的分布律，需会解决如下问题：

①计算事件的概率；

②计算 X 与 Y 各自的分布律：

$$P\{X=x_i\}=\sum_{j=1}^{+\infty}P\{X=x_i,Y=y_j\}(i=1,2,\cdots)，$$

$$P\{Y=y_j\}=\sum_{i=1}^{+\infty}P\{X=x_i,Y=y_j\}(j=1,2,\cdots)；$$

③计算条件分布律：$P\{X=x_i\big|Y=y_j\}=\dfrac{P\{X=x_i,Y=y_j\}}{P\{Y=y_j\}},i=1,2,\cdots,$

$$P\{Y=y_j\big|X=x_i\}=\frac{P\{X=x_i,Y=y_j\}}{P\{X=x_i\}},j=1,2,\cdots；$$

④判定 X 与 Y 的独立性：若 $P\{X=x_i,Y=y_j\}=P\{X=x_i\}P\{Y=y_j\}$ 对任意的 i,j 成立，则 X 与 Y 独立，否则不独立.

⑤计算函数的分布：$P\{Z=z_k\}=P\{g(X,Y)=z_k\}=\displaystyle\sum_{g(x_i,y_j)=z_k}P\{X=x_i,Y=y_j\}.$

💧 精选例题

例 3.1　设随机变量 X 在 $1,2,3$ 三个数字中等可能取值，随机变量 Y 在 1 与 X 之间等可能取一整数值.

（1）求 (X,Y) 的概率分布；

（2）求随机变量 Y 的概率分布；

（3）判断随机变量 X,Y 是否独立？为什么？

（4）设 $Z=XY$，求随机变量 Z 的概率分布.

解析　（1）由题意知，X 的分布律为 $P\{X=i\}=\dfrac{1}{3},i=1,2,3.$

在事件 $\{X=i\}(i=1,2,3)$ 的条件下 $\{Y=j\}$ 的条件概率为

$$P\{Y=j\big|X=i\}=\begin{cases}\dfrac{1}{i}, & i,j=1,2,3,j\leqslant i,\\[2mm] 0, & i,j=1,2,3,j>i.\end{cases}$$

从而 $P\{X=i,Y=j\}=P\{Y=j|X=i\}P\{X=i\}=\begin{cases}\dfrac{1}{3i}, & i,j=1,2,3,j\leqslant i,\\[2mm] 0, & i,j=1,2,3,j>i.\end{cases}$

即 (X,Y) 的分布律为

X \ Y	1	2	3
1	$\dfrac{1}{3}$	0	0
2	$\dfrac{1}{6}$	$\dfrac{1}{6}$	0
3	$\dfrac{1}{9}$	$\dfrac{1}{9}$	$\dfrac{1}{9}$

（2）由（1）易知，Y 的分布律为

Y	1	2	3
P	$\dfrac{11}{18}$	$\dfrac{5}{18}$	$\dfrac{1}{9}$

（3）因为 $P\{X=1,Y=1\}=\dfrac{1}{3}\neq P\{X=1\}P\{Y=1\}=\dfrac{1}{3}\times\dfrac{11}{18}$，故 X 与 Y 不独立.

（4）由（1）易知，$Z=XY$ 的分布律为

XY	1	2	3	4	6	9
P	$\dfrac{1}{3}$	$\dfrac{1}{6}$	$\dfrac{1}{9}$	$\dfrac{1}{6}$	$\dfrac{1}{9}$	$\dfrac{1}{9}$

例 3.2 设相互独立的两随机变量 X 和 Y 均服从分布 $B(1,\dfrac{1}{3})$，则 $P\{X\leqslant 2Y\}=($ $)$

（A）$\dfrac{1}{9}$. （B）$\dfrac{4}{9}$. （C）$\dfrac{5}{9}$. （D）$\dfrac{7}{9}$.

解析

$$P\{X\leqslant 2Y\}=P\{X=0,Y=0\}+P\{X=0,Y=1\}+P\{X=1,Y=1\}$$
$$=P\{X=0\}+P\{X=1,Y=1\}$$
$$=\dfrac{2}{3}+P\{X=1\}P\{Y=1\}=\dfrac{2}{3}+\dfrac{1}{3}\cdot\dfrac{1}{3}=\dfrac{7}{9}.$$

故应选（D）.

例 3.3 设随机变量 X 和 Y 相互独立同分布. 已知 $P\{X=k\}=pq^{k-1}\ (k=1,2,3,\cdots)$，其中 $0<p<1$，

$q = 1 - p$，则 $P\{X = Y\}$ 等于（　　　）

（A）$\dfrac{p}{2-p}$. 　　　　（B）$\dfrac{1-p}{2-p}$. 　　　　（C）$\dfrac{p}{1-p}$. 　　　　（D）$\dfrac{2p}{1-p}$.

解析

$$P\{X = Y\} = \sum_{k=1}^{\infty} P\{X = Y = k\} = \sum_{k=1}^{\infty} P\{X = k, Y = k\}$$

$$= \sum_{k=1}^{\infty} P\{X = k\} P\{Y = k\} = \sum_{k=1}^{\infty} p^2 q^{2(k-1)} = p^2 \sum_{k=1}^{\infty} (q^2)^{(k-1)}$$

$$= p^2 \cdot \frac{1}{1-q^2} = \frac{p^2}{(1+q)(1-q)} = \frac{p}{1+q} = \frac{p}{2-p}.$$

故应选（A）.

例 3.4　设随机变量 X 与 Y 的概率分布分别为：

X	0	1
P	$\dfrac{1}{3}$	$\dfrac{2}{3}$

Y	-1	0	1
P	$\dfrac{1}{3}$	$\dfrac{1}{3}$	$\dfrac{1}{3}$

且 $P\{X^2 = Y^2\} = 1$.

（1）求二维随机变量 (X, Y) 的概率分布；

（2）求 $Z = XY$ 的概率分布.

解析　（1）由 $P\{X^2 = Y^2\} = 1$，有 $P\{X^2 \neq Y^2\} = 0$，所以

$$P\{X = 0, Y = -1\} = P\{X = 0, Y = 1\} = P\{X = 1, Y = 0\} = 0.$$

再结合 X 和 Y 的边缘概率分布即得 (X, Y) 的联合概率分布为

X ＼ Y	-1	0	1
0	0	$\dfrac{1}{3}$	0
1	$\dfrac{1}{3}$	0	$\dfrac{1}{3}$

（2）$Z = XY$ 的所有可能取值为 -1，0，1，由 (X, Y) 的概率分布可得 $Z = XY$ 的概率分布为

$Z = XY$	-1	0	1
P	$\dfrac{1}{3}$	$\dfrac{1}{3}$	$\dfrac{1}{3}$

例 3.5　设 A, B 为两个随机事件，且 $P(A) = \dfrac{1}{4}$，$P(B|A) = \dfrac{1}{3}$，$P(A|B) = \dfrac{1}{2}$，令

$$X = \begin{cases} 1, & A\text{发生}, \\ 0, & A\text{不发生}, \end{cases} \quad Y = \begin{cases} 1, & B\text{发生}, \\ 0, & B\text{不发生}. \end{cases}$$

求：（1）二维随机变量(X,Y)的概率分布；

（2）$Z = X^2 + Y^2$的概率分布.

解析 （1）因$P(AB) = P(A)P(B|A) = \dfrac{1}{12}$,

$P(B) = \dfrac{P(AB)}{P(A|B)} = \dfrac{1}{6}$，故有

$P\{X=1,Y=1\} = P(AB) = \dfrac{1}{12}$,

$P\{Y=1\} = P(B) = \dfrac{1}{6}$,

$P\{X=1,Y=0\} = P(A\bar{B}) = P(A) - P(AB) = \dfrac{1}{4} - \dfrac{1}{12} = \dfrac{1}{6}$,

$P\{X=0,Y=1\} = P(\bar{A}B) = P(B) - P(AB) = \dfrac{1}{6} - \dfrac{1}{12} = \dfrac{1}{12}$,

$P\{X=0,Y=0\} = 1 - \dfrac{1}{12} - \dfrac{1}{6} - \dfrac{1}{12} = \dfrac{2}{3}$,

故(X,Y)的概率分布为

X＼Y	0	1
0	$\dfrac{2}{3}$	$\dfrac{1}{12}$
1	$\dfrac{1}{6}$	$\dfrac{1}{12}$

（2）由（1）有$Z = X^2 + Y^2$的所有可能取值为：$0,1,2$.

$P\{Z=0\} = P\{X^2+Y^2=0\} = P\{X=0,Y=0\} = \dfrac{2}{3}$,

$P\{Z=2\} = P\{X^2+Y^2=2\} = P\{X=1,Y=1\} = \dfrac{1}{12}$,

$P\{Z=1\} = 1 - P\{Z=0\} - P\{Z=2\} = \dfrac{1}{4}$.

故Z的概率分布为

Z	0	1	2
P	$\dfrac{2}{3}$	$\dfrac{1}{4}$	$\dfrac{1}{12}$

例 3.6 袋中有 1 个红色球，2 个黑色球与 3 个白球，现有回放地从袋中取两次，每次取一球，以 X,Y,Z 分别表示两次取球所取得的红球．黑球与白球的个数．

（1）求 $P\{X=1|Z=0\}$；

（2）求二维随机变量 (X,Y) 概率分布；

（3）求在 $X=1$ 的条件下 Y 的条件分布律．

解析 （1）

$$P\{X=1|Z=0\}=\frac{P\{X=1,Z=0\}}{P\{Z=0\}}=\frac{\dfrac{1\times2\times2}{6\times6}}{\dfrac{3\times3}{6\times6}}=\frac{4}{9}.$$

（2）由题意知 X 与 Y 的所有可能取值均为 0，1，2，且

$$P\{X=0,Y=0\}=\frac{3\times3}{6\times6}=\frac{1}{4},\quad P\{X=0,Y=1\}=\frac{2\times3\times2}{6\times6}=\frac{1}{3},$$

$$P\{X=0,Y=2\}=\frac{2\times2}{6\times6}=\frac{1}{9},\quad P\{X=1,Y=0\}=\frac{1\times3\times2}{6\times6}=\frac{1}{6},$$

$$P\{X=1,Y=1\}=\frac{1\times2\times2}{6\times6}=\frac{1}{9},\quad P\{X=1,Y=2\}=0,$$

$$P\{X=2,Y=0\}=\frac{1\times1}{6\times6}=\frac{1}{36},\quad P\{X=2,Y=1\}=P\{X=2,Y=2\}=0.$$

则 (X,Y) 的概率分布为

X \ Y	0	1	2
0	$\dfrac{1}{4}$	$\dfrac{1}{3}$	$\dfrac{1}{9}$
1	$\dfrac{1}{6}$	$\dfrac{1}{9}$	0
2	$\dfrac{1}{36}$	0	0

（3）由（2）有 $P\{X=1\}=\dfrac{5}{18}$，故在 $X=1$ 的条件下 Y 的条件分布律为

$$P\{Y=0|X=1\}=\frac{P\{X=1,Y=0\}}{P\{X=1\}}=\frac{1/6}{5/18}=\frac{3}{5},$$

$$P\{Y=1|X=1\}=\frac{P\{X=1,Y=1\}}{P\{X=1\}}=\frac{1/9}{5/18}=\frac{2}{5},$$

$$P\{Y=2|X=1\}=\frac{P\{X=1,Y=2\}}{P\{X=1\}}=\frac{0}{5/18}=0.$$

例 3.7 箱内有 6 个球，其中红，白，黑球分别为 1，2，3 个，现从箱中随机取出两个球，X 为取出红球的个数，Y 为取出白球的个数．

求：（1）二维随机变量 (X,Y) 的概率分布；

　　（2）求取出的红球个数与白球个数相同的概率．

解析 （1）由题意知 X 的所有可能取值为 $0,1$；Y 的所有可能取值为 $0,1,2$，

$$P\{X=0,Y=1\}=\frac{C_2^1C_3^1}{C_6^2}=\frac{2}{5}, \qquad P\{X=0,Y=2\}=\frac{C_2^2}{C_6^2}=\frac{1}{15},$$

$$P\{X=0,Y=0\}=\frac{C_3^2}{C_6^2}=\frac{1}{5}, \qquad P\{X=1,Y=0\}=\frac{C_1^1C_3^1}{C_6^2}=\frac{1}{5},$$

$$P\{X=1,Y=1\}=\frac{C_1^1C_2^1}{C_6^2}=\frac{2}{15}, \qquad P\{X=1,Y=2\}=0,$$

故二维随机变量 (X,Y) 的联合分布律为

X ＼ Y	0	1	2
0	$\frac{1}{5}$	$\frac{2}{5}$	$\frac{1}{15}$
1	$\frac{1}{5}$	$\frac{2}{15}$	0

（2）红球个数与白球个数相同的概率，即 $P\{X=Y\}$．由（1）容易得到

$$P\{X=Y\}=P\{X=0,Y=0\}+P\{X=1,Y=1\}=\frac{1}{5}+\frac{2}{15}=\frac{1}{3}.$$

例 3.8 一射手对同一目标进行射击，每次击中目标的概率为 $p(0<p<1)$，射击进行到第二次击中目标为止．设 X 表示第一次击中目标时所进行的射击次数，Y 表示第二次击中目标时所进行的射击次数，试求 (X,Y) 的分布律．

解析 由题意有，X 的可能取值 $1,2,\cdots,m,\cdots$；Y 的可能取值为 $2,3,\cdots,n,\cdots$，$m \leqslant n-1$．X 的分布律为

$$P\{X=m\}=pq^{m-1}, \quad m=1,2,\cdots.$$

事件 $\{Y=n|X=m\}$ 相当于从第 $m+1$ 次射击开始，直到第 n 次击中，故在 $X=m$ 的条件下 Y 的条件分布律为

$$P\{Y=n|X=m\}=pq^{n-m-1}, \quad n=m+1,m+2,\cdots.$$

故 (X,Y) 的分布律为

$$P\{X=m,Y=n\}=P\{Y=n|X=m\}P\{X=m\}=pq^{m-1}pq^{n-m-1}=p^2q^{n-2},$$

其中 $q=1-p$，$n=2,3,\cdots$；$m=1,2,\cdots,n-1$．

题型 2　二维连续型随机变量及其分布

基础知识回顾

（一）二维连续型随机变量的定义

设二维随机变量 (X,Y) 的分布函数为 $F(x,y)$，如果存在非负可积的二元函数 $f(x,y)$，使得对任意实数 x,y，有 $F(x,y)=\int_{-\infty}^{x}\int_{-\infty}^{y}f(u,v)\mathrm{d}u\mathrm{d}v$，则称 (X,Y) 为二维连续型随机变量，函数 $f(x,y)$ 称为二维随机变量 (X,Y) 的概率密度，或称为 X 与 Y 的联合概率密度.

（二）概率密度函数的性质

（1）非负性：$f(x,y)\geqslant 0\,(-\infty<x<+\infty,-\infty<y<+\infty)$；

（2）规范性：$\int_{-\infty}^{+\infty}\int_{-\infty}^{+\infty}f(x,y)\mathrm{d}x\mathrm{d}y=1$；

（3）设 D 是 xOy 平面上任一区域，则点 (x,y) 落在 D 内的概率为

$$P\{(X,Y)\in D\}=\iint\limits_{D}f(x,y)\mathrm{d}\sigma;$$

（4）若 $f(x,y)$ 在点 (x,y) 处连续，则有 $f(x,y)=\dfrac{\partial^{2}F(x,y)}{\partial x\partial y}$.

（三）边缘密度函数

若已知二维随机变量 (X,Y) 的概率密度函数为 $f(x,y)$，则称 $f_X(x)=\int_{-\infty}^{+\infty}f(x,y)\mathrm{d}y$ 为关于随机变量 X 的边缘密度函数，称 $f_Y(y)=\int_{-\infty}^{+\infty}f(x,y)\mathrm{d}x$ 为关于随机变量 Y 的边缘密度函数.

（四）条件密度函数

当 $f_Y(y)>0$ 时，称 $f_{X|Y}(x|y)=\dfrac{f(x,y)}{f_Y(y)}$ 为在 $Y=y$ 的条件下 X 的条件密度函数；

当 $f_X(x)>0$ 时，称 $f_{Y|X}(y|x)=\dfrac{f(x,y)}{f_X(x)}$ 为在 $X=x$ 的条件下 Y 的条件密度函数.

（五）两个连续型随机变量的独立性

设 (X,Y) 为二维连续型随机变量，$f(x,y)$，$f_X(x)$，$f_Y(y)$ 分别为 (X,Y) 的概率密度和边缘概率密度，若对于任意实数 x 与 y 均满足等式

$$f(x,y)=f_X(x)f_Y(y),$$

则称两个连续型随机变量 X 与 Y 相互独立.

（六）两个常见的二维连续型分布

1. 二维均匀分布

1）定义

设 G 是平面上有界可求面积的区域，其面积为 $|G|$，若二维随机变量 (X,Y) 具有密度函数

$$f(x,y)=\begin{cases}\dfrac{1}{|G|}, & (x,y)\in G,\\[2mm] 0, & (x,y)\notin G.\end{cases}$$

则称(X,Y)服从区域G上的二维均匀分布.

2）性质

若二维随机变量(X,Y)在矩形区域$D = \{(x,y)|a \le x \le b, c \le y \le d\}$上服从二维均匀分布，则随机变量$X$和$Y$相互独立，并且$X$和$Y$分别服从区间$[a,b]$，$[c,d]$上的一维均匀分布.

2. 二维正态分布

1）定义

如果二维连续型随机变量(X,Y)的概率密度为

$$f(x,y) = \frac{1}{2\pi\sigma_1\sigma_2\sqrt{1-\rho^2}}\exp\left\{\frac{-1}{2(1-\rho^2)}\left[\frac{(x-\mu_1)^2}{\sigma_1^2} - \frac{2\rho(x-\mu_1)(y-\mu_2)}{\sigma_1\sigma_2} + \frac{(y-\mu_2)^2}{\sigma_2^2}\right]\right\}, x,y \in R,$$ 其 中

$\mu_1,\mu_2,\sigma_1 > 0,\sigma_2 > 0, -1 < \rho < 1$均为常数，则称$(X,Y)$服从参数为$\mu_1,\mu_2,\sigma_1,\sigma_2$和$\rho$的二维正态分布，记作$(X,Y) \sim N(\mu_1,\mu_2;\sigma_1^2,\sigma_2^2;\rho)$，也称$(X,Y)$为二维正态随机变量.

2）性质

若$(X,Y) \sim N(\mu_1,\mu_2;\sigma_1^2,\sigma_2^2;\rho)$，则

①X和Y分别服从一维正态分布，即$X \sim N(\mu_1,\sigma_1^2)$，$Y \sim N(\mu_2,\sigma_2^2)$；

② X和Y不相关（或$\rho = 0$）与X和Y相互独立等价；

③X与Y的非零线性组合仍服从一维正态分布，即$k_1 X + k_2 Y \sim N(\mu,\sigma^2)$，其中$k_1,k_2$不全为零；

④若(X,Y)服从二维正态分布，记$X_1 = a_1 X + b_1 Y, Y_1 = a_2 X + b_2 Y$，则$(X_1,Y_1)$也服从二维正态分布，

其中$\begin{vmatrix} a_1 & b_1 \\ a_2 & b_2 \end{vmatrix} \ne 0$.

⚓ 考点及方法小结

（1）计算(X,Y)的概率密度函数：

①若已知X与Y相互独立，则$f(x,y) = f_X(x)f_Y(y)$；

②若已知一个边缘密度函数和一个条件密度函数，则联合密度函数

$f(x,y) = f_{X|Y}(x|y)f_Y(y)$或$f(x,y) = f_X(x)f_{Y|X}(y|x)$；

③若已知X与Y的联合分布函数$F(x,y)$，则$f(x,y) = \frac{\partial^2 F(x,y)}{\partial x \partial y}$；

④若已知(X,Y)服从区域G上的二维均匀分布，则$f(x,y) = \begin{cases} \dfrac{1}{|G|}, & (x,y) \in G, \\ 0, & (x,y) \notin G. \end{cases}$

（2）若联合密度函数$f(x,y)$含有未知参数，利用$\int_{-\infty}^{+\infty}\int_{-\infty}^{+\infty}f(x,y)\mathrm{d}x\mathrm{d}y = 1$解决.

（3）若已知(X,Y)的密度函数，需会解决如下问题：

①计算事件的概率：$P\{(X,Y) \in D\} = \iint\limits_{D} f(x,y)\mathrm{d}\sigma$；

②计算X与Y的联合分布函数：$F(x,y)=\int_{-\infty}^{x}\int_{-\infty}^{y}f(u,v)\mathrm{d}u\mathrm{d}v$.

③计算边缘密度函数：$f_X(x)=\int_{-\infty}^{+\infty}f(x,y)\mathrm{d}y$，$f_Y(y)=\int_{-\infty}^{+\infty}f(x,y)\mathrm{d}x$；

④计算条件密度函数：$f_{X|Y}(x|y)=\dfrac{f(x,y)}{f_Y(y)}$，$f_{Y|X}(y|x)=\dfrac{f(x,y)}{f_X(x)}$.

⑤判定X与Y的独立性：若$f(x,y)=f_X(x)f_Y(y)$，则X与Y独立，否则不独立.

精选例题

例3.9 设(X,Y)的分布函数为$F(x,y)=A\left(B+\arctan\dfrac{x}{2}\right)\left(C+\arctan\dfrac{y}{3}\right)$

（$-\infty<x<+\infty$，$-\infty<y<+\infty$）. 求：

（1）系数A，B和C；

（2）(X,Y)的概率密度；

（3）边缘分布函数及边缘概率密度，并判断X和Y是否相互独立？

（4）$P\left\{0<X\leqslant2\sqrt{3},0<Y\leqslant3\sqrt{3}\right\}$.

解析 （1）由分布函数的性质知

$$F(+\infty,+\infty)=A\left(B+\frac{\pi}{2}\right)\left(C+\frac{\pi}{2}\right)=1；$$

$$F(x,-\infty)=A\left(B+\arctan\frac{x}{2}\right)\left(C-\frac{\pi}{2}\right)=0；$$

$$F(-\infty,y)=A\left(B-\frac{\pi}{2}\right)\left(C+\arctan\frac{y}{3}\right)=0.$$

由上面三式可得$A=\dfrac{1}{\pi^2}$，$B=C=\dfrac{\pi}{2}$，从而

$$F(x,y)=\frac{1}{\pi^2}\left(\frac{\pi}{2}+\arctan\frac{x}{2}\right)\left(\frac{\pi}{2}+\arctan\frac{y}{3}\right)（-\infty<x<+\infty，-\infty<y<+\infty）.$$

（2）由密度函数的性质，得(X,Y)的概率密度为

$$f(x,y)=\frac{\partial^2 F(x,y)}{\partial x\partial y}=\frac{6}{\pi^2(x^2+4)(y^2+9)}（-\infty<x<+\infty，-\infty<y<+\infty）.$$

（3）X，Y的边缘分布函数分别为

$$F_X(x)=F(x,+\infty)=\frac{1}{2}+\frac{1}{\pi}\arctan\frac{x}{2}，-\infty<x<+\infty，$$

$$F_Y(y)=F(+\infty,y)=\frac{1}{2}+\frac{1}{\pi}\arctan\frac{y}{3}，-\infty<y<+\infty.$$

边缘密度函数分别为

$$f_X(x)=F_X'(x)=\frac{2}{\pi(4+x^2)}，-\infty<x<+\infty，$$

$$f_Y(y) = F_Y'(y) = \frac{3}{\pi(9 + y^2)}, \quad -\infty < y < +\infty.$$

因为 $f(x,y) = f_X(x)f_Y(y)$，故 X 和 Y 是相互独立的.

（4）由（3）知 X 和 Y 是相互独立，故

$$P\{0 < X \leqslant 2\sqrt{3}, 0 < Y \leqslant 3\sqrt{3}\} = P\{0 < X \leqslant 2\sqrt{3}\}P\{0 < Y \leqslant 3\sqrt{3}\}$$
$$= [F_X(2\sqrt{3}) - F_X(0)][F_Y(3\sqrt{3}) - F_Y(0)]$$
$$= [\frac{1}{2} + \frac{1}{\pi}\arctan\sqrt{3} - \frac{1}{2}][\frac{1}{2} + \frac{1}{\pi}\arctan\sqrt{3} - \frac{1}{2}]$$
$$= \frac{1}{3} \cdot \frac{1}{3} = \frac{1}{9}.$$

例3.10 设二维连续型随机变量 (X,Y) 的概率密度为

$$f(x,y) = \begin{cases} ke^{-(2x+y)}, & x > 0, y > 0, \\ 0, & 其他. \end{cases}$$

（1）求未知参数 k；

（2）判断随机变量 X, Y 是否独立？为什么？

（3）计算条件概率 $P\{X \leqslant 2 | Y \leqslant 1\}$.

解析 （1）由 $\int_{-\infty}^{+\infty}\int_{-\infty}^{+\infty} f(x,y)\mathrm{d}x\mathrm{d}y = 1$，有

$$1 = k\int_0^{+\infty}\mathrm{d}x\int_0^{+\infty}e^{-(2x+y)}\mathrm{d}y = k\int_0^{+\infty}e^{-2x}\mathrm{d}x\int_0^{+\infty}e^{-y}\mathrm{d}y = \frac{k}{2},$$

得 $k = 2$.

（2）因为

$$f_X(x) = \int_{-\infty}^{+\infty} f(x,y)\mathrm{d}y = \begin{cases} \int_0^{+\infty}2e^{-(2x+y)}\mathrm{d}y = 2e^{-2x}, & x > 0, \\ 0, & 其他, \end{cases}$$

$$f_Y(y) = \int_{-\infty}^{+\infty} f(x,y)\mathrm{d}x = \begin{cases} \int_0^{+\infty}2e^{-(2x+y)}\mathrm{d}x = e^{-y}, & y > 0, \\ 0, & 其他, \end{cases}$$

则 $f(x,y) = f_X(x)f_Y(y)$，从而得 X 与 Y 相互独立.

（3）由（2）知，X 与 Y 相互独立，故

$$P\{X \leqslant 2 | Y \leqslant 1\} = P\{X \leqslant 2\} = \int_{-\infty}^{2} f_X(x)\mathrm{d}x = \int_0^2 2e^{-2x}\mathrm{d}x = 1 - e^{-4}.$$

例3.11 设二维随机变量 (X,Y) 服从区域 G 上的均匀分布，其中 G 是由 $x - y = 0, x + y = 2$ 与 $y = 0$ 所围成的三角形区域.

（1）求 X 的概率密度 $f_X(x)$；

（2）求条件概率密度 $f_{X|Y}(x|y)$.

解析 （1）因为 (X,Y) 在区域 G 上服从二维均匀分布，故 (X,Y) 的概率密度函数为

$$f(x,y) = \begin{cases} 1, & (x,y) \in G, \\ 0, & 其他. \end{cases}$$

X的边缘概率密度为

$$f_X(x) = \int_{-\infty}^{+\infty} f(x,y)\mathrm{d}y$$

$$= \begin{cases} \int_0^x 1\mathrm{d}y, & 0 \leqslant x \leqslant 1, \\ \int_0^{2-x} 1\mathrm{d}y, & 1 < x \leqslant 2, \\ 0, & 其他 \end{cases} = \begin{cases} x, & 0 \leqslant x \leqslant 1, \\ 2-x, & 1 < x \leqslant 2, \\ 0, & 其他. \end{cases}$$

（2）因为Y的边缘概率密度

$$f_Y(y) = \int_{-\infty}^{+\infty} f(x,y)\mathrm{d}x = \begin{cases} \int_y^{2-y} 1\mathrm{d}x, & 0 \leqslant y \leqslant 1, \\ 0, & 其他. \end{cases} = \begin{cases} 2-2y, & 0 \leqslant y \leqslant 1, \\ 0, & 其他. \end{cases}$$

当$f_Y(y) > 0$时，即$0 \leqslant y < 1$时，在$Y = y$的条件下X的条件概率密度为

$$f_{X|Y}(x \mid y) = \frac{f(x,y)}{f_Y(y)} = \begin{cases} \dfrac{1}{2-2y}, & y < x < 2-y, \\ 0, & 其他. \end{cases}$$

例3.12 设二维随机变量(X,Y)的概率密度为

$$f(x,y) = A\mathrm{e}^{-2x^2+2xy-y^2}, \quad -\infty < x < +\infty, \quad -\infty < y < +\infty,$$

求常数A以及条件概率密度$f_{Y|X}(y \mid x)$.

解析 X的密度函数为

$$f_X(x) = \int_{-\infty}^{+\infty} f(x,y)\mathrm{d}y = A\int_{-\infty}^{+\infty} \mathrm{e}^{-2x^2+2xy-y^2}\mathrm{d}y$$

$$= A\mathrm{e}^{-x^2} \int_{-\infty}^{+\infty} \mathrm{e}^{-(y-x)^2}\mathrm{d}y, \quad -\infty < x < +\infty.$$

因为$\displaystyle\int_{-\infty}^{+\infty} \mathrm{e}^{-(y-x)^2}\mathrm{d}y \overset{令t=y-x}{=} \int_{-\infty}^{+\infty} \mathrm{e}^{-t^2}\mathrm{d}t = \sqrt{\pi}$，故

$$f_X(x) = A\sqrt{\pi}\mathrm{e}^{-x^2}, \quad -\infty < x < +\infty.$$

由$\displaystyle\int_{-\infty}^{+\infty} f_X(x)\mathrm{d}x = 1$，有$A\sqrt{\pi}\displaystyle\int_{-\infty}^{+\infty} \mathrm{e}^{-x^2}\mathrm{d}x = 1$，从而有$A\pi = 1$，解之得$A = \dfrac{1}{\pi}$.

当$f_X(x) > 0$，即$-\infty < x < +\infty$时，有

$$f_{Y|X}(y \mid x) = \frac{f(x,y)}{f_X(x)} = \frac{\dfrac{1}{\pi}\mathrm{e}^{-2x^2+2xy-y^2}}{\dfrac{1}{\pi}\sqrt{\pi} \cdot \mathrm{e}^{-x^2}} = \frac{1}{\sqrt{\pi}}\mathrm{e}^{-(y-x)^2}, \quad -\infty < y < +\infty.$$

此题在求常数A时，也可用性质$\int_{-\infty}^{+\infty}\int_{-\infty}^{+\infty}f(x,y)\mathrm{d}x\mathrm{d}y=1$解决．由于被积函数

$f(x,y)=A\mathrm{e}^{-2x^2+2xy-y^2}$比较复杂，直接算二重积分容易出错，考虑到求条件概率密度$f_{Y|X}(y|x)$

时需要找到随机变量X的概率密度，故此题的解法中先通过求X的概率密度，再利用一维连

续型随机变量概率密度的性质$\int_{-\infty}^{+\infty}f_X(x)\mathrm{d}x=1$，求出常数$A$，相当于把直接算二重积分分解

成两步，在计算中不容易出错．在计算过程中，泊松积分$\int_{-\infty}^{+\infty}\mathrm{e}^{-x^2}\mathrm{d}t=\sqrt{\pi}$这个结论可以直接用．

例3.13 设(X,Y)是二维随机变量，X的边缘概率密度为$f_X(x)=\begin{cases}3x^2, & 0<x<1,\\ 0, & \text{其他}.\end{cases}$在给定

$X=x(0<x<1)$的条件下Y的条件概率密度为

$$f_{Y|X}(y|x)=\begin{cases}\dfrac{3y^2}{x^3}, & 0<y<x,\\ 0, & \text{其他}.\end{cases}$$

（1）求(X,Y)的概率密度$f(x,y)$；

（2）求Y的边缘概率密度为$f_Y(y)$；

（3）求$P\{X>2Y\}$．

解析 （1）由题意知，当$0<x<1$时，(X,Y)的概率密度

$$f(x,y)=f_X(x)f_{Y|X}(y|x)=\begin{cases}\dfrac{9y^2}{x}, & 0<y<x,\\ 0, & \text{其他}.\end{cases}$$

当$x\leqslant 0$或$x\geqslant 1$时，$f_{Y|X}(y|x)$无定义．由于当$0<x<1$时，

$$\int_0^1\mathrm{d}x\int_{-\infty}^{+\infty}f(x,y)\mathrm{d}y=\int_0^1\mathrm{d}x\int_0^x\frac{9y^2}{x}\mathrm{d}y=\int_0^1 3x^2\mathrm{d}x=1，$$

又$\int_{-\infty}^{+\infty}\int_{-\infty}^{+\infty}f(x,y)\mathrm{d}x\mathrm{d}y=1$，所以可以认为当$x\leqslant 0$或$x\geqslant 1$时，$f(x,y)=0$．

综上得，(X,Y)的概率密度为$f(x,y)=\begin{cases}\dfrac{9y^2}{x}, & 0<y<x<1,\\ 0, & \text{其他}.\end{cases}$

（2）Y的边缘概率密度为

$$f_Y(y)=\int_{-\infty}^{+\infty}f(x,y)\mathrm{d}x=\begin{cases}\displaystyle\int_y^1\frac{9y^2}{x}\mathrm{d}x, & 0<y<1,\\ 0, & \text{其他}.\end{cases}$$

$$=\begin{cases}-9y^2\ln y, & 0<y<1,\\ 0, & \text{其他}.\end{cases}$$

（3）$P\{X>2Y\}=\iint\limits_{x>2y}f(x,y)\mathrm{d}x\mathrm{d}y=\int_0^1\mathrm{d}x\int_0^{\frac{x}{2}}\frac{9y^2}{x}\mathrm{d}y=\frac{1}{8}$.

例3.14 设随机变量 X 与 Y 相互独立，且分别服从参数为1与参数4的指数分布．

（1）求 X 与 Y 的联合密度函数 $f(x,y)$；

（2）求 $P\{X<Y\}$．

解析 （1）因 $X\sim E(1)$，$Y\sim E(4)$，故

$$f_x(x)=\begin{cases}\mathrm{e}^{-x}, & x>0,\\ 0, & \text{其他}.\end{cases}\quad f_Y(y)=\begin{cases}4\mathrm{e}^{-4y}, & y>0,\\ 0, & \text{其他}.\end{cases}$$

又 X 与 Y 相互独立，故 (X,Y) 的概率密度为

$$f(x,y)=f_X(x)f_Y(y)=\begin{cases}4\mathrm{e}^{-x-4y}, & x>0,y>0,\\ 0, & \text{其他}.\end{cases}$$

（2）$P\{X<Y\}=\iint\limits_{x<y}f(x,y)\mathrm{d}x\mathrm{d}y=\int_0^{+\infty}\mathrm{d}x\int_x^{+\infty}4\mathrm{e}^{-x-4y}\mathrm{d}y=\int_0^{+\infty}\mathrm{e}^{-5x}\mathrm{d}x=\frac{1}{5}$.

例3.15 设随机变量 X 与 Y 相互独立，且都服从区间 $(0,1)$ 上的均匀分布，则 $P\{X^2+Y^2\leqslant 1\}$（ ）

（A）$\dfrac{1}{4}$. （B）$\dfrac{1}{2}$. （C）$\dfrac{\pi}{8}$. （D）$\dfrac{\pi}{4}$.

解析 因 X 与 Y 相互独立，且均服从区间 $(0,1)$ 上的均匀分布，故 (X,Y) 在区域 $D=\{(x,y)|0<x<1,0<y<1\}$ 上服从二维均匀分布，则

$$P\{X^2+Y^2\leqslant 1\}=\iint\limits_{x^2+y^2\leqslant 1}f(x,y)\mathrm{d}x\mathrm{d}y=\frac{S_{\{(x,y)|x^2+y^2\leqslant 1\}\cap D}}{S_D}=\frac{\frac{\pi}{4}}{1}=\frac{\pi}{4},$$

其中 S_D 表示所涉及区域的面积．故应选（D）．

例3.16 设二维随机变量 (X,Y) 服从正态分布 $N(1,0;1,1;0)$，则 $P\{XY-Y<0\}=$＿＿．

解析 因为 $(X,Y)\sim N(1,0;1,1;0)$，故由二维正态分布的性质知，

$X\sim N(1,1)$，$Y\sim N(0,1)$，且 X,Y 相互独立，于是

$$\begin{aligned}P\{XY-Y<0\}&=P\{(X-1)Y<0\}\\&=P\{X-1>0,Y<0\}+P\{X-1<0,Y>0\}\\&=P\{X>1\}P\{Y<0\}+P\{X<1\}P\{Y>0\}\\&=\frac{1}{2}\times\frac{1}{2}+\frac{1}{2}\times\frac{1}{2}=\frac{1}{2}.\end{aligned}$$

例3.17 设随机变量 (X,Y) 服从二维正态分布 $N\left(0,0;1,4;-\dfrac{1}{2}\right)$，下列随机变量中服从标准正态分布且与 X 独立的是（ ）

（A）$\dfrac{\sqrt{5}}{5}(X+Y)$. （B）$\dfrac{\sqrt{5}}{5}(X-Y)$. （C）$\dfrac{\sqrt{3}}{3}(X+Y)$. （D）$\dfrac{\sqrt{3}}{3}(X-Y)$.

由二维正态的性质知 $X+Y \sim N(\mu, \sigma^2)$，因

$$\mu = E(X+Y) = E(X) + E(Y) = 0,$$

$$\sigma^2 = D(X+Y) = D(X) + D(Y) + 2\text{cov}(X,Y)$$

$$= 1 + 4 + 2 \cdot \rho_{XY} \cdot \sqrt{D(X)} \cdot \sqrt{D(Y)}$$

$$= 1 + 4 + 2 \cdot (-\frac{1}{2}) \cdot 1 \cdot 2 = 3,$$

故 $\dfrac{X+Y-0}{\sqrt{3}} = \dfrac{\sqrt{3}}{3}(X+Y) \sim N(0,1)$.

又 $\left(\dfrac{\sqrt{3}(X+Y)}{3}, X \right)$ 服从二维正态分布，而

$$\text{cov}\left[\frac{\sqrt{3}(X+Y)}{3}, X \right] = \frac{\sqrt{3}}{3} \left[\text{cov}(X,X) + \text{cov}(X,Y) \right]$$

$$= \frac{\sqrt{3}}{3} \left[D(X) + \rho_{XY} \cdot \sqrt{D(X)} \cdot \sqrt{D(Y)} \right]$$

$$= \frac{\sqrt{3}}{3} \left[1 + (-\frac{1}{2}) \cdot 1 \cdot 2 \right]$$

$$= 0,$$

故 $\dfrac{\sqrt{3}(X+Y)}{3}$ 与 X 不相关，由二维正态的性质知，$\dfrac{\sqrt{3}(X+Y)}{3}$ 与 X 独立.

故应选（C）.

题型 3　两个连续型随机变量函数的分布

基础知识回顾

1. 分布函数法

设二维连续型随机变量 (X,Y) 的概率密度为 $f(x,y)$，则随机变量 $Z = g(X,Y)$ 的分布函数为

$$F_Z(z) = P\{Z \leq z\} = P\{g(X,Y) \leq z\} = \iint\limits_{g(x,y) \leq z} f(x,y)\mathrm{d}x\mathrm{d}y,$$

若要计算 Z 的概率密度，有 $f_Z(z) = F_Z'(z)$.

2. 卷积公式

设二维连续型随机变量 (X,Y) 的概率密度为 $f(x,y)$，则随机变量 $Z = X+Y$ 的密度函数为

$$f_Z(z) = \int_{-\infty}^{+\infty} f(x, z-x)\mathrm{d}x \text{ 或} f_Z(z) = \int_{-\infty}^{+\infty} f(z-y, y)\mathrm{d}y,$$

这个公式称为卷积公式.

若 X 与 Y 相互独立，设 (X,Y) 关于 X 与 Y 的边缘密度分别为 $f_X(x)$，$f_Y(y)$，则上式公式可化为

$$f_Z(z) = \int_{-\infty}^{+\infty} f_X(x)f_Y(z-x)\mathrm{d}x \text{ 或} f_Z(z) = \int_{-\infty}^{+\infty} f_X(z-y)f_Y(y)\mathrm{d}y,$$

此公式也称为独立和卷积公式.

【注】对于二维连续型随机变量 (X,Y) 的一般线性组合形式 $Z = aX + bY$，其中 $a \neq 0, b \neq 0$ 也有

类似的卷积公式:

$$f_Z(z) = \frac{1}{|b|} \int_{-\infty}^{+\infty} f(x, \frac{z-ax}{b}) \mathrm{d}x \text{ 或} f_Z(z) = \frac{1}{|a|} \int_{-\infty}^{+\infty} f(\frac{z-by}{a}, y) \mathrm{d}y .$$

3. 最大、最小分布（$M = \max(X, Y)$ 及 $N = \min(X, Y)$ 的分布）

设 X, Y 是两个相互独立的随机变量，它们的分布函数分别为 $F_X(x), F_Y(y)$，求 $M = \max(X, Y)$ 及

$N = \min(X, Y)$ 的分布函数.

由 $F_M(z) = P\{\max(X, Y) \leqslant z\} = P\{X \leqslant z, Y \leqslant z\}$，

又 X 和 Y 相互独立，故

$$F_M(z) = P\{X \leqslant z, Y \leqslant z\} = P\{X \leqslant z\} P\{Y \leqslant z\} ,$$

即有 $F_M(z) = F_X(z) F_Y(z)$.

由 $F_N(z) = P\{\min(X, Y) \leqslant z\} = 1 - P\{\min(X, Y) > z\}$

$= 1 - P\{X > z, Y > z\}$，

又 X 和 Y 相互独立，故

$$F_N(z) = 1 - P\{X > z, Y > z\} = 1 - P\{X > z\} P\{Y > z\} ,$$

即 $F_N(z) = 1 - [1 - F_X(z)][1 - F_Y(z)]$.

以上结果可推广到 n 个相互独立的随机变量的情况. 设 $X_1, \cdots, X_n$ 相互独立，其分布函数分别为

$F_{X_i}(x_i)(i = 1, 2, \cdots, n)$，则 $M = \max(X_1, X_2, \cdots, X_n)$，$N = \min(X_1, X_2, \cdots, X_n)$ 的分布函数分别为

$$F_M(z) = F_{X_1}(z) F_{X_2}(z) \cdots F_{X_n}(z),$$

$$F_N(z) = 1 - \left[1 - F_{X_1}(z)\right]\left[1 - F_{X_2}(z)\right] \cdots \left[1 - F_{X_n}(z)\right].$$

特别地，当 $X_1, \cdots, X_n$ 相互独立且具有相同的分布函数 $F(x)$ 时有

$$F_M(z) = [F(z)]^n,$$

$$F_N(z) = 1 - \left[1 - F(z)\right]^n.$$

🎖 **精选例题**

例3.18 设随机变量 X 和 Y 相互独立，且都服从正态分布 $N(\mu, \sigma^2)$，则 $P\{|X - Y| < 1\}$ （　　　　）

（A）与 μ 无关，而与 σ^2 有关.　　　　（B）与 μ 有关，而与 σ^2 无关.

（C）与 μ，σ^2 都有关.　　　　（D）与 μ，σ^2 都无关.

解析 因 X 与 Y 相互独立，且均服从正态分布 $N(\mu, \sigma^2)$，故 $X - Y \sim N(0, 2\sigma^2)$. 则

$$P\{|X - Y| < 1\} = P\left\{\left|\frac{X - Y - 0}{\sqrt{2}\sigma}\right| < \frac{1}{\sqrt{2}\sigma}\right\} = 2\Phi\left(\frac{1}{\sqrt{2}\sigma}\right) - 1 ,$$

故 $P\{|X - Y| < 1\}$ 与 μ 无关，只与 σ^2 有关.

故应选（A）.

思维定势：只要看到独立正态分布的线性组合，立即将线性组合部分当成一维正态分布，再借助一维正态分布的做题思维解决．

例3.19 设随机变量 X, Y 相互独立，其概率密度函数分别为

$$f_X(x) = \begin{cases} 1, & 0 \leqslant x \leqslant 1, \\ 0, & 其他, \end{cases} \quad f_Y(y) = \begin{cases} e^{-y}, & y > 0, \\ 0, & y \leqslant 0. \end{cases}$$

求随机变量 $Z = 2X + Y$ 的概率密度函数．

解析 因为 X 与 Y 独立，所以

$$f(x, y) = f_X(x) \cdot f_Y(y) = \begin{cases} e^{-y}, & 0 \leqslant x \leqslant 1, y > 0, \\ 0, & 其他. \end{cases}$$

【法1】分布函数法

$$F_Z(z) = P\{Z \leqslant z\} = P\{2X + Y \leqslant z\} = \iint\limits_{2x+y \leqslant z} f(x, y) \mathrm{d}x \mathrm{d}y,$$

当 $z < 0$ 时，$F_Z(z) = 0$；

当 $0 \leqslant z < 2$ 时，$F_Z(z) = \int_0^{\frac{z}{2}} \mathrm{d}x \int_0^{z-2x} e^{-y} \mathrm{d}y = \frac{1}{2}(z + e^{-z} - 1)$；

当 $z \geqslant 2$ 时，$F_Z(z) = \int_0^1 \mathrm{d}x \int_0^{z-2x} e^{-y} \mathrm{d}y = 1 - \frac{1}{2}(e^2 - 1)e^{-z}$．

故 $f_Z(z) = F_Z'(z) = \begin{cases} \dfrac{1}{2}(1 - e^{-z}), & 0 < z < 2, \\ \dfrac{1}{2}(e^2 - 1)e^{-z}, & z \geqslant 2, \\ 0, & 其他. \end{cases}$

【法2】卷积公式

因为 $Z = 2X + Y$，所以 $f_Z(z) = \int_{-\infty}^{+\infty} f(x, z - 2x) \mathrm{d}x$．

又 $f(x, z - 2x) = \begin{cases} e^{2x-z}, & 0 \leqslant x \leqslant 1, x < \dfrac{z}{2}, \\ 0, & 其他. \end{cases}$

当 $z \leqslant 0$ 时，$f_Z(z) = 0$；

当 $0 < z < 2$ 时，$f_Z(z) = \int_0^{\frac{z}{2}} e^{2x-z} \mathrm{d}x = \frac{1}{2}(1 - e^{-z})$；

当 $z \geqslant 2$ 时，$f_Z(z) = \int_0^1 e^{2x-z} \mathrm{d}x = \frac{1}{2}(e^2 - 1)e^{-z}$．

故 $f_Z(z) = \begin{cases} \dfrac{1}{2}(1 - e^{-z}), & 0 < z < 2, \\ \dfrac{1}{2}(e^2 - 1)e^{-z}, & z \geqslant 2, \\ 0, & \text{其他.} \end{cases}$

例 3.20 设二维随机变量 (X, Y) 的概率密度为 $f(x, y) = \begin{cases} 2 - x - y, & 0 < x < 1, 0 < y < 1, \\ 0, & \text{其他.} \end{cases}$

（1）求 $P\{X > 2Y\}$；

（2）求 $Z = X + Y$ 的概率密度 $f_Z(z)$.

解析 （1）

$$P\{X > 2Y\} = \iint\limits_{x > 2y} f(x, y)\mathrm{d}x\mathrm{d}y = \int_0^1 \mathrm{d}x \int_0^{\frac{x}{2}} (2 - x - y)\mathrm{d}y = \int_0^1 \left(x - \frac{x^2}{2} - \frac{x^2}{8} \right)\mathrm{d}x = \frac{7}{24}.$$

（2）【法 1】分布函数法
由分布函数的定义

$$F_Z(z) = P\{Z \leqslant z\} = P\{X + Y \leqslant z\} = \iint\limits_{x+y \leqslant z} f(x, y)\mathrm{d}x\mathrm{d}y.$$

当 $z < 0$ 时，$F_Z(z) = 0$；当 $z \geqslant 2$ 时，$F_Z(z) = 1$；

当 $0 \leqslant z < 1$ 时，$F_Z(z) = \iint\limits_{x+y \leqslant z} f(x, y)\mathrm{d}x\mathrm{d}y = \int_0^z \mathrm{d}x \int_0^{z-x} (2 - x - y)\mathrm{d}y = z^2 - \frac{1}{3}z^3$；

当 $1 \leqslant z < 2$ 时，

$$F_Z(z) = \iint\limits_{x+y \leqslant z} f(x, y)\mathrm{d}x\mathrm{d}y = 1 - \iint\limits_{x+y > z} f(x, y)\mathrm{d}x\mathrm{d}y$$

$$= 1 - \int_{z-1}^1 \mathrm{d}x \int_{z-x}^1 (2 - x - y)\mathrm{d}y = 1 - \frac{(2-z)^3}{3},$$

故 Z 的密度函数为 $f_Z(z) = F_Z'(z) = \begin{cases} 2z - z^2, & 0 < z < 1, \\ (2 - z)^2, & 1 \leqslant z < 2, \\ 0, & \text{其他.} \end{cases}$

【法 2】卷积公式
由卷积公式 $f_Z(z) = \int_{-\infty}^{+\infty} f(x, z - x)\mathrm{d}x.$ 其中

$$f(x, z - x) = \begin{cases} 2 - x - (z - x) = 2 - z, & 0 < x < 1, z - 1 < x < z, \\ 0, & \text{其他.} \end{cases}$$

当 $z \leqslant 0$ 时，$f_Z(z) = 0$；

当 $0 < z < 1$ 时，$f_Z(z) = \int_0^z (2 - z)\mathrm{d}x = 2z - z^2$；

当 $1 \leqslant z < 2$ 时，$f_Z(z) = \int_{z-1}^1 (2 - z)\mathrm{d}x = (2 - z)^2$；

当 $z \geqslant 2$ 时，$f_Z(z) = 0$.

故 Z 的密度函数为

$$f_Z(z) = \begin{cases} 2z - z^2, & 0 < z < 1, \\ (2 - z)^2, & 1 \leqslant z < 2, \\ 0, & \text{其他.} \end{cases}$$

例 3.21 设随机变量 X 与 Y 独立，X 服从正态分布 $N(\mu, \sigma^2)$，Y 服从 $[-\pi, \pi]$ 上的均匀分布，求 $Z = X + Y$ 的概率分布密度（计算结果用标准正态分布函数 Φ 表示，其中 $\Phi(x) = \dfrac{1}{\sqrt{2\pi}} \displaystyle\int_{-\infty}^{x} \mathrm{e}^{-\frac{t^2}{2}} \mathrm{d}t$）.

解析 因 $X \sim N(\mu, \sigma^2)$，故 $f_X(x) = \dfrac{1}{\sqrt{2\pi}\sigma} \mathrm{e}^{-\frac{(x-\mu)^2}{2\sigma^2}}$，$-\infty < x < +\infty$.

又 $Y \sim U[-\pi, \pi]$，故 $f_Y(y) = \begin{cases} \dfrac{1}{2\pi}, & -\pi \leqslant y \leqslant \pi, \\ 0, & \text{其他.} \end{cases}$

因 X 与 Y 相互独立，所以 (X, Y) 的概率密度为

$$f(x, y) = f_X(x) f_Y(y) = \begin{cases} \dfrac{1}{2\pi\sqrt{2\pi}\sigma} \mathrm{e}^{-\frac{(x-\mu)^2}{2\sigma^2}}, & -\infty < x < +\infty, -\pi \leqslant y \leqslant \pi, \\ 0, & \text{其他.} \end{cases}$$

由卷积公式 $f_Z(z) = \displaystyle\int_{-\infty}^{+\infty} f(x, z - x) \mathrm{d}x$. 其中

$$f(x, z - x) = \begin{cases} \dfrac{1}{2\pi\sqrt{2\pi}\sigma} \mathrm{e}^{-\frac{(x-\mu)^2}{2\sigma^2}}, & -\infty < x < +\infty, z - \pi \leqslant x \leqslant z + \pi, \\ 0, & \text{其他.} \end{cases}$$

从而 $f_Z(z) = \displaystyle\int_{z-\pi}^{z+\pi} \dfrac{1}{2\pi\sqrt{2\pi}\sigma} \mathrm{e}^{-\frac{(x-\mu)^2}{2\sigma^2}} \mathrm{d}x = \dfrac{1}{2\pi} \displaystyle\int_{z-\pi}^{z+\pi} \dfrac{1}{\sqrt{2\pi}\sigma} \mathrm{e}^{-\frac{(x-\mu)^2}{2\sigma^2}} \mathrm{d}x$

$= \dfrac{1}{2\pi} [F_X(z + \pi) - F_X(z - \pi)]$

$= \dfrac{1}{2\pi} [P\{X \leqslant z + \pi\} - P\{X \leqslant z - \pi\}]$

$= \dfrac{1}{2\pi} [P\{\dfrac{X - u}{\sigma} \leqslant \dfrac{z + \pi - u}{\sigma}\} - P\{\dfrac{X - u}{\sigma} \leqslant \dfrac{z - \pi - u}{\sigma}\}]$

$= \dfrac{1}{2\pi} [P\{\dfrac{X - u}{\sigma} \leqslant \dfrac{z + \pi - u}{\sigma}\} - P\{\dfrac{X - u}{\sigma} \leqslant \dfrac{z - \pi - u}{\sigma}\}]$

$= \dfrac{1}{2\pi} \left[\Phi\left(\dfrac{z + \pi - \mu}{\sigma} \right) - \Phi\left(\dfrac{z - \pi - \mu}{\sigma} \right) \right]$，$-\infty < z < +\infty$.

例 3.22 设随机变量 (X, Y) 服从正方形 $G = \{(x, y) \mid 1 \leqslant x \leqslant 3, 1 \leqslant y \leqslant 3\}$ 区域上的均匀分布，试求随机变量 $U = |X - Y|$ 的概率密度 $p(u)$.

解析 因随机变量 (X, Y) 服从正方形 $G = \{(x, y) \mid 1 \leqslant x \leqslant 3, 1 \leqslant y \leqslant 3\}$ 区域上的均匀分布，故在计算 (X, Y) 在某区域上取值概率时，可当成几何概型，用面积比计算.

由分布函数的定义：$F_U(u) = P\{U \leqslant u\} = P\{|X - Y| \leqslant u\}$，

当 $u < 0$ 时，$F_U(u) = 0$；

当 $u \geqslant 2$ 时，$F_U(u) = 1$；

当 $0 \leqslant u < 2$ 时，如图

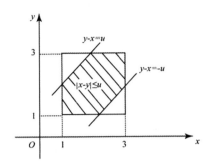

$$F_U(u) = P\{|X - Y| \leqslant u\} = \frac{S_{\text{阴影面积}}}{S_{\text{总面积}}}$$

$$= \frac{4 - (2 - u)^2}{4} = 1 - \frac{1}{4}(2 - u)^2.$$

故 U 的密度函数为

$$p(u) = F_U'(u) = \begin{cases} \dfrac{1}{2}(2 - u), & 0 < u < 2, \\ 0, & \text{其他.} \end{cases}$$

例 3.23 设二维随机变量 (X, Y) 的概率密度为 $f(x, y) = \begin{cases} 2x\mathrm{e}^{-y}, & 0 \leqslant x \leqslant 1, y \geqslant 0, \\ 0, & \text{其他.} \end{cases}$

求 $U = \max(X, Y)$ 与 $V = \min(X, Y)$ 的密度函数.

解析 （1）$F_U(u) = P\{U \leqslant u\} = P\{\max(X, Y) \leqslant u\} = P\{X \leqslant u, Y \leqslant u\}$，

当 $u \leqslant 0$ 时，$F_U(u) = 0$.

当 $0 < u \leqslant 1$ 时，$F_U(u) = \iint\limits_{x \leqslant u, y \leqslant u} f(x, y)\mathrm{d}x\,\mathrm{d}y = \int_0^u \mathrm{d}x \int_0^u 2x\mathrm{e}^{-y}\,\mathrm{d}y = u^2\left(1 - \mathrm{e}^{-u}\right)$.

当 $u > 1$ 时，$F_U(u) = \iint\limits_{x \leqslant u, y \leqslant u} f(x, y)\mathrm{d}x\,\mathrm{d}y = \int_0^1 \mathrm{d}x \int_0^u 2x\mathrm{e}^{-y}\,\mathrm{d}y = 1 - \mathrm{e}^{-u}$.

综上可知概率密度函数 $f_U(u) = F_U'(u) = \begin{cases} 2u\left(1 - \mathrm{e}^{-u}\right) + u^2\,\mathrm{e}^{-u}, & 0 < u < 1, \\ \mathrm{e}^{-u}, & u > 1, \\ 0, & \text{其他.} \end{cases}$

（2）$F_V(v) = P\{V \leqslant v\} = P\{\min(X, Y) \leqslant v\} = 1 - P\{\min(X, Y) > v\} = 1 - P\{X > v, Y > v\}$.

当 $v \leqslant 0$ 时，$F_V(v) = 0$. 当 $v \geqslant 1$ 时，$F_V(v) = 1$.

当 $0 < v < 1$ 时，$F_V(v) = 1 - \iint\limits_{x > v, y > v} f(x, y)\mathrm{d}x\,\mathrm{d}y = 1 - \int_v^1 \mathrm{d}x \int_v^{+\infty} 2x\mathrm{e}^{-y}\,\mathrm{d}y = 1 - \left(1 - v^2\right)\mathrm{e}^{-v}$.

综上可知概率密度函数 $f_V(v) = F_V'(v) = \begin{cases} \left(1 - v^2 + 2v\right)e^{-v}, & 0 < v < 1, \\ 0, & \text{其他.} \end{cases}$

例 3.24 假设一电路装有三个同种电器元件，其工作状态相互独立，且无故障工作时间都服从参数为 $\lambda > 0$ 的指数分布. 当三个元件都无故障工作时，电路正常工作，否则整个电路不能正常工作. 试求电路正常工作的时间 T 的概率分布.

解析 设 X_i 表示第 i 个电气元件无故障工作时间 $(i = 1, 2, 3)$，由题意有 X_1, X_2, X_3 相互独立，且均服从参数为 λ 的指数分布. 其分布函数为

$$F(x) = \begin{cases} 1 - e^{-\lambda x}, & x \geqslant 0, \\ 0, & x < 0. \end{cases}$$

由题意知，电路正常工作的时间为 $T = \min(X_1, X_2, X_3)$，则

$$\begin{aligned}
F_T(t) &= P\{T \leqslant t\} = P\{\min(X_1, X_2, X_3) \leqslant t\} \\
&= 1 - P\{\min(X_1, X_2, X_3) > t\} \\
&= 1 - P\{X_1 > t, X_2 > t, X_3 > t\} \\
&= 1 - P\{X_1 > t\} \cdot P\{X_2 > t\} \cdot P\{X_3 > t\} \\
&= 1 - [1 - F(t)]^3,
\end{aligned}$$

当 $t < 0$ 时，$F_T(t) = 0$；

当 $t \geqslant 0$ 时，$F_T(t) = 1 - [1 - (1 - e^{-\lambda t})]^3 = 1 - e^{-3\lambda t}$.

故 T 的分布函数为 $F_T(t) = \begin{cases} 1 - e^{-3\lambda t}, & t \geqslant 0. \\ 0, & t < 0. \end{cases}$ 即电路正常工作的时间 T 服从参数为 3λ 的指数分布.

题型 4　一个离散型与一个连续型随机变量的函数分布

基础知识回顾

设随机变量 X 的分布律为 $P\{X = x_i\} = p_i (i = 1, 2, \cdots, n)$，随机变量 Y 的概率密度为 $f(y)$，求 $Z = g(X, Y)$ 的分布.

随机变量 Z 的分布函数

$$F_Z(z) = P\{Z \leqslant z\} = P\{g(X, Y) \leqslant z\} = \sum_{i=1}^{n} P\{g(X, Y) \leqslant z, X = x_i\}.$$

良哥解读

离散型与连续型随机变量相结合的问题，往往将离散型随机变量的所有可能取值当成完全事件组用全概率公式解决即可.

精选例题

例 3.25 设随机变量 X 和 Y 相互独立，其中 $X \sim B(1, \frac{1}{2})$，而 Y 具有概率密度 $f(y) = \begin{cases} 1, & 0 \leqslant y < 1, \\ 0, & \text{其他,} \end{cases}$

则 $P\{X + Y \leqslant \frac{1}{3}\}$ 的值为（　　　）

（A）$\dfrac{1}{6}$. 　　　　　（B）$\dfrac{1}{3}$. 　　　　　（C）$\dfrac{1}{4}$. 　　　　　（D）$\dfrac{1}{2}$.

解析 因 $X \sim B(1, \frac{1}{2})$，故 X 取值只有 0 和 1，将事件 $\{X = 0\}$ 和 $\{X = 1\}$ 当成完备事件组，由全概率公式，得

$$P\left\{X+Y\leqslant\frac{1}{3}\right\}=P\{X=0\}P\left\{X+Y\leqslant\frac{1}{3}\Big|X=0\right\}+P\{X=1\}P\left\{X+Y\leqslant\frac{1}{3}\Big|X=1\right\}$$

$$=\frac{1}{2}\cdot P\left\{X+Y\leqslant\frac{1}{3}\Big|X=0\right\}+\frac{1}{2}\cdot P\left\{X+Y\leqslant\frac{1}{3}\Big|X=1\right\}$$

$$=\frac{1}{2}\cdot P\left\{Y\leqslant\frac{1}{3}\right\}+\frac{1}{2}\cdot P\left\{Y\leqslant-\frac{2}{3}\right\}$$

$$=\frac{1}{2}\cdot\frac{1}{3}+\frac{1}{2}\cdot0=\frac{1}{6}.$$

故应选（A）.

例3.26 设随机变量 X 与 Y 相互独立，X 的概率分布为 $P\{X=i\}=\frac{1}{3}(i=-1,0,1)$，$Y$ 的概率密度为

$$f_Y(y)=\begin{cases}1,&0\leqslant y<1,\\0,&\text{其他}.\end{cases}\text{记}\ Z=X+Y.$$

（1）求 $P\left\{Z\leqslant\frac{1}{2}\Big|X=0\right\}$

（2）求 Z 的概率密度 $f_Z(z)$.

解析 （1）

$$P\left\{Z\leqslant\frac{1}{2}\Big|X=0\right\}=P\left\{X+Y\leqslant\frac{1}{2}\Big|X=0\right\}=P\left\{Y\leqslant\frac{1}{2}\Big|X=0\right\},$$

因 X 与 Y 相互独立，故 $P\left\{Y\leqslant\frac{1}{2}\Big|X=0\right\}=P\left\{Y\leqslant\frac{1}{2}\right\}=\int_0^{\frac{1}{2}}1\mathrm{d}y=\frac{1}{2}$，

从而 $P\left\{Z\leqslant\frac{1}{2}\Big|X=0\right\}=\frac{1}{2}$.

（2）由分布函数的定义，

$$F_Z(z)=P\{Z\leqslant z\}=P\{X+Y\leqslant z\}$$

$$=P\{X+Y\leqslant z,X=-1\}+P\{X+Y\leqslant z,X=0\}+P\{X+Y\leqslant z,X=1\}$$

$$=P\{Y\leqslant z+1,X=-1\}+P\{Y\leqslant z,X=0\}+P\{Y\leqslant z-1,X=1\}$$

$$=P\{Y\leqslant z+1\}P\{X=-1\}+P\{Y\leqslant z\}P\{X=0\}+P\{Y\leqslant z-1\}P\{X=1\}$$

$$=\frac{1}{3}[P\{Y\leqslant z+1\}+P\{Y\leqslant z\}+P\{Y\leqslant z-1\}].$$

当 $z<-1$ 时，$F_Z(z)=0$；

当 $-1\leqslant z<0$ 时，$F_Z(z)=\frac{1}{3}(z+1+0+0)=\frac{1}{3}(z+1)$；

当 $0\leqslant z<1$ 时，$F_Z(z)=\frac{1}{3}(1+z+0)=\frac{1}{3}(z+1)$；

当 $1\leqslant z<2$ 时，$F_Z(z)=\frac{1}{3}(1+1+z-1)=\frac{1}{3}(z+1)$；

当 $z\geqslant2$ 时，$F_Z(z)=\frac{1}{3}(1+1+1)=1$；

故 Z 的密度函数为 $f_Z(z) = F_Z'(z) = \begin{cases} \dfrac{1}{3}, & -1 \leqslant z < 2, \\ 0, & \text{其他}. \end{cases}$

良哥解读

一个离散型和一个连续型随机变量相结合的函数分布问题，在求其分布函数时需要讨论 z 的范围，这个也是历年考生的一个痛点。在此给大家介绍一个行之有效的小技巧：我们将离散型随机变量的所有可能取值点和连续型随机变量密度函数的分段点进行组合，将组合的点代入作用函数算出函数值，用这些函数值将数轴分成若干段就是我们讨论的范围。例如本题中离散型随机变量 X 的取值点有 $-1, 0, 1$，连续型随机变量 Y 的密度函数分段点有 $0, 1$，将它们进行组合得到 $(-1, 0)$，$(-1, 1)$，$(0, 0)$，$(0, 1)$，$(1, 0)$，$(1, 1)$，再将这些点代入作用函数 $z = x + y$，算出函数值有 $z = -1, z = 0, z = 1, z = 2$，这样就得到 z 的范围是：$z < -1, -1 \leqslant z < 0, 0 \leqslant z < 1, 1 \leqslant z < 2, z \geqslant 2$。

例3.27 设二维随机变量 (X, Y) 在区域 $D = \left\{ (x, y) \mid 0 < x < 1, x^2 < y < \sqrt{x} \right\}$ 上服从均匀分布，令

$$U = \begin{cases} 1, & X \leqslant Y, \\ 0, & X > Y. \end{cases}$$

（1）写出 (X, Y) 的概率密度；

（2）问 U 与 X 是否相互独立？并说明理由；

（3）求 $Z = U + X$ 的分布函数 $F(z)$。

解析 （1）记区域 D 的面积为 S_D，则

$$S_D = \int_0^1 (\sqrt{x} - x^2) \mathrm{d}x = \left(\frac{2}{3} x^{\frac{3}{2}} - \frac{1}{3} x^3 \right) \Big|_0^1 = \frac{1}{3}.$$

因 (X, Y) 在区域 D 上服从均匀分布，所以 (X, Y) 的概率密度为

$$f(x, y) = \begin{cases} 3, & 0 < x < 1, x^2 < y < \sqrt{x}, \\ 0, & \text{其他}. \end{cases}$$

（2）因

$$P\left\{ U \leqslant \frac{1}{2}, X \leqslant \frac{1}{2} \right\} = P\left\{ U = 0, X \leqslant \frac{1}{2} \right\} = P\left\{ X > Y, X \leqslant \frac{1}{2} \right\}$$

$$= \int_0^{\frac{1}{2}} \mathrm{d}x \int_{x^2}^{x} 3 \mathrm{d}y = \frac{1}{4},$$

$$P\left\{ U \leqslant \frac{1}{2} \right\} = P\{ U = 0 \} = P\{ X > Y \} = \frac{1}{2},$$

$$P\left\{ X \leqslant \frac{1}{2} \right\} = \int_0^{\frac{1}{2}} \mathrm{d}x \int_{x^2}^{\sqrt{x}} 3 \mathrm{d}y = \frac{\sqrt{2}}{2} - \frac{1}{8},$$

故 $P\left\{ U \leqslant \dfrac{1}{2}, X \leqslant \dfrac{1}{2} \right\} \neq P\left\{ U \leqslant \dfrac{1}{2} \right\} \cdot P\left\{ X \leqslant \dfrac{1}{2} \right\}$，从而得 U 与 X 不独立。

（3）由分布函数的定义有

$$F(z) = P\{Z \le z\} = P\{U + X \le z\} = P\{U + X \le z, U = 0\} + P\{U + X \le z, U = 1\}$$
$$= P\{X \le z, U = 0\} + P\{X \le z-1, U = 1\}$$
$$= P\{X \le z, X > Y\} + P\{X \le z-1, X \le Y\}.$$

当 $z < 0$ 时，$F(z) = 0$；

当 $0 \le z < 1$ 时，

$$F(z) = \int_0^z dx \int_{x^2}^x 3dy + 0 = 3\int_0^z (x - x^2)dx = \frac{3}{2}z^2 - z^3；$$

当 $1 \le z < 2$ 时，

$$F(z) = \frac{1}{2} + \int_0^{z-1} dx \int_x^{\sqrt{x}} 3dy = \frac{1}{2} + 3\int_0^{z-1}(\sqrt{x} - x)dx$$
$$= \frac{1}{2} + 2(z-1)^{\frac{3}{2}} - \frac{3}{2}(z-1)^2；$$

当 $z \ge 2$ 时，$F(z) = 1$．

故 Z 的分布函数为

$$F(z) = \begin{cases} 0, & z < 0, \\ \dfrac{3}{2}z^2 - z^3, & 0 \le z < 1, \\ \dfrac{1}{2} + 2(z-1)^{\frac{3}{2}} - \dfrac{3}{2}(z-1)^2, & 1 \le z < 2, \\ 1, & z \ge 2. \end{cases}$$

例 3.28 设随机变量 $X \sim U(0,2)$，$Y = [X] + X$，$[\cdot]$ 表示取整函数．求随机变量 Y 的概率密度函数 $f_Y(y)$．

解析 令 $Z = [X] = \begin{cases} 0, & 0 < X < 1, \\ 1, & 1 \le X < 2. \end{cases}$ 则

$$P\{Z = 0\} = P\{0 < X < 1\} = \frac{1}{2}, \quad P\{Z = 1\} = P\{1 \le X < 2\} = \frac{1}{2}.$$

$$F_Y(y) = P\{Y \le y\} = P\{Z + X \le y\}$$
$$= P\{Z + X \le y \mid Z = 0\}P\{Z = 0\} + P\{Z + X \le y \mid Z = 1\}P\{Z = 1\}$$
$$= \frac{1}{2}\left[P\{X \le y \mid Z = 0\} + P\{X \le y-1 \mid Z = 1\} \right]$$
$$= \frac{1}{2}\left[P\{X \le y \mid 0 < X < 1\} + P\{X \le y-1 \mid 1 \le X < 2\} \right].$$

当 $y < 0$ 时，$F_Y(y) = 0$；

当 $0 \le y < 1$ 时，$F_Y(y) = \dfrac{1}{2}\left[\dfrac{P\{0 < X \le y\}}{P\{0 < X < 1\}} + 0 \right] = \dfrac{1}{2}y$；

当 $1 \le y < 2$ 时，$F_Y(y) = \dfrac{1}{2}(1 + 0) = \dfrac{1}{2}$；

当 $2 \leqslant y < 3$ 时，$F_Y(y) = \dfrac{1}{2}\left[1 + \dfrac{P\{1 \leqslant X \leqslant y-1\}}{P\{1 \leqslant X \leqslant 2\}}\right] = \dfrac{1}{2}(1 + y - 2) = \dfrac{1}{2}(y - 1)$；

当 $y \geqslant 3$ 时，$F_Y(y) = 1$.

故 $f_Y(y) = F_Y'(y) = \begin{cases} \dfrac{1}{2}, & 0 < y < 1, \\ \dfrac{1}{2}, & 2 < y < 3, \\ 0, & \text{其他}. \end{cases}$

良哥解读

对一个随机变量取整，得到的一定是一个离散型随机变量，本题的问题即转化为离散型与连续型随机变量相结合的函数分布问题，再按照步骤解决即可.

李良概率章节笔记

李良概率章节笔记

题型 1 计算随机变量的数字特征

基础知识回顾

一、离散型随机变量的数学期望

1. 定义

设离散型随机变量 X 的分布律为 $P\{X = x_i\} = p_i(i = 1, 2, \cdots)$，若级数 $\sum\limits_{i=1}^{\infty} x_i p_i$ 绝对收敛，则称级数

$\sum\limits_{i=1}^{\infty} x_i p_i$ 的和为随机变量 X 的数学期望，记为 $E(X)$，即 $E(X) = \sum\limits_{i=1}^{\infty} x_i p_i$；如果级数 $\sum\limits_{i=1}^{\infty} |x_i| p_i$ 发散，

则称 X 的数学期望不存在．

2. 离散型随机变量函数的数学期望

若 X 是离散型随机变量，其概率分布为 $P\{X = x_i\} = p_i, i = 1, 2, \cdots$，设 $g(x)$ 为连续实函数，令

$Y = g(X)$．若级数 $\sum\limits_{i=1}^{\infty} g(x_i) p_i$ 绝对收敛，则称随机变量 $Y = g(X)$ 的期望存在，且 $E(Y) = \sum\limits_{i=1}^{\infty} g(x_i) p_i$．

3. 两个离散型随机变量函数的数学期望

若 (X, Y) 是二维离散型随机变量，其分布律为 $P\{X = x_i, Y = y_j\} = p_{ij}, i, j = 1, 2, \cdots$，设 $g(x, y)$ 为二

元连续实函数，令 $Z = g(X, Y)$，若 $\sum\limits_{i=1}^{\infty} \sum\limits_{j=1}^{\infty} g(x_i, y_j) p_{ij}$ 绝对收敛，则称随机变量 $Z = g(X, Y)$ 的期望

存在，且 $E(Z) = Eg(X, Y) = \sum\limits_{i=1}^{\infty} \sum\limits_{j=1}^{\infty} g(x_i, y_j) p_{ij}$．

二、连续型随机变量的数学期望

1. 定义

设连续型随机变量 X 的概率密度为 $f(x)$，若积分 $\int_{-\infty}^{+\infty} x f(x) \mathrm{d}x$ 绝对收敛，则称积分 $\int_{-\infty}^{+\infty} x f(x) \mathrm{d}x$ 为随

机变量 X 的数学期望，记为 $E(X)$，即 $E(X) = \int_{-\infty}^{+\infty} x f(x) \mathrm{d}x$；若积分 $\int_{-\infty}^{+\infty} |x| f(x) \mathrm{d}x$ 发散，则称随机

变量 X 的数学期望不存在．

2. 一维连续型随机变量函数的数学期望

若 X 是连续型随机变量，其概率密度为 $f_X(x)$，设 $g(x)$ 为连续实函数，令 $Y = g(X)$．若积分

$\int_{-\infty}^{+\infty} g(x) f_X(x) \mathrm{d}x$ 绝对收敛，则称随机变量 $Y = g(X)$ 的期望存在，且

$E(Y) = \int_{-\infty}^{+\infty} g(x) f_X(x) \mathrm{d}x$．

3. 两个连续型随机变量函数的数学期望

若 (X,Y) 是二维连续型随机变量，其概率密度为 $f(x,y)$，设 $g(x,y)$ 为二元连续实函数，令 $Z = g(X,Y)$，当 $\int_{-\infty}^{+\infty} \int_{-\infty}^{+\infty} g(x,y)f(x,y)\mathrm{d}x\mathrm{d}y$ 绝对收敛时，称随机变量 $Z = g(X,Y)$ 的期望存在，且

$$E(Z) = Eg(X,Y) = \int_{-\infty}^{+\infty} \int_{-\infty}^{+\infty} g(x,y)f(x,y)\mathrm{d}x\mathrm{d}y.$$

【 三、随机变量数学期望的性质 】

（1）设 C 为常数，则有 $E(C) = C$；

（2）设 X 为一随机变量，且 $E(X)$ 存在，C 为常数，则有 $E(CX) = CE(X)$；

（3）设 X 与 Y 是两个随机变量，则有 $E(k_1 X \pm k_2 Y) = k_1 E(X) \pm k_2 E(Y)$；

（4）设 X 与 Y 相互独立，则有 $E(XY) = E(X)E(Y)$．

【 四、随机变量的方差 】

1. 方差的定义

设 X 是一个随机变量，如果 $E\{[X - E(X)]^2\}$ 存在，则称 $E\{[X - E(X)]^2\}$ 为 X 的方差，记作 $D(X)$，即 $D(X) = E\{[X - E(X)]^2\}$，称 $\sqrt{D(X)}$ 为标准差或均方差．

2. 方差的计算公式

（1）可利用随机变量函数期望的公式计算

① 若 X 为离散型随机变量，其分布律为 $P\{X = x_i\} = p_i (i = 1, 2, \cdots)$，则

$$D(X) = \sum_{i=1}^{\infty} [x_i - E(X)]^2 p_i .$$

② 若 X 为连续型随机变量，其概率密度为 $f(x)$，则

$$D(X) = \int_{-\infty}^{+\infty} [x - E(X)]^2 f(x)\mathrm{d}x .$$

（2）随机变量 X 的方差也可按下面的公式计算

$$D(X) = E(X^2) - [E(X)]^2 .$$

3. 方差的性质

（1）设 C 为常数，则 $D(C) = 0$；

（2）如果 X 为随机变量，C 为常数，则 $D(CX) = C^2 D(X)$；

（3）如果 X 为随机变量，C 为常数，则有 $D(X + C) = D(X)$；

（4）设 X, Y 是两个随机变量，则有 $D(X \pm Y) = D(X) + D(Y) \pm 2E\{[X - E(X)][Y - E(Y)]\}$．

特别地，若 X, Y 相互独立，则 $D(X \pm Y) = D(X) + D(Y)$．

这一性质还可推广，对于任意有限个相互独立随机变量和（差）的方差等于方差的和．

【 五、常见分布的数字特征 】

（1）二项分布 $X \sim B(n, p)$ $\qquad\qquad\qquad\qquad EX = np, \quad DX = np(1 - p).$

（2）0-1分布 $X \sim B(1, p)$ $\qquad\qquad EX = p, \quad DX = p(1-p).$

（3）泊松分布 $X \sim P(\lambda)(\lambda > 0)$ $\qquad EX = \lambda, \quad DX = \lambda.$

（4）几何分布 $X \sim G(p)$ $\qquad\qquad EX = \dfrac{1}{p}, \quad DX = \dfrac{1-p}{p^2}.$

（5）均匀分布 $X \sim U(a, b)$ $\qquad\quad EX = \dfrac{a+b}{2}, \quad DX = \dfrac{(b-a)^2}{12}.$

（6）指数分布 $X \sim E(\lambda)(\lambda > 0)$ $\qquad EX = \dfrac{1}{\lambda}, \quad DX = \dfrac{1}{\lambda^2}.$

（7）正态分布 $X \sim N(\mu, \sigma^2)$ $\qquad\quad EX = \mu, \quad DX = \sigma^2.$

⚓ 考点及方法小结

（1）若已知随机变量 X 的期望和方差时，往往通过方差计算公式的变形来计算 $E(X^2)$，即

$$E(X^2) = D(X) + [E(X)]^2.$$

（2）可利用指数分布与正态分布的结论来计算一些复杂的积分：

① 若 $X \sim E(\lambda)\,(\lambda > 0)$，其概率密度为 $f(x) = \begin{cases} \lambda e^{-\lambda x}, & x > 0, \\ 0, & \text{其他}. \end{cases}$

因 $\displaystyle\int_0^{+\infty} f(x)\mathrm{d}x = \int_0^{+\infty} \lambda e^{-\lambda x}\mathrm{d}x = 1$，

$$E(X) = \int_0^{+\infty} xf(x)\mathrm{d}x = \int_0^{+\infty} x\lambda e^{-\lambda x}\mathrm{d}x = \frac{1}{\lambda},$$

$$E(X^2) = \int_0^{+\infty} x^2 f(x)\mathrm{d}x = \int_0^{+\infty} x^2 \lambda e^{-\lambda x}\mathrm{d}x = D(X) + [E(X)]^2 = \frac{1}{\lambda^2} + \left(\frac{1}{\lambda}\right)^2 = \frac{2}{\lambda^2},$$

故若遇到形如 $\displaystyle\int_0^{+\infty} e^{-\lambda x}\mathrm{d}x$，$\displaystyle\int_0^{+\infty} xe^{-\lambda x}\mathrm{d}x(\lambda > 0)$，$\displaystyle\int_0^{+\infty} x^2 e^{-\lambda x}\mathrm{d}x(\lambda > 0)$ 的积分计算，我们可以在被积函数中凑出指数分布的密度函数，利用结论计算．比如

$$\int_0^{+\infty} e^{-\lambda x}\mathrm{d}x = \frac{1}{\lambda}\int_0^{+\infty} \lambda e^{-\lambda x}\mathrm{d}x = \frac{1}{\lambda},$$

$$\int_0^{+\infty} xe^{-\lambda x}\mathrm{d}x = \frac{1}{\lambda}\int_0^{+\infty} x\lambda e^{-\lambda x}\mathrm{d}x = \frac{1}{\lambda^2}.$$

$$\int_0^{+\infty} x^2 e^{-\lambda x}\mathrm{d}x = \frac{1}{\lambda}\int_0^{+\infty} x^2 \lambda e^{-\lambda x}\mathrm{d}x = \frac{1}{\lambda}\left[\frac{1}{\lambda^2} + \left(\frac{1}{\lambda}\right)^2\right] = \frac{2}{\lambda^3}.$$

② 若 $X \sim N(\mu, \sigma^2)$，其概率密度为 $f(x) = \dfrac{1}{\sqrt{2\pi}\sigma} e^{-\frac{(x-\mu)^2}{2\sigma^2}}$，$-\infty < x < +\infty$．

因 $\displaystyle\int_{-\infty}^{+\infty} f(x)\mathrm{d}x = \int_{-\infty}^{+\infty} \frac{1}{\sqrt{2\pi}\sigma} e^{-\frac{(x-\mu)^2}{2\sigma^2}}\mathrm{d}x = 1$，

$$E(X) = \int_{-\infty}^{+\infty} xf(x)\mathrm{d}x = \int_{-\infty}^{+\infty} x\frac{1}{\sqrt{2\pi}\sigma} e^{-\frac{(x-\mu)^2}{2\sigma^2}}\mathrm{d}x = \mu,$$

$$E(X^2) = \int_{-\infty}^{+\infty} x^2 f(x) dx = \int_{-\infty}^{+\infty} x^2 \frac{1}{\sqrt{2\pi}\sigma} e^{-\frac{(x-\mu)^2}{2\sigma^2}} dx = D(X) + [E(X)]^2 = \sigma^2 + \mu^2.$$

故若遇到形如 $\int_{-\infty}^{+\infty} e^{-(x-\mu)^2} dx$, $\int_{-\infty}^{+\infty} x e^{-(x-\mu)^2} dx$, $\int_{-\infty}^{+\infty} x^2 e^{-(x-\mu)^2} dx$ 的积分计算，我们可以在被积函数中凑出正态分布的密度函数，利用上面的结论计算．比如

$$\int_{-\infty}^{+\infty} e^{-(x-\mu)^2} dx = \sqrt{\pi} \int_{-\infty}^{+\infty} \frac{1}{\sqrt{2\pi}\frac{1}{\sqrt{2}}} e^{-\frac{(x-\mu)^2}{2(\frac{1}{\sqrt{2}})^2}} dx = \sqrt{\pi},$$

$$\int_{-\infty}^{+\infty} x e^{-(x-\mu)^2} dx = \sqrt{\pi} \int_{-\infty}^{+\infty} x \frac{1}{\sqrt{2\pi}\frac{1}{\sqrt{2}}} e^{-\frac{(x-\mu)^2}{2(\frac{1}{\sqrt{2}})^2}} dx = \sqrt{\pi}\mu.$$

$$\int_{-\infty}^{+\infty} x^2 e^{-(x-\mu)^2} dx = \sqrt{\pi} \int_{-\infty}^{+\infty} x^2 \frac{1}{\sqrt{2\pi}\frac{1}{\sqrt{2}}} e^{-\frac{(x-\mu)^2}{2(\frac{1}{\sqrt{2}})^2}} dx = \sqrt{\pi}[(\frac{1}{\sqrt{2}})^2 + \mu^2] = (\frac{1}{2} + \mu^2)\sqrt{\pi}.$$

（4）当随机变量 X 与 Y 相互独立时，有 $E(XY) = E(X)E(Y)$，$D(X \pm Y) = D(X) + D(Y)$，但反之不一定．

📖 精选例题

例 4.1 已知随机变量 X 服从二项分布，且 $E(X) = 2.4, D(X) = 1.44$，则二项分布的参数 n, p 的值为（   ）

（A）$n = 4, p = 0.6$.　　　　　　　　　　（B）$n = 6, p = 0.4$.

（C）$n = 8, p = 0.3$.　　　　　　　　　　（D）$n = 24, p = 0.1$.

解析 因 $X \sim B(n, p)$，故 $E(X) = np, D(X) = np(1-p)$，即有 $\begin{cases} np = 2.4, \\ np(1-p) = 1.44. \end{cases}$

解之得 $n = 6, p = 0.4$．故应选（B）．

例 4.2 设随机变量 X 的概率密度为 $f(x) = \begin{cases} \dfrac{1}{2}\cos\dfrac{x}{2}, & 0 \leqslant x \leqslant \pi, \\ 0, & \text{其他}. \end{cases}$ 对 X 独立地重复观察4次，用 Y 表示观察值大于 $\dfrac{\pi}{3}$ 的次数，求 Y^2 的数学期望．

解析 由题意有 Y 服从二项分布 $B(4, p)$，其中 $p = P\left\{X > \dfrac{\pi}{3}\right\} = \int_{\frac{\pi}{3}}^{\pi} \dfrac{1}{2}\cos\dfrac{x}{2} dx = \sin\dfrac{x}{2}\Big|_{\frac{\pi}{3}}^{\pi} = \dfrac{1}{2}$.

所以 $Y \sim B\left(4, \dfrac{1}{2}\right)$．则 Y^2 的数学期望为

$$E(Y^2) = D(Y) + [E(Y)]^2 = 4 \times \frac{1}{2} \times \frac{1}{2} + \left(4 \times \frac{1}{2}\right)^2 = 1 + 4 = 5 .$$

例 4.3 已知编号为 $1,2,3,4$ 的 4 个袋中各有 3 个白球，2 个黑球．现从 $1,2,3$ 袋中各取一球放入第 4 号袋中，则 4 号袋中白球数 X 的期望 $E(X) =$ _____；方差 $D(X) =$ _____．

解析 由于 $1,2,3$ 袋中白球与黑球个数相同，从每个袋中取一球相当做了一次试验，各次试验"取到白球"的概率 $p = \dfrac{3}{5}$，而在每个袋取球是相互独立，故可看成做了三次独立重复试验，用 Y 表示放入第 4 袋中的白球数，则 $Y \sim B(3, \dfrac{3}{5})$．$X$ 表示此时 4 号袋中白球数，故 $X = 3 + Y$，

从而 $E(X) = 3 + E(Y) = 3 + 3 \times \dfrac{3}{5} = \dfrac{24}{5}$，$D(X) = D(Y+3) = D(Y) = 3 \times \dfrac{3}{5} \times \dfrac{2}{5} = \dfrac{18}{25}$．

例 4.4 设随机变量 X 服从参数为 1 的泊松分布，则 $P\{X = E(X^2)\} =$ ____．

解析 因 X 服从参数为 1 的泊松分布，故 $E(X) = D(X) = 1$，则

$$E(X^2) = D(X) + [E(X)]^2 = 1 + 1 = 2 ,$$

故 $P\{X = E(X^2)\} = P\{X = 2\} = \dfrac{1^2 \cdot \mathrm{e}^{-1}}{2!} = \dfrac{1}{2\mathrm{e}}$．

例 4.5 随机变量 X 概率分布为 $P\{X = k\} = \dfrac{C}{k!}$，$k = 0,1,2,\cdots$．则 $E(X^2) =$ ____．

解析 因为 $\displaystyle\sum_{k=0}^{\infty} P\{X = k\} = \sum_{k=0}^{\infty} \dfrac{C}{k!} = C\sum_{k=0}^{\infty} \dfrac{1}{k!} = C\mathrm{e} = 1$，所以 $C = \mathrm{e}^{-1}$．由此可知随机变量 X 服从参数为 1 的泊松分布，于是

$$E(X^2) = D(X) + [E(X)]^2 = 1 + 1 = 2 .$$

例 4.6 设随机变量 X 服从参数为 1 的指数分布，则 $E(X^2 + X\mathrm{e}^{-2X})$ _____．

解析 随机变量 X 服从参数为 1 的指数分布，故 X 的概率密度为 $f(x) = \begin{cases} \mathrm{e}^{-x}, & x > 0, \\ 0, & x \leqslant 0, \end{cases}$ 且

$E(X) = 1, D(X) = 1$．因

$$E(X^2 + X\mathrm{e}^{-2X}) = E(X^2) + E(X\mathrm{e}^{-2X}) = D(X) + [E(X)]^2 + E(X\mathrm{e}^{-2X}) ,$$

又 $E(X\mathrm{e}^{-2X}) = \displaystyle\int_{-\infty}^{+\infty} x\mathrm{e}^{-2x} f(x)\mathrm{d}x = \int_{0}^{+\infty} x\mathrm{e}^{-2x} \cdot \mathrm{e}^{-x}\mathrm{d}x = \dfrac{1}{3}\int_{0}^{+\infty} x \cdot 3\mathrm{e}^{-3x}\mathrm{d}x = \dfrac{1}{9}$，

所以 $E(X^2 + X\mathrm{e}^{-2X}) = 1 + 1 + \dfrac{1}{9} = \dfrac{19}{9}$．

例 4.7 设随机变量 X 服从参数为 λ 的指数分布，则 $P\{X > \sqrt{D(X)}\} =$ _____．

解析 因 X 服从参数为 λ 的指数分布，故 X 的分布函数为

$$F_X(x) = \begin{cases} 1 - \mathrm{e}^{-\lambda x}, & x > 0, \\ 0, & \text{其他．} \end{cases}$$

且 $D(X) = \dfrac{1}{\lambda^2}$，所以

$$P\left\{X > \sqrt{D(X)}\right\} = P\left\{X > \dfrac{1}{\lambda}\right\} = 1 - P\left\{X \leqslant \dfrac{1}{\lambda}\right\} = 1 - F_X\left(\dfrac{1}{\lambda}\right) = 1 - \left(1 - \mathrm{e}^{-\lambda \cdot \frac{1}{\lambda}}\right) = \dfrac{1}{\mathrm{e}}.$$

例 4.8　设随机变量 X 服从标准正态分布 $N(0,1)$，则 $E(X^2 \mathrm{e}^{2X}) = $ _____.

解析　因 X 服从标准正态分布，故 X 的概率密度为

$$f_X(x) = \dfrac{1}{\sqrt{2\pi}} \mathrm{e}^{-\frac{x^2}{2}}, \quad -\infty < x < +\infty,$$

则

$$\begin{aligned}
E(X^2 \mathrm{e}^{2X}) &= \int_{-\infty}^{+\infty} x^2 \mathrm{e}^{2x} \dfrac{1}{\sqrt{2\pi}} \mathrm{e}^{-\frac{x^2}{2}} \mathrm{d}x = \int_{-\infty}^{+\infty} x^2 \dfrac{1}{\sqrt{2\pi}} \mathrm{e}^{-\frac{x^2 - 4x}{2}} \mathrm{d}x \\
&= \mathrm{e}^2 \int_{-\infty}^{+\infty} x^2 \dfrac{1}{\sqrt{2\pi}} \mathrm{e}^{-\frac{(x-2)^2}{2}} \mathrm{d}x \\
&= (1 + 2^2)\mathrm{e}^2 = 5\mathrm{e}^2.
\end{aligned}$$

良哥解读

记随机变量 Y 的密度函数为 $g(x) = \dfrac{1}{\sqrt{2\pi}} \mathrm{e}^{-\frac{(x-2)^2}{2}}$，$-\infty < x < +\infty$，则 $Y \sim N(2,1)$．又

$EY^2 = \displaystyle\int_{-\infty}^{+\infty} x^2 \dfrac{1}{\sqrt{2\pi}} \mathrm{e}^{-\frac{(x-2)^2}{2}} \mathrm{d}x$，而 $EY^2 = DY + (EY)^2 = 1 + 2^2 = 5$，故

$$\int_{-\infty}^{+\infty} x^2 \dfrac{1}{\sqrt{2\pi}} \mathrm{e}^{-\frac{(x-2)^2}{2}} \mathrm{d}x = 5.$$

例 4.9　设随机变量 X 的分布函数为 $F(x) = 0.3\Phi(x) + 0.7\Phi\left(\dfrac{x-1}{2}\right)$，其中 $\Phi(x)$ 为标准正态分布函数，则 $E(X) = $（　　　）

（A）0.　　　　　（B）0.3.　　　　　（C）0.7.　　　　　（D）1.

解析　【法 1】随机变量 X 的概率密度为 $f(x) = F'(x) = 0.3\varphi(x) + \dfrac{0.7}{2}\varphi\left(\dfrac{x-1}{2}\right)$，则

$$\begin{aligned}
E(X) &= \int_{-\infty}^{+\infty} x f(x) \mathrm{d}x = \int_{-\infty}^{+\infty} x\left[0.3\varphi(x) + \dfrac{0.7}{2}\varphi\left(\dfrac{x-1}{2}\right)\right]\mathrm{d}x \\
&= 0.3\int_{-\infty}^{+\infty} x\varphi(x)\mathrm{d}x + \dfrac{0.7}{2}\int_{-\infty}^{+\infty} x\varphi\left(\dfrac{x-1}{2}\right)\mathrm{d}x,
\end{aligned}$$

因为 $\displaystyle\int_{-\infty}^{+\infty} x\varphi(x)\mathrm{d}x = 0$，

$$\begin{aligned}
\int_{-\infty}^{+\infty} x\varphi\left(\dfrac{x-1}{2}\right)\mathrm{d}x &\xlongequal{\diamondsuit u = \frac{x-1}{2}} 2\int_{-\infty}^{+\infty} (2u+1)\varphi(u)\mathrm{d}u \\
&= 4\int_{-\infty}^{+\infty} u\varphi(u)\mathrm{d}u + 2\int_{-\infty}^{+\infty} \varphi(u)\mathrm{d}u = 0 + 2 \times 1 = 2,
\end{aligned}$$

所以 $E(X) = 0.3 \times 0 + \dfrac{0.7}{2} \times 2 = 0.7$. 故应选（C）.

【法2】设随机变量 Y 服从 $N(1,4)$ ，则 Y 的分布函数为

$$F_Y(x) = P\{Y \leq x\} = P\left\{\dfrac{Y-1}{2} \leq \dfrac{x-1}{2}\right\} = \Phi\left(\dfrac{x-1}{2}\right), \quad \text{故随机变量}$$

X 的分布函数是由正态分布 $N(0,1)$ 和 $N(1,4)$ 的分布函数组合而成，组合系数为 0.3 和 0.7. 而 $N(0,1)$ 和 $N(1,4)$ 的期望分别为 0，1，故

$$E(X) = 0.3 \times 0 + 0.7 \times 1 = 0.7.$$

良哥解读

设随机变量 X 的分布函数为 $F(x) = a_1 F_1(x) + a_2 F_2(x)$ ，其中 $F_1(x), F_2(x)$ 分别为随机变量 X_1, X_2 的分布函数， $f_1(x), f_2(x)$ 为其对应的概率密度，常数 a_1, a_2 满足： $a_1 > 0, a_2 > 0, a_1 + a_2 = 1$ ，则 X 的概率密度为 $f(x) = F'(x) = a_1 f_1(x) + a_2 f_2(x)$ 从而 X 的数学期望

$$E(X) = \int_{-\infty}^{+\infty} x f(x) \mathrm{d}x = a_1 \int_{-\infty}^{+\infty} x f_1(x) \mathrm{d}x + a_2 \int_{-\infty}^{+\infty} x f_2(x) \mathrm{d}x = a_1 E(X_1) + a_2 E(X_2).$$

例4.10 设随机变量 X 与 Y 相互独立，且 $X \sim N(1,2)$ ， $Y \sim N(1,4)$ ，则 $D(XY) = $ _____

（A）6. （B）8. （C）14. （D）15.

解析 由 $D(XY) = E(X^2 Y^2) - \left[E(XY)\right]^2$ ，又 X 与 Y 相互独立，故有

$$E(X^2 Y^2) = E(X^2)E(Y^2), E(XY) = E(X)E(Y),$$

其中

$$E(X^2) = D(X) + \left[E(X)\right]^2 = 2 + 1 = 3,$$

$$E(Y^2) = D(Y) + \left[E(Y)\right]^2 = 4 + 1 = 5,$$

故 $D(XY) = 3 \times 5 - 1 = 14$. 故应选（C）.

良哥解读

当随机变量 X 与 Y 相互独立时，有 $E(XY) = E(X)E(Y)$ ，但没有 $D(XY) = D(X)D(Y)$ ，很多考生混淆性质，最后得到错误结果 $D(XY) = 2 \times 4 = 8$ ，从而选择（B），这也是命题人挖的坑，所以大家一定要熟记数字特征的性质.

例4.11 设二维随机变量 (X,Y) 服从正态分布 $N(\mu, \mu; \sigma^2, \sigma^2; 0)$ ，则 $E(XY^2) = $ _____.

解析 由已知得 $E(X) = E(Y) = \mu$ ， $D(Y) = \sigma^2$. 又因为 (X,Y) 服从二维正态分布，且 X 与 Y 的相关系数 $\rho = 0$ ，根据二维正态分布的性质，知 X 与 Y 相互独立，从而 X 与 Y^2 相互独立. 故

$$E(XY^2) = E(X)E(Y^2) = E(X)\left[D(Y) + E^2(Y)\right] = \mu(\mu^2 + \sigma^2).$$

例4.12 已知随机变量 $X \sim N(-3,1), Y \sim N(2,1)$ ，且 X, Y 相互独立，设随机变量 $Z = X - 2Y + 7$ ，求 Z 的概率密度函数.

解析 因为 $X \sim N(-3,1), Y \sim N(2,1)$，且 X,Y 相互独立，故 $Z = X - 2Y + 7$ 服从一维正态分布，即 $Z \sim N(\mu, \sigma^2)$. 其中

$$\mu = E(Z) = E(X - 2Y + 7) = E(X) - 2E(Y) + 7 = -3 - 2 \times 2 + 7 = 0,$$

$$\sigma^2 = D(Z) = D(X - 2Y + 7) = D(X) + 4D(Y) = 1 + 4 \times 1 = 5,$$

故 $Z \sim N(0,5)$，从而 Z 的概率密度函数为

$$f(x) = \frac{1}{\sqrt{2\pi}\sqrt{5}} \mathrm{e}^{-\frac{x^2}{2 \times 5}} = \frac{1}{\sqrt{10\pi}} \mathrm{e}^{-\frac{x^2}{10}} \ (-\infty < x < +\infty).$$

良哥解读

只要遇到独立正态分布的非零线性组合，立即将其看成一维正态分布，结合期望、方差的性质算出其期望和方差，再进一步解决.

例 4.13 设随机变量 X 服从参数为 1 的指数分布，记 $Y = \min\{|X|, 1\}$，则 Y 的数学期望 $E(Y) = $ _____.

解析

$$E(Y) = E\left(\min\{|X|, 1\}\right) = \int_{-\infty}^{+\infty} \min\{|x|, 1\} f(x) \mathrm{d}x$$

$$= \int_{0}^{+\infty} \min\{|x|, 1\} \mathrm{e}^{-x} \mathrm{d}x = \int_{0}^{1} x \mathrm{e}^{-x} \mathrm{d}x + \int_{1}^{+\infty} 1 \cdot \mathrm{e}^{-x} \mathrm{d}x$$

$$= 1 - 2\mathrm{e}^{-1} + \mathrm{e}^{-1} = 1 - \mathrm{e}^{-1}.$$

例 4.14 已知随机变量 Y 的概率密度为 $f(y) = \begin{cases} \dfrac{y}{a^2} \mathrm{e}^{-\frac{y^2}{2a^2}}, & y > 0, \\ 0, & y \leqslant 0, \end{cases}$ 求随机变量 $Z = \dfrac{1}{Y}$ 的数学期望 $E(Z)$.

解析 由随机变量函数期望的计算公式有

$$E(Z) = E\left(\frac{1}{Y}\right) = \int_{-\infty}^{+\infty} \frac{1}{y} \cdot f(y) \mathrm{d}y = \int_{0}^{+\infty} \frac{1}{y} \frac{y}{a^2} \mathrm{e}^{-\frac{y^2}{2a^2}} \mathrm{d}y$$

$$= \int_{0}^{+\infty} \frac{1}{a^2} \mathrm{e}^{-\frac{y^2}{2a^2}} \mathrm{d}y = \frac{1}{2} \int_{-\infty}^{+\infty} \frac{1}{a^2} \mathrm{e}^{-\frac{y^2}{2a^2}} \mathrm{d}y$$

$$= \frac{\sqrt{2\pi}|a|}{2a^2} \int_{-\infty}^{+\infty} \frac{1}{\sqrt{2\pi}|a|} \mathrm{e}^{-\frac{y^2}{2a^2}} \mathrm{d}y = \frac{\sqrt{2\pi}}{2|a|}.$$

良哥解读

此题在凑正态分布的密度函数时，a^2 为正态分布的方差，但由于 a 的正负号未知，所以标准差为 $|a|$.

例 4.15 随机变量 X 的概率密度为 $f(x) = \begin{cases} \dfrac{x}{2}, & 0 < x < 2, \\ 0, & \text{其他,} \end{cases}$ $F(x)$ 为 X 的分布函数，$E(X)$ 为 X 的数学期望，则 $P\{F(X) > E(X) - 1\} = $ _____.

解析 因 $X \sim f(x) = \begin{cases} \dfrac{x}{2}, & 0 < x < 2, \\ 0, & 其他, \end{cases}$ 且 $F(x)$ 为 X 的分布函数，故 $Y = F(X)$ 服从 $(0,1)$ 区间上的均

匀分布.

又 $EX = \displaystyle\int_{-\infty}^{+\infty} xf(x)\,\mathrm{d}x = \int_0^2 x \cdot \frac{x}{2}\,\mathrm{d}x = \frac{1}{2} \cdot \frac{x^3}{3}\Big|_0^2 = \frac{4}{3}$，从而

$$P\{F(X) > EX - 1\} = P\left\{Y > \frac{1}{3}\right\} = \frac{2}{3}.$$

良哥解读

若 X 为连续型随机变量，$F(x)$ 为其分布函数，则 $F(X)$ 服从 $U(0,1)$.

例 4.16 设随机变量 $X_{ij}(i, j = 1, 2, \cdots, n; n \geqslant 2)$ 独立同分布，$E(X_{ij}) = 2$，则行列式

$$Y = \begin{vmatrix} X_{11} & X_{12} & \cdots & X_{1n} \\ X_{21} & X_{22} & \cdots & X_{2n} \\ \vdots & \vdots & & \vdots \\ X_{n1} & X_{n2} & \cdots & X_{nn} \end{vmatrix}$$

的数学期望 $E(Y) = $ _____.

解析 由行列式的定义有 $Y = \displaystyle\sum (-1)^{\tau(j_1 \cdots j_n)} X_{1j_1} X_{2j_2} \cdots X_{nj_n}$，故

$$E(Y) = E\left[\sum (-1)^{\tau(j_1 \cdots j_n)} X_{1j_1} X_{2j_2} \cdots X_{nj_n}\right] = \sum (-1)^{\tau(j_1 \cdots j_n)} E(X_{1j_1} X_{2j_2} \cdots X_{nj_n}).$$

因 $X_{ij}(i, j = 1, 2, \cdots, n; n \geqslant 2)$ 独立同分布，故

$$E(X_{1j_1} X_{2j_2} \cdots X_{nj_n}) = E(X_{1j_1}) E(X_{2j_2}) \cdots E(X_{nj_n}),$$

所以

$$\begin{aligned} E(Y) &= \sum (-1)^{\tau(j_1 \cdots j_n)} E(X_{1j_1}) E(X_{2j_2}) \cdots E(X_{nj_n}) \\ &= \begin{vmatrix} E(X_{11}) & E(X_{12}) & \cdots & E(X_{1n}) \\ E(X_{21}) & E(X_{22}) & \cdots & E(X_{2n}) \\ \vdots & \vdots & & \vdots \\ E(X_{n1}) & E(X_{n2}) & \cdots & E(X_{nn}) \end{vmatrix} \\ &= \begin{vmatrix} 2 & 2 & \cdots & 2 \\ 2 & 2 & \cdots & 2 \\ \vdots & \vdots & & \vdots \\ 2 & 2 & \cdots & 2 \end{vmatrix} = 0. \end{aligned}$$

例 4.17 设连续型随机变量 X_1 与 X_2 相互独立且方差均存在，X_1 与 X_2 的概率密度分别为 $f_1(x)$ 与

$f_2(x)$，随机变量 Y_1 的概率密度为 $f_{Y_1}(y) = \dfrac{1}{2}[f_1(y) + f_2(y)]$，随机变量 $Y_2 = \dfrac{1}{2}(X_1 + X_2)$，则（　　　）

（A）$E(Y_1) > E(Y_2)$，$D(Y_1) > D(Y_2)$.　　　　　　　　（B）$E(Y_1) = E(Y_2)$，$D(Y_1) = D(Y_2)$.

（C）$E(Y_1)=E(Y_2)$，$D(Y_1)<D(Y_2)$. （D）$E(Y_1)=E(Y_2)$，$D(Y_1)>D(Y_2)$.

解析 因X_1与X_2为连续型随机变量且方差均存在，故$D(X_1)>0,D(X_2)>0$.

特殊地，若取X_1与X_2同分布，即$f_1(x)=f_2(x)$，则

$$f_{Y_1}(y)=\frac{1}{2}[f_1(y)+f_2(y)]=f_1(y),$$

$$E(Y_1)=E(X_1)=E(X_2),\ D(Y_1)=D(X_1)=D(X_2).$$

$$E(Y_2)=E\left[\frac{1}{2}(X_1+X_2)\right]=\frac{1}{2}\left[E(X_1)+E(X_2)\right]=E(Y_1),$$

又X_1与X_2相互独立，则

$$D(Y_2)=D\left[\frac{1}{2}(X_1+X_2)\right]=\frac{1}{4}\left[D(X_1)+D(X_2)\right]=\frac{1}{2}D(Y_1)<D(Y_1),,$$

故应选（D）.

良哥解读

（1）此题若严格计算Y_1，Y_2的期望、方差，再比较大小，会非常繁琐，具体计算如下：

因$Y_2=\frac{1}{2}(X_1+X_2)$，故$E(Y_2)=E[\frac{1}{2}(X_1+X_2)]=\frac{1}{2}[E(X_1)+E(X_2)]$，

又因X_1与X_2相互独立，故

$$D(Y_2)=D[\frac{1}{2}(X_1+X_2)]=\frac{1}{4}[D(X_1)+D(X_2)].$$

因$f_{Y_1}(y)=\frac{1}{2}[f_1(y)+f_2(y)]$，故

$$E(Y_1)=\int_{-\infty}^{+\infty}\frac{y}{2}[f_1(y)+f_2(y)]dy=\frac{1}{2}[E(X_1)+E(X_2)]=EY_2,$$

$$E(Y_1^2)=\int_{-\infty}^{+\infty}\frac{y^2}{2}[f_1(y)+f_2(y)]dy=\frac{1}{2}[E(X_1^2)+E(X_2^2)],$$

$$D(Y_1)=E(Y_1^2)-[E(Y_1)]^2=\frac{1}{2}[(E(X_1^2)+E(X_2^2)]-\frac{1}{4}[E(X_1)+E(X_2)]^2$$

$$=\frac{1}{4}\left[2E(X_1^2)+2E(X_2^2)-[E(X_1)]^2-[E(X_2)]^2-2E(X_1)\cdot E(X_2)\right]$$

$$=\frac{1}{4}\left[D(X_1)+D(X_2)+E(X_1^2)+E(X_2^2)-2E(X_1)\cdot E(X_2)\right]$$

因$D(X_1)>0,D(X_2)>0$，故$E(X_1^2)>[E(X_1)]^2,E(X_2^2)>[E(X_2)]^2$，从而有

$$D(Y_1)>\frac{1}{4}\left[D(X_1)+D(X_2)+[E(X_1)]^2+[E(X_2)]^2-2E(X_1)\cdot E(X_2)\right]$$

$$=\frac{1}{4}\{D(X_1)+D(X_2)+[E(X_1)-E(X_2)]^2\}$$

$$\geqslant\frac{1}{4}[D(X_1)+D(X_2)]=D(Y_2).$$

在考场上若是以此法求解，我们会消耗很多时间，所以遇到抽象问题的小题时，通常找满足条件的特殊值解题会事半功倍.

（2）通过此题，考生还需要注意到，如果连续随机变量的密度函数是由两个随机变量的密度函数线性组合构成的，则其期望是这两个随机变量期望的线性组合，但方差没有这个结论.

例4.18 设 ξ,η 是两个相互独立且均服从正态分布 $N\left(0,\dfrac{1}{2}\right)$ 的随机变量，则 $E(|\xi-\eta|)=$ _____.

解析 因 ξ,η 相互独立且均服从 $N\left(0,\dfrac{1}{2}\right)$，故 $\xi-\eta\sim N(0,1)$，令 $U=\xi-\eta$，则

$$E(|\xi-\eta|)=E(|U|)=\int_{-\infty}^{+\infty}|u|\frac{1}{\sqrt{2\pi}}\mathrm{e}^{-\frac{u^2}{2}}\mathrm{d}u$$

$$=2\int_0^{+\infty}u\frac{1}{\sqrt{2\pi}}\mathrm{e}^{-\frac{u^2}{2}}\mathrm{d}u=-\frac{2}{\sqrt{2\pi}}\mathrm{e}^{-\frac{u^2}{2}}\bigg|_0^{+\infty}$$

$$=\frac{2}{\sqrt{2\pi}}=\sqrt{\frac{2}{\pi}}.$$

良哥解读
遇到独立正态分布的线性组合，立即将线性组合部分当成一维正态分布.

例4.19 一台设备由三大部分构成，在设备运转中部件需要调整的概率相应为 0.10，0.20 和 0.30.假设各部件的状态相互独立，以 X 表示同时需要调整的部件数，试求 X 的数学期望 $E(X)$ 和方差 $D(X)$.

解析 令随机变量 $X_i=\begin{cases}1, & \text{第}i\text{个部件需调整,}\\ 0, & \text{第}i\text{个部件不需调整,}\end{cases}$ $i=1,2,3$.

依题意 X_1,X_2,X_3 相互独立，且 $X_1\sim B(1,0.1)$，$X_2\sim B(1,0.2)$，$X_3\sim B(1,0.3)$.

$X=X_1+X_2+X_3$.

因 $E(X_1)=0.1,D(X_1)=0.1\times0.9=0.09$，

$E(X_2)=0.2,D(X_2)=0.2\times0.8=0.16$，

$E(X_3)=0.3,D(X_3)=0.3\times0.7=0.21$，

故

$E(X)=E(X_1+X_2+X_3)=E(X_1)+E(X_2)+E(X_3)=0.1+0.2+0.3=0.6$.

$D(X)=D(X_1+X_2+X_3)=D(X_1)+D(X_2)+D(X_3)=0.46$.

例4.20 设随机变量 X 的概率密度为 $f(x)=\begin{cases}2^{-x}\ln 2, & x>0,\\ 0, & x\leqslant 0.\end{cases}$

对 X 进行独立重复的观测，直到第2个大于3的观察值出现时停止，记 Y 为观测次数.

（1）求 Y 的概率分布；

（2）求 $E(Y)$.

解析 （1）设$p = P\{X > 3\}$，则$p = P\{X > 3\} = \int_3^{+\infty} 2^{-x} \ln 2 \mathrm{d}x = \dfrac{1}{8}$.

由题意知Y的所有可能取值为：$2, 3, 4, \cdots$，且事件$\{Y = n\}$ $(n = 2, 3, 4, \cdots)$等价于"第n次观测X时观察值大于3，且前$n-1$次观测X时观察值只有一次大于3"，则Y的概率分布为

$$P\{Y = n\} = C_{n-1}^1 p(1-p)^{n-2} p = (n-1)\left(\dfrac{1}{8}\right)^2 \left(\dfrac{7}{8}\right)^{n-2}, n = 2, 3, 4, \cdots.$$

（2）法一：$E(Y) = \sum_{n=2}^{\infty} n \cdot P\{Y = n\} = \dfrac{1}{64} \sum_{n=2}^{\infty} n(n-1)\left(\dfrac{7}{8}\right)^{n-2}$.

设$S(x) = \sum_{n=2}^{\infty} n(n-1)x^{n-2}$，则$S(x) = \left(\sum_{n=2}^{\infty} x^n\right)'' = \left(\dfrac{x^2}{1-x}\right)'' = \dfrac{2}{(1-x)^3}$，$|x| < 1$，

所以$E(Y) = \dfrac{1}{64} \cdot S\left(\dfrac{7}{8}\right) = \dfrac{1}{64} \cdot \dfrac{2}{\left(1 - \dfrac{7}{8}\right)^3} = 16$.

法二：设X_1表示直到第一个观测值大于3出现为止，一共观测的次数，

X_2表示从第一个观测值大于3出现后开始观测，直到第二个观测值大于3出现为止，一共观测的次数，则X_1，X_2均服从参数$p = \dfrac{1}{8}$的几何分布，且$Y = X_1 + X_2$.

因几何分布的数学期望为$\dfrac{1}{p}$，故$E(Y) = E(X_1 + X_2) = E(X_1) + E(X_2) = \dfrac{1}{1/8} + \dfrac{1}{1/8} = 16$.

例4.21 假设一电路装有三个同种电器元件，其工作状态相互独立，且无故障工作时间都服从参数为2的指数分布. 三个元件只要有一个无故障工作时，电路正常工作，否则整个电路不能正常工作. 试求电路正常工作的时间X的概率密度函数及其数学期望.

解析 设X_i表示第i个元件无故障工作时间，由题意易得$X_i \sim E(2)$ $(i = 1, 2, 3)$，且X_1, X_2, X_3相互独立，$X = \max(X_1, X_2, X_3)$.

$$\begin{aligned} F_X(x) &= P\{X \leqslant x\} = P\{\max(X_1, X_2, X_3) \leqslant x\} \\ &= P\{X_1 \leqslant x, X_2 \leqslant x, X_3 \leqslant x\} \\ &= P\{X_1 \leqslant x\}P\{X_2 \leqslant x\}P\{X_3 \leqslant x\} = F^3(x), \end{aligned}$$

因为$X_i \sim E(2)$，所以$F(x) = \begin{cases} 1 - \mathrm{e}^{-2x}, & x > 0, \\ 0, & \text{其他}. \end{cases}$故

当$x \leqslant 0$时，$F_X(x) = 0$；

当$x > 0$时，$F_X(x) = (1 - \mathrm{e}^{-2x})^3$，从而有$f_X(x) = F_X'(x) = \begin{cases} 6\mathrm{e}^{-2x} - 12\mathrm{e}^{-4x} + 6\mathrm{e}^{-6x}, & x > 0, \\ 0, & \text{其他}. \end{cases}$则

$$EX = \int_{-\infty}^{+\infty} x f_X(x) \mathrm{d}x = \int_0^{+\infty} x(6\mathrm{e}^{-2x} - 12\mathrm{e}^{-4x} + 6\mathrm{e}^{-6x})\mathrm{d}x$$

$$= 3\int_0^{+\infty} x 2\mathrm{e}^{-2x}\mathrm{d}x - 3\int_0^{+\infty} x \cdot 4\mathrm{e}^{-4x}\mathrm{d}x + \int_0^{+\infty} x \cdot 6\mathrm{e}^{-6x}\mathrm{d}x$$

$$= 3 \times \frac{1}{2} - 3 \times \frac{1}{4} + \frac{1}{6} = \frac{3}{2} - \frac{3}{4} + \frac{1}{6} = \frac{11}{12}.$$

例4.22 游客乘电梯从底层到电视塔顶层观光,电梯于每个整点的第5分钟、25分钟和55分钟从底层起行. 假设一游客在早晨八点的第X分钟到达底层候梯处,且X在$[0,60]$上均匀分布,求该游客等候时间的数学期望.

解析 因X在$[0,60]$上服从均匀分布,故其密度函数为$f(x) = \begin{cases} \dfrac{1}{60}, & 0 \leqslant x \leqslant 60, \\ 0, & \text{其他}. \end{cases}$

设Y表示游客等候电梯的时间(单位:分钟),由题意有$Y = g(X) = \begin{cases} 5 - X, & 0 \leqslant X < 5, \\ 25 - X, & 5 \leqslant X < 25, \\ 55 - X, & 25 \leqslant X < 55, \\ 60 - X + 5, & 55 \leqslant X \leqslant 60. \end{cases}$

由随机变量函数期望的计算公式,有

$$E(Y) = \int_{-\infty}^{+\infty} g(x)f(x)\mathrm{d}x = \frac{1}{60}\int_0^{60} g(x)\mathrm{d}x$$

$$= \frac{1}{60}\left[\int_0^5 (5-x)\mathrm{d}x + \int_5^{25}(25-x)\mathrm{d}x + \int_{25}^{55}(55-x)\mathrm{d}x + \int_{55}^{60}(65-x)\mathrm{d}x\right]$$

$$= \frac{1}{60}\left[\int_0^5 5\mathrm{d}x + \int_5^{25} 25\mathrm{d}x + \int_{25}^{55} 55\mathrm{d}x + \int_{55}^{60} 65\mathrm{d}x - \int_0^{60} x\mathrm{d}x\right]$$

$$= \frac{1}{60}(2500 - 1800) = \frac{35}{3} \approx 11.67\,(\text{分钟}).$$

所以游客等候时间的数学期望近似为11.67分钟.

例4.23 一商店经销某种商品,每周进货的数量X与顾客对该种商品的需求量Y是相互独立的随机变量,且都服从区间$[10,20]$上的均匀分布. 商店每售出一单位商品可得利润1000元;若需求量超过了进货量,商店可从其他商店调剂供应,这时每单位商品获利润为500元. 试计算此商店经销该种商品每周所得利润的期望值.

解析 设Z表示商店每周所得利润. 由题意有,

$$Z = g(X,Y) = \begin{cases} 1\,000Y, & Y \leqslant X, \\ 1\,000X + 500(Y-X), & Y > X. \end{cases} \text{即} Z = g(X,Y) = \begin{cases} 1\,000Y, & Y \leqslant X, \\ 500(X+Y), & Y > X. \end{cases}$$

又X与Y均服从$[10,20]$的均匀分布,且X与Y相互独立,故(X,Y)的概率密度函数为

$$f(x,y) = f_X(x)f_Y(y) = \begin{cases} \dfrac{1}{100}, & 10 \leqslant x \leqslant 20, 10 \leqslant y \leqslant 20, \\ 0, & \text{其他}. \end{cases}$$

由连续型随机变量函数期望的计算公式,有

$$E(Z) = E[g(X,Y)] = \int_{-\infty}^{+\infty}\int_{-\infty}^{+\infty} g(x,y)f(x,y)\mathrm{d}x\mathrm{d}y = \frac{1}{100}\iint_{\substack{10\leqslant x\leqslant 20 \\ 10\leqslant y\leqslant 20}} g(X,Y)\mathrm{d}x\mathrm{d}y$$

$$= \frac{1}{100}\int_{10}^{20}\mathrm{d}x\int_{x}^{20} 500(x+y)\mathrm{d}y + \frac{1}{100}\int_{10}^{20}\mathrm{d}x\int_{10}^{x} 1\,000\,y\mathrm{d}y$$

$$= 5\int_{10}^{20}\left(-\frac{3}{2}x^2+20x+200\right)\mathrm{d}x + 5\int_{10}^{20}(x^2-100)\mathrm{d}x$$

$$= 5\times 1500 + \frac{20000}{3} \approx 14\,166.67(\text{元}).$$

所以此商品每周所得利润的期望值约为 14 166.67 元.

良哥解读

概率论中随机变量相关的应用问题,根本考查的是随机变量函数的分布或随机变量函数的数字特征.考法比较固定,题干一定会告知某个随机变量的分布或某两个随机变量的联合分布,然后计算另一个随机变量的分布或数字特征.我们只需结合已知条件找到要计算的随机变量与已知分布随机变量之间的函数关系,再利用随机变量函数的分布或随机变量函数的期望解决即可.

例 4.24 假设由自动线加工的某种零件的内径 X(毫米)服从正态分布 $N(\mu,1)$,内径小于 10 或大于 12 为不合格品,其余为合格品.销售每件合格品获利,销售每件不合格品亏损,已知销售利润 T(单位:元)与销售零件的内径 X 有如下关系:

$$T = \begin{cases} -1, & X < 10, \\ 20, & 10\leqslant X\leqslant 12, \\ -5, & X > 12. \end{cases}$$

问平均内径 μ 取何值时,销售一个零件的平均利润最大?

解析 由题意知 T 的所有可能取值为 $-1,20,-5$,且

$$P\{T=-1\} = P\{X<10\} = P\left\{\frac{X-\mu}{1} < \frac{10-\mu}{1}\right\} = \Phi(10-\mu),$$

$$P\{T=20\} = P\{10\leqslant X\leqslant 12\} = P\left\{\frac{10-\mu}{1}\leqslant \frac{X-\mu}{1}\leqslant \frac{12-\mu}{1}\right\} = \Phi(12-\mu)-\Phi(10-\mu),$$

$$P\{T=-5\} = P\{X>12\} = P\left\{\frac{X-\mu}{1} > \frac{12-\mu}{1}\right\} = 1-\Phi(12-\mu).$$

故

$$\begin{aligned} E(T) &= (-1)\times P\{T=-1\} + 20\times P\{T=20\} + (-5)\times P\{T=-5\} \\ &= -\Phi(10-\mu) + 20\times[\Phi(12-\mu)-\Phi(10-\mu)] - 5\times[1-\Phi(12-\mu)] \\ &= 25\Phi(12-\mu) - 21\Phi(10-\mu) - 5. \end{aligned}$$

则 $\dfrac{\mathrm{d}E(T)}{\mathrm{d}\mu} = -25\varphi(12-\mu) + 21\varphi(10-\mu) = \dfrac{1}{\sqrt{2\pi}}\left(21\mathrm{e}^{-\frac{(10-\mu)^2}{2}} - 25\mathrm{e}^{-\frac{(12-\mu)^2}{2}}\right),$

令 $\dfrac{\mathrm{d}E(T)}{\mathrm{d}\mu} = 0$,得 $21\mathrm{e}^{-\frac{(10-\mu)^2}{2}} = 25\mathrm{e}^{-\frac{(12-\mu)^2}{2}}$.解得唯一驻点 $\mu = 11 - \dfrac{1}{2}\ln\dfrac{25}{21} \approx 10.9$.由于驻点唯一,且实际问题必有最大值,故当 $\mu \approx 10.9$ 毫米时,平均利润最大.

题型 2 计算协方差与相关系数

基础知识回顾

[一、协方差]

1. 协方差的定义

设 (X,Y) 是二维随机变量，且 $E(X)$ 和 $E(Y)$ 都存在，如果 $E\{[X-E(X)][Y-E(Y)]\}$ 存在，则称其为随机变量 X 与 Y 的协方差，记作 $\mathrm{cov}(X,Y)$，即

$$\mathrm{cov}(X,Y) = E\{[X-E(X)][Y-E(Y)]\} \ .$$

2. 协方差的计算公式

$$\mathrm{cov}(X,Y) = E(XY) - E(X)E(Y) \ .$$

3. 协方差的性质

（1）$\mathrm{cov}(X,Y) = \mathrm{cov}(Y,X)$；

（2）$\mathrm{cov}(X,X) = D(X)$；

（3）$\mathrm{cov}(C,X) = 0$，其中 C 为任意常数；

（4）$\mathrm{cov}(aX,bY) = ab\,\mathrm{cov}(X,Y)$，其中 a,b 为任意常数；

（5）$\mathrm{cov}(k_1X_1 \pm k_2X_2, Y) = k_1\,\mathrm{cov}(X_1,Y) \pm k_2\,\mathrm{cov}(X_2,Y)$；

（6）$D(X \pm Y) = D(X) + D(Y) \pm 2\,\mathrm{cov}(X,Y)$；

（7）如果 X 与 Y 相互独立，则 $\mathrm{cov}(X,Y) = 0$．

[二、相关系数]

1. 相关系数的定义

设 (X,Y) 是二维随机变量，且 X 和 Y 的方差均存在，且都不为零，则称

$$\rho_{XY} = \frac{\mathrm{cov}(X,Y)}{\sqrt{DX}\,\sqrt{DY}} \ 为 X 与 Y 的相关系数．$$

2. 相关系数的性质

① $|\rho_{XY}| \leqslant 1$；

② $|\rho_{XY}| = 1$ 的充分必要条件是，存在常数 a 和 b，其中 $a \neq 0$，使得 $P\{Y = aX + b\} = 1$．当 $a > 0$ 时，

$\rho_{XY} = 1$；当 $a < 0$ 时，$\rho_{XY} = -1$．

3. 随机变量 X 和 Y 不相关

1）定义

当 X 和 Y 的相关系数 $\rho_{XY} = 0$ 时，称 X 和 Y 不相关．

2）不相关的等价说法

当 $D(X) \neq 0$，$D(Y) \neq 0$ 时，随机变量 X 和 Y 不相关的等价说法有

$$\rho_{XY} = 0 \Leftrightarrow \mathrm{cov}(X,Y) = 0$$

$$\Leftrightarrow EXY = EXEY$$

$$\Leftrightarrow D(X \pm Y) = DX + DY \ .$$

3）随机变量 X 和 Y 不相关与相互独立的关系

① 若随机变量 X 和 Y 相互独立，则 X 和 Y 不相关，但不相关不一定相互独立．

② 若 (X,Y) 服从二维正态分布，则 X 和 Y 不相关与相互独立等价．

⚓ **考点及方法小结**

（1）计算 X 和 Y 的协方差 $\mathrm{cov}(X,Y)$ 的三种方法：

① $\mathrm{cov}(X,Y) = E(XY) - E(X)E(Y)$；

② 若随机变量的方差 $D(X)$，$D(Y)$ 及 $D(X \pm Y)$ 容易得到时，则

$$\mathrm{cov}(X,Y) = \frac{D(X+Y) - D(X) - D(Y)}{2} \ \text{或}$$

$$\mathrm{cov}(X,Y) = \frac{D(X-Y) - D(X) - D(Y)}{-2}.$$

③ 若已知 X 和 Y 的相关系数时，则

$$\mathrm{cov}(X,Y) = \rho_{XY}\sqrt{DX}\sqrt{DY}.$$

（2）当随机变量 X 与 Y 相互独立时，有 $\mathrm{cov}(X,Y) = 0$，$\rho_{XY} = 0$，但反之不一定．

（3）计算相关系数时，若两个随机变量已经是线性关系，比如 $Y = kX + b(k \neq 0)$，则其相关系数的绝对值一定为 1. 当 $k > 0$ 时，$\rho_{XY} = 1$，当 $k < 0$ 时，$\rho_{XY} = -1$．

📖 **精选例题**

例4.25 设随机变量 $X_1, X_2, \cdots, X_n(n>1)$ 独立同分布，且其方差为 $\sigma^2 > 0$. 令 $Y = \frac{1}{n}\sum\limits_{i=1}^{n} X_i$，则（ 　　 ）

（A）$\mathrm{cov}(X_1, Y) = \dfrac{\sigma^2}{n}$．

（B）$\mathrm{cov}(X_1, Y) = \sigma^2$．

（C）$D(X_1 + Y) = \dfrac{n+2}{n}\sigma^2$．

（D）$D(X_1 - Y) = \dfrac{n+1}{n}\sigma^2$．

解析 由于随机变量 $X_1, X_2, \cdots, X_n(n>1)$ 独立同分布，且方差为 σ^2，故

$$\mathrm{cov}(X_1, Y) = \mathrm{cov}\left(X_1, \frac{1}{n}\sum_{i=1}^{n} X_i\right) = \mathrm{cov}\left(X_1, \frac{1}{n}X_1\right) + \mathrm{cov}\left(X_1, \frac{1}{n}\sum_{i=2}^{n} X_i\right)$$

$$= \frac{1}{n}\mathrm{cov}(X_1, X_1) + 0 = \frac{1}{n}D(X_1) = \frac{\sigma^2}{n},$$

故（A）选项正确，应选（A）．

对于（C）选项，因 $D(X_1 + Y) = D(X_1) + D(Y) + 2\mathrm{cov}(X_1, Y)$，而

$$D(Y) = D(\frac{1}{n}\sum_{i=1}^{n} X_i) = \frac{1}{n^2}\sum_{i=1}^{n} D(X_i) = \frac{\sigma^2}{n}, \ \ \mathrm{cov}(X_1, Y) = \frac{\sigma^2}{n}, \ \ \text{则}$$

$$D(X_1 + Y) = \sigma^2 + \frac{\sigma^2}{n} + \frac{2\sigma^2}{n} = \frac{n+3}{n}\sigma^2, \ \text{故（C）不正确}.$$

对于（D）选项，因 $D(X_1 - Y) = D(X_1) + D(Y) - 2\mathrm{cov}(X_1, Y)$

$$= \sigma^2 + \frac{\sigma^2}{n} - \frac{2\sigma^2}{n} = \frac{n-1}{n}\sigma^2,\ \text{故（D）不正确}.$$

良哥解读

当随机变量 $X_1, X_2, \cdots, X_n (n>1)$ 相互独立时，由两组不同的随机变量通过函数作用而得到的新的随机变量也相互独立，但两组中若含有相同的随机变量则独立与否不确定. 本题中 X_1 与 $\frac{1}{n}\sum_{i=1}^{n}X_i$ 含有相同的随机变量 X_1，故独立性不定，但若将 $\frac{1}{n}\sum_{i=1}^{n}X_i$ 中的 X_1 剔除，则 X_1 与 $\frac{1}{n}\sum_{i=2}^{n}X_i$ 相互独立，从而有 $\mathrm{cov}\left(X_1, \frac{1}{n}\sum_{i=2}^{n}X_i\right)=0$. 通过本题，考生需要学会这种思维，随机变量只要独立了，很多问题处理是比较方便的.

例4.26 设 $X \sim N(0,1)$，在 $X=x$ 的条件下，随机变量 $Y \sim N(x,1)$，则 X 与 Y 的相关系数为（　　　）

（A）$\dfrac{1}{4}$.　　　　　　（B）$\dfrac{1}{2}$.　　　　　　（C）$\dfrac{\sqrt{3}}{3}$.　　　　　　（D）$\dfrac{\sqrt{2}}{2}$.

解析 由题意

$$f_x(x) = \frac{1}{\sqrt{2\pi}}\mathrm{e}^{-\frac{x^2}{2}},\ -\infty < x < +\infty,$$

$$f_{Y|X}(y|x) = \frac{1}{\sqrt{2\pi}}\mathrm{e}^{-\frac{(y-x)^2}{2}},\ -\infty < y < +\infty,$$

则 $f(x,y) = f_X(x)f_{Y|X}(y|x) = \dfrac{1}{2\pi}\mathrm{e}^{-\frac{x^2+(y-x)^2}{2}},\ -\infty < x < +\infty,\ -\infty < y < +\infty.$

故

$$EXY = \int_{-\infty}^{+\infty}\int_{-\infty}^{+\infty}xyf(x,y)\mathrm{d}x\mathrm{d}y = \int_{-\infty}^{+\infty}\int_{-\infty}^{+\infty}xy\frac{1}{\sqrt{2\pi}}\mathrm{e}^{-\frac{x^2}{2}}\frac{1}{\sqrt{2\pi}}\mathrm{e}^{-\frac{(y-x)^2}{2}}\mathrm{d}x\mathrm{d}y$$

$$= \int_{-\infty}^{+\infty}x\frac{1}{\sqrt{2\pi}}\mathrm{e}^{-\frac{x^2}{2}}\mathrm{d}x\int_{-\infty}^{+\infty}y\frac{1}{\sqrt{2\pi}}\mathrm{e}^{-\frac{(y-x)^2}{2}}\mathrm{d}y$$

$$= \int_{-\infty}^{+\infty}x^2\frac{1}{\sqrt{2\pi}}\mathrm{e}^{-\frac{x^2}{2}}\mathrm{d}x = 1,$$

又因为

$$f_Y(y) = \int_{-\infty}^{+\infty}f(x,y)\mathrm{d}x = \int_{-\infty}^{+\infty}\frac{1}{2\pi}\mathrm{e}^{-\frac{y^2+2x^2-2xy}{2}}\mathrm{d}x = \frac{1}{2\pi}\mathrm{e}^{-\frac{y^2}{2}}\int_{-\infty}^{+\infty}\mathrm{e}^{-(x-\frac{y}{2})^2+\frac{y^2}{4}}\mathrm{d}x$$

$$= \frac{1}{2\pi}\mathrm{e}^{-\frac{y^2}{4}}\int_{-\infty}^{+\infty}\mathrm{e}^{-(x-\frac{y}{2})^2}\mathrm{d}x = \frac{1}{2\sqrt{\pi}}\mathrm{e}^{-\frac{y^2}{4}},\ -\infty < y < +\infty,$$

故 $Y \sim N(0,2)$，从而 $DY = 2$.

综上有 $\rho_{XY} = \dfrac{\mathrm{cov}(X,Y)}{\sqrt{DX}\sqrt{DY}} = \dfrac{EXY-EXEY}{\sqrt{DX}\sqrt{DY}} = \dfrac{1-0}{1\cdot\sqrt{2}} = \dfrac{\sqrt{2}}{2}.$ 应选（D）.

例 4.27 随机变量 $X \sim N(0,1)$，$Y \sim N(1,4)$ 且相关系数 $\rho_{XY} = 1$，则（　　　）

（A）$P\{Y = -2X - 1\} = 1$.　　（B）$P\{Y = 2X - 1\} = 1$.

（C）$P\{Y = -2X + 1\} = 1$.　　（D）$P\{Y = 2X + 1\} = 1$.

解析 根据相关系数的性质，由 $\rho_{XY} = 1$ 有 $P\{Y = aX + b\} = 1$，且 $a > 0$.

因 $X \sim N(0,1)$，$Y \sim N(1,4)$，故 $E(X) = 0$，$E(Y) = 1$，$D(X) = 1$，$D(Y) = 4$.

$E(Y) = E(aX + b) = aE(X) + b$，即 $1 = a \times 0 + b$，从而 $b = 1$，

$D(Y) = D(aX + b) = a^2 D(X)$，即 $4 = a^2$，从而 $a = 2$ $(a > 0)$.

即有 $P\{Y = 2X + 1\} = 1$. 故应选（D）.

例 4.28 将长度为 1m 的木棒随机地截成两段，则两段长度的相关系数为（　　　）

（A）1.　　　　　（B）$\dfrac{1}{2}$.　　　　　（C）$-\dfrac{1}{2}$.　　　　　（D）-1.

解析 设两段木棒长度分别为 X, Y. 由题意知 $X + Y = 1$，即 $Y = 1 - X$. 由相关系数的性质 $|\rho_{XY}| = 1$ 等价于存在常数 a, b，使得 $P\{Y = aX + b\} = 1$，其中 $a \neq 0$. 当 $a > 0$ 时，$\rho_{XY} = 1$；当 $a < 0$ 时，$\rho_{XY} = -1$，知两段的相关系数为 -1. 故应选（D）.

例 4.29 随机试验 E 有三种两两不相容的结果 A_1, A_2, A_3，且三种结果发生的概率均为 $\dfrac{1}{3}$. 将试验 E 独立重复做 2 次，X 表示 2 次试验中结果 A_1 发生的次数，Y 表示 2 次试验中结果 A_2 发生的次数，则 X 与 Y 的相关系数为（　　　）

（A）$-\dfrac{1}{2}$.　　　　　（B）$-\dfrac{1}{3}$.　　　　　（C）$\dfrac{1}{3}$.　　　　　（D）$\dfrac{1}{2}$.

解析 设 Z 表示"2 次试验中结果 A_3 发生的次数"，由题意知，

$$X \sim B\left(2, \dfrac{1}{3}\right), \quad Y \sim B\left(2, \dfrac{1}{3}\right), \quad Z \sim B\left(2, \dfrac{1}{3}\right),$$

则 $D(X) = D(Y) = 2 \times \dfrac{1}{3} \times \dfrac{2}{3} = \dfrac{4}{9}$，$D(X + Y) = D(2 - Z) = D(Z) = 2 \times \dfrac{2}{3} \times \dfrac{1}{3} = \dfrac{4}{9}$.

又 $D(X + Y) = D(X) + D(Y) + 2\operatorname{cov}(X, Y)$，故 $\operatorname{cov}(X, Y) = -\dfrac{2}{9}$，

所以 X 与 Y 的相关系数 $\rho_{XY} = \dfrac{\operatorname{cov}(X, Y)}{\sqrt{D(X)}\sqrt{D(Y)}} = \dfrac{-\dfrac{2}{9}}{\dfrac{4}{9}} = -\dfrac{1}{2}$.

故应选（A）.

例 4.30 设二维随机变量 (X, Y) 在矩形 $G = \{(x, y) | 0 \leqslant x \leqslant 2, 0 \leqslant y \leqslant 1\}$ 上服从均匀分布.

记 $U = \begin{cases} 0, & X \leqslant Y, \\ 1, & X > Y, \end{cases}$ $V = \begin{cases} 0, & X \leqslant 2Y, \\ 1, & X > 2Y. \end{cases}$

（1）求 U 和 V 的联合分布；

（2）求U和V的相关系数ρ.

解析 （1）由题意(U,V)的所有可能取值为$(0,0),(0,1),(1,0),(1,1)$. 由于(X,Y)在矩形G上服从二维均匀分布，故(X,Y)的密度函数为

$$f(x,y)=\begin{cases}\dfrac{1}{2}, & 0\leqslant x\leqslant 2,0\leqslant y\leqslant 1,\\ 0, & \text{其他}.\end{cases}\quad 则$$

$$P\{U=0,V=0\}=P\{X\leqslant Y,X\leqslant 2Y\}=P\{X\leqslant Y\}$$
$$=\iint\limits_{x\leqslant y}f(x,y)\mathrm{d}x\mathrm{d}y=\int_0^1\mathrm{d}x\int_x^1\frac{1}{2}\mathrm{d}y=\frac{1}{4},$$

$$P\{U=0,V=1\}=P\{X\leqslant Y,X>2Y\}=0,$$

$$P\{U=1,V=1\}=P\{X>Y,X>2Y\}=P\{X>2Y\}$$
$$=\iint\limits_{x>2y}f(x,y)\mathrm{d}x\mathrm{d}y=\int_0^2\mathrm{d}x\int_0^{\frac{x}{2}}\frac{1}{2}\mathrm{d}y=\frac{1}{2},$$

$$P\{U=1,V=0\}=1-P\{U=0,V=0\}-P\{U=0,V=1\}-P\{U=1,V=1\}=\frac{1}{4}.$$

故(U,V)的联合分布为

V \ U	0	1
0	$\dfrac{1}{4}$	$\dfrac{1}{4}$
1	0	$\dfrac{1}{2}$

（2）由（1）有U、V、UV的概率分布分别为

U	0	1
P	$\dfrac{1}{4}$	$\dfrac{3}{4}$

V	0	1
P	$\dfrac{1}{2}$	$\dfrac{1}{2}$

UV	0	1
P	$\dfrac{1}{2}$	$\dfrac{1}{2}$

故$E(U)=\dfrac{3}{4}$，$E(V)=\dfrac{1}{2}$，$E(UV)=\dfrac{1}{2}$，$D(U)=\dfrac{3}{4}\times\dfrac{1}{4}=\dfrac{3}{16}$，$D(V)=\dfrac{1}{2}\times\dfrac{1}{2}=\dfrac{1}{4}$.

所以U和V的相关系数为

$$\rho=\frac{\mathrm{cov}(U,V)}{\sqrt{D(U)}\sqrt{D(V)}}=\frac{E(UV)-E(U)E(V)}{\sqrt{D(U)}\sqrt{D(V)}}=\frac{\dfrac{1}{2}-\dfrac{3}{4}\times\dfrac{1}{2}}{\dfrac{\sqrt{3}}{4}\times\dfrac{1}{2}}=\frac{\sqrt{3}}{3}.$$

例4.31 设随机变量X,Y的概率分布相同，X的概率分布为

$$P\{X=0\}=\frac{1}{3},P\{X=1\}=\frac{2}{3},且X与Y的相关系数为\rho_{XY}=\frac{1}{2}.$$

（1）求(X,Y)的概率分布；

（2）求$P\{X + Y \leqslant 1\}$.

[解析] （1）设(X,Y)的概率分布为

Y \ X	0	1
0	a	b
1	c	d

由题设条件知，

$$E(X) = E(Y) = \frac{2}{3}, \quad D(X) = D(Y) = \frac{2}{3} \times \left(1 - \frac{2}{3}\right) = \frac{2}{9}.$$

$$\text{cov}(X,Y) = E(XY) - E(X)E(Y) = P\{X = 1, Y = 1\} - \frac{4}{9} = d - \frac{4}{9}.$$

由$\rho_{XY} = \dfrac{\text{cov}(X,Y)}{\sqrt{D(X)}\sqrt{D(Y)}} = \dfrac{d - \dfrac{4}{9}}{\dfrac{2}{9}} = \dfrac{1}{2}$，解得$d = P\{X = 1, Y = 1\} = \dfrac{5}{9}$.

结合X与Y的边缘概率分布容易得到，$b = c = \dfrac{2}{3} - d = \dfrac{1}{9}$，$a = \dfrac{1}{3} - b = \dfrac{2}{9}$.

所以(X,Y)的概率分布为

Y \ X	0	1
0	$\dfrac{2}{9}$	$\dfrac{1}{9}$
1	$\dfrac{1}{9}$	$\dfrac{5}{9}$

（2）由（1）有，

$$P\{X + Y \leqslant 1\} = 1 - P\{X + Y > 1\} = 1 - P\{X = 1, Y = 1\} = 1 - \frac{5}{9} = \frac{4}{9}.$$

[例4.32] 设随机变量X与Y相互独立，X的概率分布为$P\{X = 1\} = \dfrac{1}{2}, P\{X = -1\} = \dfrac{1}{2}$，$Y$服从参数为$\lambda$的泊松分布．令$Z = XY$.

（1）求$\text{cov}(X,Z)$；

（2）求Z的概率分布．

[解析] （1）

$$\begin{aligned}
\text{cov}(X,Z) &= \text{cov}(X, XY) = E(X^2 Y) - EX \cdot EXY \\
&= EX^2 \cdot EY - EX \cdot EX \cdot EY \\
&= \left[EX^2 - (EX)^2\right] \cdot EY \\
&= (1 - 0)\lambda = \lambda.
\end{aligned}$$

（2）

$$P\{Z=k\}=P\{XY=k\}=P\{XY=k,X=-1\}+P\{XY=k,X=1\}$$
$$=P\{Y=-k,X=-1\}+P\{Y=k,X=1\}$$
$$=P\{Y=-k\}P\{X=-1\}+P\{Y=k\}P\{X=1\}$$
$$=\frac{1}{2}[P\{Y=-k\}+P\{Y=k\}],$$

当 $k=1,2,3\cdots$ 时，$P\{Y=-k\}=0$，则 $P\{Z=k\}=\frac{1}{2}\frac{\lambda^{k}\mathrm{e}^{-\lambda}}{k!}$；

当 $k=-1,-2,-3,\cdots$ 时，$P\{Y=k\}=0$，则 $P\{Z=k\}=\frac{1}{2}P\{Y=-k\}=\frac{1}{2}\frac{\lambda^{-k}\mathrm{e}^{-\lambda}}{(-k)!}$；

当 $k=0$ 时，$P\{Z=0\}=\frac{1}{2}[P\{Y=0\}+P\{Y=0\}]=P\{Y=0\}=\mathrm{e}^{-\lambda}$．

例4.33 设随机变量 X 的概率密度函数为 $f(x)=\frac{1}{2}\mathrm{e}^{-|x|}$，$-\infty<x<+\infty$．

（1）求 X 的数学期望 $E(X)$ 和方差 $D(X)$；

（2）求 X 与 $|X|$ 的协方差，并问 X 与 $|X|$ 是否不相关？

（3）问 X 与 $|X|$ 是否相互独立？为什么？

解析 （1）由期望的计算公式有，

$$E(X)=\int_{-\infty}^{+\infty}xf(x)\mathrm{d}x=\int_{-\infty}^{+\infty}\frac{x}{2}\mathrm{e}^{-|x|}\mathrm{d}x=0,$$

$$E(X^{2})=\int_{-\infty}^{+\infty}x^{2}f(x)\mathrm{d}x=\int_{-\infty}^{+\infty}x^{2}\cdot\frac{1}{2}\mathrm{e}^{-|x|}\mathrm{d}x=\int_{0}^{+\infty}x^{2}\cdot\mathrm{e}^{-x}\mathrm{d}x=2,$$

故 $D(X)=E(X^{2})-\left[E(X)\right]^{2}=2-0=2$．

（2）由协方差的计算公式有

$$\mathrm{cov}(X,|X|)=E(X|X|)-E(X)E(|X|)=E(X|X|)$$
$$=\int_{-\infty}^{+\infty}x|x|f(x)\mathrm{d}x=\int_{-\infty}^{+\infty}x|x|\cdot\frac{1}{2}\mathrm{e}^{-|x|}\mathrm{d}x=0.$$

所以 X 与 $|X|$ 不相关．

（3）由于

$$P\{X\leqslant1\}=\int_{-\infty}^{1}f(x)\mathrm{d}x=\int_{-\infty}^{0}\frac{1}{2}\mathrm{e}^{x}\mathrm{d}x+\int_{0}^{1}\frac{1}{2}\mathrm{e}^{-x}\mathrm{d}x=\frac{1}{2}+\frac{1}{2}-\frac{1}{2}\mathrm{e}^{-1}=1-\frac{1}{2}\mathrm{e}^{-1},$$

$$P\{|X|\leqslant1\}=P\{-1\leqslant X\leqslant1\}=\int_{-1}^{1}f(x)\mathrm{d}x=\int_{-1}^{1}\frac{1}{2}\mathrm{e}^{-|x|}\mathrm{d}x=\int_{0}^{1}\mathrm{e}^{-x}\mathrm{d}x=1-\mathrm{e}^{-1},$$

$$P\{X\leqslant1,|X|\leqslant1\}=P\{|X|\leqslant1\}=1-\mathrm{e}^{-1},$$

故 $P\{X\leqslant1,|X|\leqslant1\}\neq P\{X\leqslant1\}P\{|X|\leqslant1\}$，所以 X 与 $|X|$ 不独立．

例4.34 随机变量 X 与 Y 相互独立，X 服从参数为 1 的指数分布，Y 的概率分布为 $P(Y=-1)=p$，$P(Y=1)=1-p$（$0<p<1$），令 $Z=XY$．

（1）求 Z 的概率密度；

（2）p为何值时，X与Z不相关；

（3）X与Z是否相互独立？

解析 （1）由分布函数的定义，得

$F_Z(z) = P\{Z \leqslant z\} = P\{XY \leqslant z\} = P\{XY \leqslant z, Y = -1\} + P\{XY \leqslant z, Y = 1\}$

$\quad\quad = P\{X \geqslant -z, Y = -1\} + P\{X \leqslant z, Y = 1\}$,

因X与Y相互独立，故

$F_Z(z) = P\{X \geqslant -z\}P\{Y = -1\} + P\{X \leqslant z\}P\{Y = 1\} = p \cdot P\{X \geqslant -z\} + (1-p) \cdot P\{X \leqslant z\}$,

当$z < 0$时，$F_Z(z) = p \cdot [1 - P\{X < -z\}] + 0 = p[1 - (1 - e^z)] = pe^z$;

当$z \geqslant 0$时，$F_Z(z) = p + (1-p) \cdot (1 - e^{-z}) = 1 - e^{-z} + pe^{-z}$，从而

$$f_Z(z) = F_Z'(z) = \begin{cases} pe^z, & z < 0, \\ (1-p)e^{-z}, & z \geqslant 0. \end{cases}$$

（2）因$\text{cov}(X, Z) = \text{cov}(X, XY) = E(X^2Y) - EX \cdot E(XY)$，又$X$与$Y$独立，从而有

$E(X^2Y) = E(X^2)EY$，$E(XY) = EX \cdot EY$，故

$\text{cov}(X, Z) = E(X^2)EY - (EX)^2EY = [E(X^2) - (EX)^2]EY = DX \cdot EY$.

因$DX = 1$，$EY = -1 \times p + 1 \times (1 - p) = 1 - 2p$，故当$p = \dfrac{1}{2}$时，$\text{cov}(X, Z) = 0$，此时$X$与$Z$不相关.

（3）因为

$P\{X \leqslant 1, Z \leqslant 1\} = P\{X \leqslant 1, XY \leqslant 1\} = P\{X \leqslant 1\} = 1 - e^{-1}$,

$P\{X \leqslant 1\} = 1 - e^{-1}$，$P\{Z \leqslant 1\} = F_Z(1) = 1 - e^{-1} + pe^{-1}$,

故有$P\{X \leqslant 1, Z \leqslant 1\} = 1 - e^{-1} \neq P\{X \leqslant 1\}P\{Z \leqslant 1\}$，从而$X$与$Z$不独立.

例4.35 已知随机变量(X, Y)服从二维正态分布，且X和Y分别服从正态分布$N(1, 3^2)$和$N(0, 4^2)$，

X与Y的相关系数$\rho_{XY} = -\dfrac{1}{2}$，设$Z = \dfrac{X}{3} + \dfrac{Y}{2}$.

（1）求Z的数学期望$E(Z)$和方差$D(Z)$；

（2）求X与Z的相关系数ρ_{XZ}；

（3）问X与Z是否相互独立？为什么？

解析 由$X \sim N(1, 3^2)$，$Y \sim N(0, 4^2)$，知$E(X) = 1, E(Y) = 0, D(X) = 9, D(Y) = 16$.

（1）

$E(Z) = E\left(\dfrac{X}{3} + \dfrac{Y}{2}\right) = \dfrac{1}{3}E(X) + \dfrac{1}{2}E(Y) = \dfrac{1}{3}$,

$D(Z) = D\left(\dfrac{X}{3} + \dfrac{Y}{2}\right) = \dfrac{1}{9}D(X) + \dfrac{1}{4}D(Y) + 2\text{cov}\left(\dfrac{X}{3}, \dfrac{Y}{2}\right)$

$\quad\quad = \dfrac{1}{9} \times 9 + \dfrac{1}{4} \times 16 + \dfrac{1}{3}\text{cov}(X, Y) = 5 + \dfrac{1}{3}\text{cov}(X, Y)$,

又因为 $\rho_{XY} = \dfrac{\text{cov}(X,Y)}{\sqrt{D(X)}\sqrt{D(Y)}} = -\dfrac{1}{2}$，有

$$\text{cov}(X,Y) = -\frac{1}{2}\sqrt{D(X)}\sqrt{D(Y)} = -\frac{1}{2} \times 3 \times 4 = -6 .$$

所以 $D(Z) = 5 + \dfrac{1}{3} \times (-6) = 3$.

（2）因为

$$\text{cov}(X,Z) = \text{cov}\left(X, \frac{X}{3} + \frac{Y}{2}\right) = \frac{1}{3}\text{cov}(X,X) + \frac{1}{2}\text{cov}(X,Y)$$

$$= \frac{1}{3}D(X) + \frac{1}{2}\text{cov}(X,Y) = \frac{1}{3}\cdot 9 + \frac{1}{2}\cdot(-6) = 0.$$

故 $\rho_{XZ} = 0.$

（3）由于 (X,Y) 服从二维正态分布，$Z = \dfrac{X}{3} + \dfrac{Y}{2}$，故由二维正态分布的性质知 (X,Z) 也服从二维正态分布，又 $\rho_{XZ} = 0$，故 X 与 Z 相互独立.

李良概率章节笔记

李良概率章节笔记

题型 1 切比雪夫不等式

📋 **基础知识回顾**

1. 切比雪夫不等式

设随机变量 X 具有数学期望 $E(X)=\mu$，方差 $D(X)=\sigma^2$，则对任意 $\varepsilon>0$，均有

$$P\{|X-E(X)|\geqslant\varepsilon\}\leqslant\frac{D(X)}{\varepsilon^2} \text{ 或 } P\{|X-E(X)|<\varepsilon\}\geqslant1-\frac{D(X)}{\varepsilon^2}.$$

📖 **精选例题**

例 5.1 设随机变量 X 和 Y 的数学期望分别为 -2 和 2，方差分别为 1 和 4，而 X 与 Y 的相关系数为 -0.5，则根据切比雪夫不等式 $P\{|X+Y|<6\}\geqslant$ _____．

解析 因为

$$E(X+Y)=E(X)+E(Y)=-2+2=0,$$
$$D(X+Y)=D(X)+D(Y)+2\operatorname{cov}(X,Y)=1+4+2\times\rho_{XY}\cdot\sqrt{D(X)}\cdot\sqrt{D(Y)}$$
$$=5+2\times(-0.5)\times1\times2=3,$$

根据切比雪夫不等式 $P\{|X-E(X)|<\varepsilon\}\geqslant1-\dfrac{D(X)}{\varepsilon^2}$，有

$$P\{|X+Y|<6\}=P\{|X+Y-E(X+Y)|<6\}\geqslant1-\frac{D(X+Y)}{36}=1-\frac{3}{36}=\frac{11}{12}.$$

例 5.2 设随机变量 X_i 服从二项分布 $B(i,0.2)(i=1,2,\cdots,10)$，且 $X_1,X_2,\cdots,X_{10}$ 相互独立，则根据切比雪夫不等式，有 $P\left\{6<\sum\limits_{i=1}^{10}X_i<16\right\}\geqslant$ _____．

解析 因为 $EX_i=0.2i,DX_i=0.2\times0.8i=0.16i$，又 $X_1,X_2,\cdots,X_{10}$ 相互独立，故

$$E(\sum_{i=1}^{10}X_i)=\sum_{i=1}^{10}EX_i=\sum_{i=1}^{10}0.2i=0.2\times(1+2+\cdots+10)=0.2\times55=11,$$
$$D(\sum_{i=1}^{10}X_i)=\sum_{i=1}^{10}DX_i=\sum_{i=1}^{10}0.16i=0.16\times55=8.8.$$

从而由切比雪夫不等式有

$$P\left\{6<\sum_{i=1}^{10}X_i<16\right\}=P\left\{-5<\sum_{i=1}^{10}X_i-11<5\right\}$$
$$=P\left\{\left|\sum_{i=1}^{10}X_i-11\right|<5\right\}\geqslant1-\frac{8.8}{25}=0.648.$$

题型 2　大数定律

1. 依概率收敛

设 $X_1, X_2, \cdots, X_n, \cdots$ 是一个随机变量序列，a 是一个常数．如果对于任意给定的正数 ε，有

$$\lim_{n \to \infty} P\left\{\left|X_n - a\right| < \varepsilon\right\} = 1,$$

则称随机变量序列 $X_1, X_2, \cdots, X_n, \cdots$ 依概率收敛于 a，记为 $X_n \xrightarrow{P} a$．

2. 大数定律

（1）切比雪夫大数定律（一般情形）．

设 $X_1, X_2, \cdots, X_n, \cdots$ 是由两两不相关（或两两独立）的随机变量所构成的序列，分别具有数学期望 $E(X_1), E(X_2), \cdots, E(X_n), \cdots$ 和方差 $D(X_1), D(X_2), \cdots, D(X_n), \cdots$ 并且方差有公共上界，即存在正数 M，使得 $D(X_n) \leqslant M, n = 1, 2 \cdots$，则对于任意给定的正数 ε，总有

$$\lim_{n \to \infty} P\left\{\left|\frac{1}{n} \sum_{k=1}^{n} X_k - \frac{1}{n} \sum_{k=1}^{n} E(X_k)\right| < \varepsilon\right\} = 1 .$$

（2）独立同分布的切比雪夫大数定律．

设随机变量 $X_1, X_2, \cdots, X_n, \cdots$ 相互独立，服从相同的分布，具有数学期望 $E(X_n) = \mu$ 和方差 $D(X_n) = \sigma^2$（$n = 1, 2 \cdots,$）则对于任意给定的正数 ε，总有 $\lim\limits_{n \to \infty} P\left\{\left|\frac{1}{n} \sum_{k=1}^{n} X_k - \mu\right| < \varepsilon\right\} = 1$，即随机变量序列 $\overline{X_n} = \frac{1}{n} \sum_{k=1}^{n} X_k \xrightarrow{P} \mu$．

（3）辛钦大数定律．

设随机变量 $X_1, X_2, \cdots, X_n, \cdots$ 相互独立，服从相同的分布，具有数学期望 $E(X_n) = \mu$（$n = 1, 2 \cdots,$）则对于任意给定的正数 ε，总有

$$\lim_{n \to \infty} P\left\{\left|\frac{1}{n} \sum_{k=1}^{n} X_k - \mu\right| < \varepsilon\right\} = 1$$

或 $\lim\limits_{n \to \infty} P\left\{\left|\frac{1}{n} \sum_{k=1}^{n} X_k - \mu\right| \geqslant \varepsilon\right\} = 0$．

（4）伯努利大数定律．

设在每次实验中事件 A 发生的概率 $P(A) = p$，在 n 次独立重复实验中，事件 A 发生的频率为 $f_n(A)$，则对于任意正数 ε，总有

$$\lim_{n \to \infty} P\left\{\left|f_n(A) - p\right| < \varepsilon\right\} = 1$$

或 $\lim\limits_{n \to \infty} P\left\{\left|f_n(A) - p\right| \geqslant \varepsilon\right\} = 0$．

（1）依概率收敛的几种表示形式：

① $\forall \varepsilon > 0$ ，$\lim\limits_{n\to\infty} P\{|X_n - a| < \varepsilon\} = 1$ ；

② $\forall \varepsilon > 0$ ，$\lim\limits_{n\to\infty} P\{|X_n - a| \geqslant \varepsilon\} = 0$ ；

③ $X_n \xrightarrow{P} a$.

（2）大数定律的两个考查方向：

① 考条件：随机变量序列 $X_1, X_2, \cdots, X_n, \cdots$，需满足相互独立，服从相同的分布，且 $E(X_i)$ 存在 .

② 考结论：若干个随机变量的均值 $\dfrac{1}{n}\sum\limits_{k=1}^{n} X_k$，依概率收敛到均值的期望 $E\left(\dfrac{1}{n}\sum\limits_{k=1}^{n} X_k\right)$.

◆精选例题

例 5.3 将一个骰子独立重复掷 n 次，各次掷出的点数依次为 $X_1, \cdots, X_n$. 则当 $n \to \infty$ 时，$\overline{X} = \dfrac{1}{n}\sum\limits_{i=1}^{n} X_i$ 依概率收敛于 _____ .

解析 由题意知 $X_1, \cdots, X_n$ 相互独立同分布，且均服从

$$X_i \sim \begin{pmatrix} 1 & 2 & 3 & 4 & 5 & 6 \\ \dfrac{1}{6} & \dfrac{1}{6} & \dfrac{1}{6} & \dfrac{1}{6} & \dfrac{1}{6} & \dfrac{1}{6} \end{pmatrix},$$

又 $E(X_i) = \dfrac{1}{6}(1+2+3+4+5+6) = \dfrac{21}{6} = \dfrac{7}{2}$，则根据辛钦大数定律 $\overline{X} = \dfrac{1}{n}\sum\limits_{i=1}^{n} X_i$ 依概率收敛到

$$E\left(\dfrac{1}{n}\sum\limits_{i=1}^{n} X_i\right) = \dfrac{1}{n}\sum\limits_{i=1}^{n} E(X_i) = \dfrac{7}{2} .$$

例 5.4 设 $X_1, X_2, \cdots, X_n$ 相互独立，且均服从二项分布 $B\left(3, \dfrac{1}{3}\right)$. 当 $n \to \infty$ 时，对任意的 $\varepsilon > 0$，有 $\lim\limits_{n\to\infty} P\left\{\left|\dfrac{1}{n}\sum\limits_{i=1}^{n} X_i^2 - a\right| < \varepsilon\right\} = 1$，则 $a =$ _____ .

解析 因 $X_1, X_2, \cdots, X_n$ 相互独立且均服从 $B\left(3, \dfrac{1}{3}\right)$，则 $X_1^2, X_2^2, \cdots, X_n^2$ 也相互独立，且同分布，

又 $E(X_i^2) = D(X_i) + \left[E(X_i)\right]^2 = 3 \times \dfrac{1}{3} \times \dfrac{2}{3} + \left(3 \times \dfrac{1}{3}\right)^2 = \dfrac{5}{3}$，$i = 1, 2, \cdots, n$.

故由辛钦大数定律，对任意的 $\varepsilon > 0$，有

$$\lim\limits_{n\to\infty} P\left\{\left|\dfrac{1}{n}\sum\limits_{i=1}^{n} X_i^2 - E\left(\dfrac{1}{n}\sum\limits_{i=1}^{n} X_i^2\right)\right| < \varepsilon\right\} = 1 , \text{从而得}$$

$$a = E\left(\dfrac{1}{n}\sum\limits_{i=1}^{n} X_i^2\right) = \dfrac{1}{n}\sum\limits_{i=1}^{n} E(X_i^2) = \dfrac{5}{3} .$$

题型 3 中心极限定理

1. 列维 – 林德伯格中心极限定理

设随机变量 $X_1, X_2, \cdots, X_n, \cdots$ 相互独立，服从相同的分布，具有数学期望 $E(X_n) = \mu$ 和方差

$D(X_n) = \sigma^2$（$n = 1, 2 \cdots$），则对于任意实数 x，有 $\lim\limits_{n \to \infty} P\left\{ \dfrac{\sum\limits_{k=1}^{n} X_k - n\mu}{\sqrt{n}\sigma} \leqslant x \right\} = \Phi(x)$.

2. 棣莫弗 – 拉普拉斯中心极限定理

设随机变量 X_n 服从参数为 n，p 的二项分布，即 $X_n \sim B(n, p)(0 < p < 1, n = 1, 2, \cdots)$，则对于任意实

数 x，有 $\lim\limits_{n \to \infty} P\left\{ \dfrac{X_n - np}{\sqrt{np(1-p)}} \leqslant x \right\} = \Phi(x)$.

中心极限定理的两个考查方向：

① 考条件：随机变量序列 $X_1, X_2, \cdots, X_n, \cdots$，需满足相互独立，服从相同的分布，且

$E(X_i)$ 和 $D(X_i)$ 均存在.

② 考结论：足够多的随机变量的和 $\sum\limits_{k=1}^{n} X_k$，近似服从正态分布，将其标准化后按标准正态分

布解决.

精选例题

例 5.5 设 $X_1, X_2, \cdots, X_n$ 是总体 X 的简单随机样本，且 $E(X) = 5, D(X) = 25$，$\overline{X} = \dfrac{1}{n} \sum\limits_{i=1}^{n} X_i$ 为样本

均值，若要使概率 $P\{\overline{X} \leqslant 6\}$ 不小于 0.95 时，已知 $\Phi(1.64) = 0.95$，用中心极限定理计算，样本容

量 n 至少为 _____.

解析 因 $E(\sum\limits_{i=1}^{n} X_i) = \sum\limits_{i=1}^{n} EX_i = 5n, D(\sum\limits_{i=1}^{n} X_i) = \sum\limits_{i=1}^{n} DX_i = 25n$，故由中心极限定知，

$\sum\limits_{i=1}^{n} X_i \overset{近似}{\sim} N(5n, 25n)$. 又

$$P\{\overline{X} \leqslant 6\} = P\left\{ \sum\limits_{i=1}^{n} X_i \leqslant 6n \right\} \geqslant 0.95, \text{ 故有 } P\left\{ \sum\limits_{i=1}^{n} X_i \leqslant 6n \right\} = P\left\{ \dfrac{\sum\limits_{i=1}^{n} X_i - 5n}{5\sqrt{n}} \leqslant \dfrac{6n - 5n}{5\sqrt{n}} \right\}$$

$$\approx \Phi\left(\dfrac{6n - 5n}{5\sqrt{n}} \right) = \Phi\left(\dfrac{\sqrt{n}}{5} \right) \geqslant 0.95 = \Phi(1.64).$$

因此 $\dfrac{\sqrt{n}}{5} \geqslant 1.64$，解得 $n \geqslant 67.24$，故 n 至少为 68.

例 5.6 设随机变量 $X \sim \chi^2(200)$，则由中心极限定理，得 $P\{X \leqslant 240\}$ 近似等于 _____ .（结果用标准正态分布函数 $\Phi(x)$ 表示）.

解析 设 $Y_i \sim N(0,1)(i=1,2,\cdots,200)$，且 $Y_1, Y_2, \cdots, Y_{200}$ 相互独立，则由 χ^2 分布的定义知，$X = \sum_{i=1}^{200} Y_i^2$. 又 $EX=200, DX=400$，故由中心极限定理得 $X \overset{\text{近似}}{\sim} N(200,400)$，从而

$$P\{X \leqslant 240\} = P\left\{\frac{X-200}{20} \leqslant \frac{240-200}{20}\right\} \approx \Phi(2).$$

例 5.7 某保险公司多年的统计资料表明，在索赔户中被盗户占 20%. 以 X 表示在随机抽查的 100 个索赔户中因被盗向保险公司索赔的户数.

（1）写出 X 的概率分布；

（2）利用棣莫弗 – 拉普拉斯定理，求被盗索赔户不少于 14 户且不多于 30 户的概率的近似值.

（附表）$\Phi(x)$ 是标准正态分布函数.

x	0	0.5	1.0	1.5	2.0	2.5	3.0
$\Phi(x)$	0.500	0.692	0.841	0.933	0.977	0.994	0.999

解析 （1）由题意有 $X \sim B(100,0.2)$，其概率分布为

$$P\{X=k\} = C_{100}^k 0.2^k 0.8^{100-k}, \quad k=0,1,2,\cdots,100 .$$

（2）因 $X \sim B(100,0.2)$，故 $E(X)=100 \times 0.2=20, D(X)=100 \times 0.2 \times 0.8=16$.

由棣莫弗—拉普拉斯中心极限定理知，X 近似服从 $N(20,16)$.

故

$$P\{14 \leqslant X \leqslant 30\} = P\left\{\frac{14-20}{\sqrt{16}} \leqslant \frac{X-20}{\sqrt{16}} \leqslant \frac{30-20}{\sqrt{16}}\right\} = P\left\{-1.5 \leqslant \frac{X-20}{4} \leqslant 2.5\right\}$$

$$\approx \Phi(2.5) - \Phi(-1.5) = \Phi(2.5) - [1-\Phi(1.5)] = 0.927.$$

第六章　数理统计的基本概念

📖 基础知识回顾

一、总体

在数理统计中研究对象的某项数量指标X取值的全体称为总体. X是一个随机变量，X的分布函数和数字特征分别称为总体的分布函数和数字特征.

二、个体

总体中的每个元素称为个体.

三、总体容量

总体中个体的数量称为总体的容量. 容量为有限的总体称为有限总体，容量为无限的总体称为无限总体.

四、简单随机样本

与总体X具有相同的分布，并且每个个体$X_1, X_2, \cdots, X_n$之间是相互独立，则称$X_1, X_2, \cdots, X_n$为来自总体X的简单随机样本，简称样本，n称为样本容量. 它们的观测值$x_1, x_2, \cdots, x_n$称为样本观测值，简称为样本值.

五、统计量

1. 定义

设$X_1, X_2, \cdots, X_n$是来自总体X的样本，$g(t_1, t_2, \cdots, t_n)$是一个不含未知数的n元函数，则称随机变量$X_1, X_2, \cdots, X_n$的函数$T = g(X_1, X_2, \cdots, X_n)$为一个统计量. 设$x_1, x_2, \cdots, x_n$是相应于$X_1, X_2, \cdots, X_n$的样本值，则称$g(x_1, x_2, \cdots, x_n)$为统计量$T = g(X_1, X_2, \cdots, X_n)$的观测值.

2. 几种常见的统计量

设$X_1, X_2, \cdots, X_n$是来自总体X的简单随机样本，$x_1, x_2, \cdots, x_n$是相应于$X_1, X_2, \cdots, X_n$的观测值. 若总体的期望、方差都存在，记$E(X) = \mu$，$D(X) = \sigma^2$.

1）样本均值

称统计量$\overline{X} = \dfrac{1}{n}\sum\limits_{i=1}^{n} X_i$为样本均值，其观测值为：$\overline{x} = \dfrac{1}{n}\sum\limits_{i=1}^{n} x_i$.

样本均值的数字特征：$E(\overline{X}) = E(X) = \mu$，$D(\overline{X}) = \dfrac{D(X)}{n} = \dfrac{\sigma^2}{n}$.

2）样本方差

称统计量 $S^2 = \dfrac{1}{n-1}\sum_{i=1}^{n}(X_i - \overline{X})^2$ 为样本方差，其观测值为：$s^2 = \dfrac{1}{n-1}\sum_{i=1}^{n}(x_i - \overline{x})^2$.

统计量 $S = \sqrt{\dfrac{1}{n-1}\sum_{i=1}^{n}(X_i - \overline{X})^2}$ 为样本标准差，其观测值为：$s = \sqrt{\dfrac{1}{n-1}\sum_{i=1}^{n}(x_i - \overline{x})^2}$.

样本方差的期望：$E(S^2) = D(X) = \sigma^2$.

3）样本的 k 阶原点矩

称统计量 $A_k = \dfrac{1}{n}\sum_{i=1}^{n}X_i^k$ 为样本的 k 阶原点矩，其观测值为：$a_k = \dfrac{1}{n}\sum_{i=1}^{n}x_i^k$，$k = 1, 2, \cdots$.

如果总体的 X 的 k 阶原点矩 $E(X^k) = \mu_k (k = 1, 2 \cdots)$ 存在，则当 $n \to \infty$ 时，有

$$A_k = \frac{1}{n}\sum_{i=1}^{n}X_i^k \xrightarrow{P} \mu_k, k = 1, 2, \cdots,$$

即样本的 k 阶原点矩依概率收敛到总体的 k 阶原点矩，这也是参数估计中矩估计的理论依据.

4）样本的 k 阶中心矩

称统计量 $B_k = \dfrac{1}{n}\sum_{i=1}^{n}(X_i - \overline{X})^k$ 为样本的 k 阶中心矩，其观测值为：$b_k = \dfrac{1}{n}\sum_{i=1}^{n}(x_i - \overline{x})^k$，$k = 2, 3, \cdots$.

5）顺序统计量

称统计量 $X_{(1)} = \min(X_1, X_2, \cdots, X_n)$ 为最小顺序统计量，$X_{(n)} = \max(X_1, X_2, \cdots, X_n)$ 为最大顺序统计量.

⚓ 考点及方法小结

（1）设 $X_1, X_2, \cdots, X_n$ 是来自总体 X 的简单随机样本，我们需要对其有两层理解：

① $X_1, X_2, \cdots, X_n$ 相互独立，同总体 X 分布；

② 从总体抽了 n 个简单随机样本，相当于对总体 X 进行 n 次独立重复观测，通常需要结合二项分布解决问题.

（2）由于 $E(S^2) = D(X) = \sigma^2$，故计算 $E[\sum_{i=1}^{n}(X_i - \overline{X})^2]$ 时，往往将其凑成样本方差，利用样本方差的期望等于总体方差解决，即

$$E[\sum_{i=1}^{n}(X_i - \overline{X})^2] = (n-1)E[\frac{1}{n-1}\sum_{i=1}^{n}(X_i - \overline{X})^2] = (n-1)\sigma^2.$$

（3）计算求最大（最小）顺序统计量的分布与期望：
①求最大（最小）顺序统计量的分布

设总体 X 的分布函数为 $F(x)$，$X_1, X_2, \cdots, X_n$ 是来自总体 X 的简单随机样本，则统计量

$X_{(n)} = \max(X_1, X_2, \cdots, X_n)$ 和 $X_{(1)} = \min(X_1, X_2, \cdots, X_n)$ 的分布函数分别为：

$$F_{X_{(n)}}(x) = P\{\max(X_1, X_2, \cdots, X_n) \leqslant x\} = [F(x)]^n,$$

$$F_{X_{(1)}}(x) = P\{\min(X_1, X_2, \cdots, X_n) \leqslant x\} = 1 - [1 - F(x)]^n.$$

②求最大（最小）顺序统计量的期望

若总体为连续型总体，由①可得其分布函数 $F_{X_{(n)}}(x)$，$F_{X_{(1)}}(x)$，则其概率密度为

$$f_{X_{(n)}}(x) = F'_{X_{(n)}}(x)，f_{X_{(1)}}(x) = F'_{X_{(1)}}(x)，从而有$$

$$EX_{(n)} = \int_{-\infty}^{+\infty} x f_{X_{(n)}}(x)\mathrm{d}x，EX_{(1)} = \int_{-\infty}^{+\infty} x f_{X_{(1)}}(x)\mathrm{d}x.$$

【六、三大分布】

1. χ^2分布

1）典型模式

设随机变量 $X_1, X_2, \cdots, X_n$ 相互独立，都服从标准正态分布 $N(0,1)$，称随机变量

$\chi^2 = X_1^2 + X_2^2 + \cdots + X_n^2$ 为服从自由度是 n 的 χ^2 分布，记作 $\chi^2 \sim \chi^2(n)$.

2）χ^2分布的性质

①设 $X \sim \chi^2(m), Y \sim \chi^2(n)$，且 X 和 Y 相互独立，则 $X + Y \sim \chi^2(m+n)$；

3）上 α 分位点 $\chi_\alpha^2(n)$

设 $X \sim \chi^2(n)$，对于任给定的 $\alpha(0 < \alpha < 1)$，称满足条件 $P\{X > \chi_\alpha^2(n)\} = \alpha$ 的点 $\chi_\alpha^2(n)$ 为 X 的上 α 分位点.

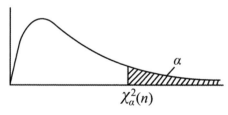

图1 χ^2分布上 α 分位点

4）χ^2分布的数字特征

设 $X \sim \chi^2(n)$，则有 $E(X) = n, D(X) = 2n$.

2. t分布

1）典型模式

设随机变量 $X \sim N(0,1)$，$Y \sim \chi^2(n)$，且 X 和 Y 相互独立，则随机变量 $t = \dfrac{X}{\sqrt{Y/n}}$ 服从自由度为 n 的 t

分布，记作 $t \sim t(n)$.

2）性质

$t(n)$ 分布的概率密度 $f(x)$ 是偶函数且有 $\lim\limits_{n \to \infty} f(x) = \dfrac{1}{\sqrt{2\pi}} \mathrm{e}^{-\frac{x^2}{2}}$.

即当n充分大时，$t(n)$分布近似$N(0,1)$分布.

3）上α分位点$t_\alpha(n)$

设$X \sim t(n)$，对于任给定的$\alpha(0 < \alpha < 1)$，称满足条件$P\{X > t_\alpha(n)\} = \alpha$的点$t_\alpha(n)$为$t$分布的上$\alpha$分位点. 由于$t(n)$分布的概率密度是偶函数，因此$t_{1-\alpha}(n) = -t_\alpha(n)$.

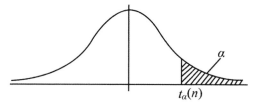

图2 t分布上α分位点

3. F分布

1）典型模式

设$X \sim \chi^2(m), Y \sim \chi^2(n)$，且随机变量$X, Y$相互独立，则随机变量$F = \dfrac{X/m}{Y/n}$服从自由度为$(m,n)$的$F$分布，记作$F \sim F(m,n)$.

2）性质

设$F \sim F(m,n)$，则$\dfrac{1}{F} \sim F(n,m)$.

3）上α分位点$F_\alpha(m,n)$

设$F \sim F(m,n)$，对于任给定的$\alpha(0 < \alpha < 1)$，称满足条件$P\{F > F_\alpha(m,n)\} = \alpha$的点$F_\alpha(m,n)$为$F(m,n)$的上$\alpha$分位点，且有$F_{1-\alpha}(m,n) = \dfrac{1}{F_\alpha(n,m)}$.

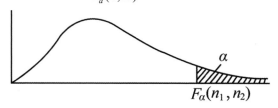

图3 F分布上α分位点

4）t分布与F分布的关系

若$T \sim t(n)$，则$T^2 \sim F(1,n)$.

因$T \sim t(n)$，则存在$X \sim N(0,1)$，$Y \sim \chi^2(1)$，且X和Y相互独立，有$T = \dfrac{X}{\sqrt{Y/n}}$.

又$T^2 = \dfrac{X^2}{Y/n}$，而$X^2 \sim \chi^2(1)$，且X^2和Y相互独立，故由F分布的典型模式有

$$T^2 = \dfrac{X^2/1}{Y/n} \sim F(1,n).$$

1. 一个正态总体的抽样分布

设 $X_1, X_2, \cdots, X_n$ 是来自正态总体 $X \sim N(\mu, \sigma^2)$ 的简单随机样本，$\overline{X}$ 是样本均值，S^2 是样本方差，则有：

（1）$\overline{X} \sim N(\mu, \dfrac{\sigma^2}{n})$，$U = \dfrac{\overline{X} - \mu}{\sigma/\sqrt{n}} \sim N(0,1)$；

（2）$\overline{X}$ 与 S^2 相互独立，且 $\dfrac{(n-1)S^2}{\sigma^2} \sim \chi^2(n-1)$；

（3）$t = \dfrac{\overline{X} - \mu}{S/\sqrt{n}} \sim t(n-1)$；

（4）$\chi^2 = \dfrac{1}{\sigma^2} \sum\limits_{i=1}^{n}(X_i - \mu)^2 \sim \chi^2(n)$.

2. 两个正态总体的抽样分布

设 $X \sim N(\mu_1, \sigma_1^2), Y \sim N(\mu_2, \sigma_2^2)$，$X_1, X_2, \cdots, X_{n_1}$ 和 $Y_1, Y_2, \cdots, Y_{n_2}$，分别来自总体

X 和 Y 的样本，且两个总体相互独立，则有

（1）$U = \dfrac{(\overline{X} - \overline{Y}) - (\mu_1 - \mu_2)}{\sqrt{\dfrac{\sigma_1^2}{n_1} + \dfrac{\sigma_2^2}{n_2}}} \sim N(0,1)$；

（2）如果 $\sigma_1^2 = \sigma_2^2$ 则

$T = \dfrac{(\overline{X} - \overline{Y}) - (\mu_1 - \mu_2)}{S_w \sqrt{\dfrac{1}{n_1} + \dfrac{1}{n_2}}} \sim t(n_1 + n_2 - 2)$，其中 $S_w^2 = \dfrac{(n_1 - 1)S_1^2 + (n_2 - 1)S_2^2}{n_1 + n_2 - 2}$；

（3）$F = \dfrac{n_2 \sigma_2^2 \sum\limits_{i=1}^{n_1}(X_i - \mu_1)^2}{n_1 \sigma_1^2 \sum\limits_{j=1}^{n_2}(Y_j - \mu_2)^2} \sim F(n_1, n_2)$；

（4）$F = \dfrac{\sigma_2^2}{\sigma_1^2} \cdot \dfrac{S_1^2}{S_2^2} \sim F(n_1 - 1, n_2 - 1)$.

⚓ 考点及方法小结

（1）三大分布的典型构成模式是考查的重点，考生需要注意几点：

①构成 χ^2 分布需要找到独立的标准正态分布，将其平方相加即得，若有 n 个独立标准正态分布的平方相加，其自由度就为 $n(n \geqslant 1)$.若只是标准正态平方相加，缺少独立条件是得不到 χ^2 分布的.

② 构成t分布需要找到一个标准正态分布X，一个$\chi^2(n)$分布Y，在X与Y独立时，则$\dfrac{X}{\sqrt{Y/n}}$服从自由度为n的t分布，t分布的自由度由构成它的χ^2分布自由度确定. 若X与Y不独立，则无法确定$\dfrac{X}{\sqrt{Y/n}}$的分布.

③ F分布需要两个独立的χ^2分布，分别除以自身的自由度相比得到.

若没有独立条件时，只是两个χ^2分布分别除以自由度相比得不到F分布.

若$X \sim \chi^2(n), Y \sim \chi^2(n)$，且$X$与$Y$独立，则$F = \dfrac{X/n}{Y/n} \sim F(n,n)$，结合$F$分布的性质知$F$与$\dfrac{1}{F}$同分布.

（2）由于$D[\chi^2(n)] = 2n$，可借助此结论解决的两种情况：

① 若$X \sim N(u, \sigma^2)$，计算$D[(X-u)^2]$. 方法：

因$\dfrac{X-u}{\sigma} \sim N(0,1)$，故$\dfrac{(X-u)^2}{\sigma^2} \sim \chi^2(1)$. 又

$D[\chi^2(1)] = 2$，故有$D[\dfrac{(X-u)^2}{\sigma^2}] = 2$，从而得$D[(X-u)^2] = 2\sigma^4$.

② 设$X_1, X_2, \cdots, X_n$是来自正态总体$X \sim N(\mu, \sigma^2)$的简单随机样本，S^2是样本方差，计算$D(S^2)$. 方法：

由于$\dfrac{(n-1)S^2}{\sigma^2} \sim \chi^2(n-1)$，故$D\left[\dfrac{(n-1)S^2}{\sigma^2}\right] = 2(n-1)$，利用方差的性质得

$\dfrac{(n-1)^2}{\sigma^4} D(S^2) = 2(n-1)$，从而有$D(S^2) = \dfrac{2\sigma^4}{n-1}$.

题型 1 计算统计量数字特征

例 6.1 设总体X服从参数为$\lambda(\lambda > 0)$的泊松分布，$X_1, X_2, \cdots, X_n (n \geqslant 2)$为来自总体的简单随机样本，则对应的统计量$T_1 = \dfrac{1}{n}\sum_{i=1}^{n} X_i$，$T_2 = \dfrac{1}{n-1}\sum_{i=1}^{n-1} X_i + \dfrac{1}{n} X_n$（　　　）

（A）$ET_1 > ET_2$，$DT_1 > DT_2$.　　　　　　　（B）$ET_1 > ET_2$，$DT_1 < DT_2$.

（C）$ET_1 < ET_2$，$DT_1 > DT_2$.　　　　　　　（D）$ET_1 < ET_2$，$DT_1 < DT_2$.

解析 因总体X服从参数为$\lambda(\lambda > 0)$的泊松分布，故$E(X) = \lambda$，$D(X) = \lambda$，则

$$E(T_1) = E\left(\frac{1}{n}\sum_{i=1}^{n} X_i\right) = E(X) = \lambda,$$

$$D(T_1) = D\left(\frac{1}{n}\sum_{i=1}^{n} X_i\right) = \frac{D(X)}{n} = \frac{\lambda}{n},$$

$$E(T_2) = E\left(\frac{1}{n-1}\sum_{i=1}^{n-1} X_i + \frac{1}{n} X_n\right) = E\left(\frac{1}{n-1}\sum_{i=1}^{n-1} X_i\right) + \frac{1}{n} E(X_n)$$

$$= E(X) + \frac{1}{n}E(X) = \frac{n+1}{n}\lambda,$$

$$D(T_2) = D\left(\frac{1}{n-1}\sum_{i=1}^{n-1}X_i + \frac{1}{n}X_n\right) = D\left(\frac{1}{n-1}\sum_{i=1}^{n-1}X_i\right) + \frac{1}{n^2}D(X_n)$$

$$= \frac{D(X)}{n-1} + \frac{D(X)}{n^2} = \frac{\lambda}{n-1} + \frac{\lambda}{n^2},$$

则 $E(T_1) < E(T_2)$，$D(T_1) < D(T_2)$. 故应选（D）.

例 6.2 设总体 $X \sim B(m,\theta), X_1, X_2, \cdots, X_n$ 为来自总体的简单随机样本，$\overline{X}$ 为样本均值，则

$$E\left[\sum_{i=1}^{n}(X_i - \overline{X})^2\right] = (\qquad)$$

（A）$(m-1)n\theta(1-\theta)$.　　　　　　　　（B）$m(n-1)\theta(1-\theta)$.

（C）$(m-1)(n-1)\theta(1-\theta)$.　　　　　　（D）$mn\theta(1-\theta)$.

解析　因 $X \sim B(m,\theta)$，故 $D(X) = m\theta(1-\theta)$.

从而样本方差的期望为 $E\left[\dfrac{1}{n-1}\sum_{i=1}^{n}(X_i - \overline{X})^2\right] = m\theta(1-\theta)$，则

$$E\left[\sum_{i=1}^{n}(X_i - \overline{X})^2\right] = (n-1)E\left[\frac{1}{n-1}\sum_{i=1}^{n}(X_i - \overline{X})^2\right] = m(n-1)\theta(1-\theta),$$

故应选（B）.

例 6.3 设总体 X 的概率密度为 $f(x,\theta) = \begin{cases} \dfrac{2x}{3\theta^2}, & \theta < x < 2\theta, \\ 0, & \text{其他} \end{cases}$　其中 θ 是未知参数，$X_1, X_2, \cdots, X_n$ 为

来自总体 X 的简单随机样本，若 $E\left(c\sum_{i=1}^{n}X_i^2\right) = \theta^2$，则 $c = $ _____.

解析　因为

$$E(X^2) = \int_{-\infty}^{+\infty} x^2 f(x;\theta)\mathrm{d}x = \int_{\theta}^{2\theta} x^2 \frac{2x}{3\theta^2}\mathrm{d}x = \frac{5\theta^2}{2},$$

从而 $E(c\sum_{i=1}^{n}X_i^2) = c\sum_{i=1}^{n}E(X_i^2) = \dfrac{5nc}{2}\cdot\theta^2 = \theta^2$，解之得 $c = \dfrac{2}{5n}$.

例 6.4 设总体 X 的概率密度为 $f(x) = \dfrac{1}{2}\mathrm{e}^{-|x-\mu|}$ $(-\infty < x < +\infty)$，$X_1, X_2, \cdots, X_n$ 为来自总体 X 的简单

随机样本，其样本方差为 S^2，则 $E(S^2) = $ _____.

解析　因 $E(S^2) = D(X)$，而

$$E(X) = \int_{-\infty}^{+\infty} x\cdot\frac{1}{2}\mathrm{e}^{-|x-\mu|}\mathrm{d}x \xlongequal{t=x-\mu} \int_{-\infty}^{+\infty}(t+\mu)\frac{1}{2}\mathrm{e}^{-|t|}\mathrm{d}t$$

$$= \frac{1}{2}\int_{-\infty}^{+\infty} t\mathrm{e}^{-|t|}\mathrm{d}t + \frac{1}{2}\mu\int_{-\infty}^{+\infty}\mathrm{e}^{-|t|}\mathrm{d}t$$

$$= 0 + \mu \int_0^{+\infty} e^{-t} dt = \mu, \quad 故$$

$$D(X) = E[X - E(X)]^2$$
$$= \int_{-\infty}^{+\infty} (x - \mu)^2 \cdot \frac{1}{2} e^{-|x-\mu|} dx \overset{t=x-\mu}{=} \frac{1}{2} \int_{-\infty}^{+\infty} t^2 e^{-|t|} dt$$
$$= \int_0^{+\infty} t^2 e^{-t} dt = 2,$$

从而 $E(S^2) = 2$.

例 6.5　设 $X_1, X_2, \cdots, X_n$ 为来自正态总体 $N(\mu, \sigma^2)$ 的简单随机样本，则数学期望

$$E\left\{ \left(\sum_{i=1}^n X_i \right) \left[\sum_{j=1}^n \left(nX_j - \sum_{k=1}^n X_k \right)^2 \right] \right\} = \underline{\hspace{3cm}}.$$

解析

$$E\left\{ \left(\sum_{i=1}^n X_i \right) \left[\sum_{j=1}^n \left(nX_j - \sum_{k=1}^n X_k \right)^2 \right] \right\} = E\left\{ n\left(\frac{1}{n} \sum_{i=1}^n X_i \right) \left[n^2 \sum_{j=1}^n \left(X_j - \frac{1}{n} \sum_{k=1}^n X_k \right)^2 \right] \right\}$$

$$= E\left\{ n\overline{X} \left[n^2 \sum_{j=1}^n (X_j - \overline{X})^2 \right] \right\}$$

$$= n^3 (n-1) E\left[\overline{X} \cdot \frac{1}{n-1} \sum_{j=1}^n (X_j - \overline{X})^2 \right]$$

$$= n^3 (n-1) E(\overline{X} \cdot S^2)$$

$$= n^3 (n-1) \mu \cdot \sigma^2.$$

良哥解读

此题看起来非常复杂，若细心观察 $E\left\{ \left(\sum_{i=1}^n X_i \right) \left[\sum_{j=1}^n \left(nX_j - \sum_{k=1}^n X_k \right)^2 \right] \right\}$，不难发现 $\sum_{i=1}^n X_i$ 与样本均

值类似，$\sum_{j=1}^n \left(nX_j - \sum_{k=1}^n X_k \right)^2$ 与样本方差类似，由于从正态总体抽样，样本均值与样本方差独立，

从而考虑借助这个条件来化简. 我们在计算过程中分别凑出样本均值和样本方差，然后再进

一步解决问题.

例 6.6　设 $X_1, X_2, \cdots, X_n$ 为来自总体均为正态分布 $N(\mu, \sigma^2)$ 的简单随机样本，则统计量

$$T = \frac{1}{n} \sum_{i=1}^n (X_i - \mu)^2 的方差 DT 是 \underline{\hspace{2cm}}.$$

解析　$DT = D\left[\frac{1}{n} \sum_{i=1}^n (X_i - \mu)^2 \right] = \frac{1}{n^2} \sum_{i=1}^n D(X_i - \mu)^2.$

因为 $X_i \sim N(\mu, \sigma^2)$，故 $\frac{X_i - \mu}{\sigma} \sim N(0,1)$，所以 $\frac{(X_i - \mu)^2}{\sigma^2} \sim \chi^2(1)$，则

$$D\left[\frac{(X_i-\mu)^2}{\sigma^2}\right]=2 \Rightarrow \frac{1}{\sigma^4}D(X_i-\mu)^2=2 \Rightarrow D(X_i-\mu)^2=2\sigma^4,$$

从而 $DT=\dfrac{1}{n^2}\times n\times 2\sigma^4=\dfrac{2\sigma^4}{n}$.

例 6.7 设 $X\sim N(\mu,\sigma^2)$，$Y\sim N(\mu,\sigma^2)$，$X_1,X_2,\cdots,X_n$ 和 $Y_1,Y_2,\cdots,Y_n$ 为分别来自总体 X 和 Y 的简单随机样本，且两个总体相互独立，记它们样本方差分别为 S_X^2 和 S_Y^2，则统计量 $T=(n-1)(S_X^2+S_Y^2)$，则 $DT=$ _____.

解析 因 $\dfrac{(n-1)S_X^2}{\sigma^2}\sim\chi^2(n-1)$，$\dfrac{(n-1)S_Y^2}{\sigma^2}\sim\chi^2(n-1)$ 且它们相互独立，所以

$$\frac{(n-1)S_X^2}{\sigma^2}+\frac{(n-1)S_Y^2}{\sigma^2}\sim\chi^2(2n-2)，\quad 即$$

$$\frac{(n-1)}{\sigma^2}(S_X^2+S_Y^2)\sim\chi^2(2n-2)，\quad 则由\chi^2分布方差的结论，得$$

$$D[\frac{(n-1)}{\sigma^2}(S_X^2+S_Y^2)]=2(2n-2)，\quad 从而有\frac{1}{\sigma^4}D[(n-1)(S_X^2+S_Y^2)]=2(2n-2)，\quad 即$$

$$\frac{1}{\sigma^4}D(T)=2(2n-2)，\quad 故 DT=4(n-1)\sigma^4.$$

例 6.8 已知总体 X 服从正态分布 $N(\mu,\sigma^2)$，$X_1,X_2,\cdots,X_n$ 是来自总体的简单随机样本，记

$$\overline{X}=\frac{1}{n}\sum_{i=1}^{n}X_i,\quad S^2=\frac{1}{n-1}\sum_{i=1}^{n}(X_i-\overline{X})^2，\quad 则 E\left[\left(\overline{X}S^2\right)^2\right]=\underline{\qquad}.$$

解析 因样本均值 $\overline{X}$ 与样本方差 S^2 相互独立，故 $\overline{X}^2$ 与样本方差 S^4 相互独立，从而有

$$E\left[\left(\overline{X}S^2\right)^2\right]=E(\overline{X}^2S^4)=E(\overline{X}^2)E(S^4)$$

$$=\{D(\overline{X})+[E(\overline{X})]^2\}\{D(S^2)+[E(S^2)]^2\},$$

因 $\dfrac{(n-1)S^2}{\sigma^2}\sim\chi^2(n-1)$，故 $D\left[\dfrac{(n-1)S^2}{\sigma^2}\right]=2(n-1)$，利用方差的性质得

$$\frac{(n-1)^2}{\sigma^4}D(S^2)=2(n-1)，\quad 从而有 D(S^2)=\frac{2\sigma^4}{n-1}.$$

又 $D(\overline{X})=\dfrac{\sigma^2}{n}$，$E(\overline{X})=\mu$，$E(S^2)=\sigma^2$，故

$$E\left[\left(\overline{X}S^2\right)^2\right]=(\frac{\sigma^2}{n}+\mu^2)(\frac{2\sigma^4}{n-1}+\sigma^4)=\frac{n+1}{n-1}(\frac{\sigma^2}{n}+\mu^2)\sigma^4.$$

例 6.9 设总体 X 服从正态分布 $N(\mu,\sigma^2)(\sigma>0)$ 从该总体中抽取简单随机样本 $X_1,X_2,\cdots X_{2n}(n\geqslant 2)$，其样本均值为 $\overline{X}=\dfrac{1}{2n}\sum_{i=1}^{2n}X_i$.

求统计量 $Y=\sum_{i=1}^{n}(X_i+X_{n+i}-2\overline{X})^2$ 的数学期望 $E(Y)$.

解析 【法1】记 $\overline{X_1} = \dfrac{1}{n}\sum_{i=1}^{n}X_i$，$\overline{X_2} = \dfrac{1}{n}\sum_{i=n+1}^{2n}X_i$，则

$$\overline{X} = \frac{1}{2n}\sum_{i=1}^{2n}X_i = \frac{1}{2n}\left(\sum_{i=1}^{n}X_i + \sum_{i=n+1}^{2n}X_i\right) = \frac{1}{2}(\overline{X_1} + \overline{X_2})，\ 即\ 2\overline{X} = \overline{X_1} + \overline{X_2}.$$

故

$$Y = \sum_{i=1}^{n}(X_i + X_{n+i} - 2\overline{X})^2 = \sum_{i=1}^{n}(X_i + X_{n+i} - \overline{X_1} - \overline{X_2})^2$$

$$= \sum_{i=1}^{n}(X_i - \overline{X_1} + X_{n+i} - \overline{X_2})^2$$

$$= \sum_{i=1}^{n}(X_i - \overline{X_1})^2 + \sum_{i=1}^{n}(X_{n+i} - \overline{X_2})^2 + 2\sum_{i=1}^{n}(X_i - \overline{X_1})(X_{n+i} - \overline{X_2}),$$

从而

$$E(Y) = E\left[\sum_{i=1}^{n}(X_i - \overline{X_1})^2 + \sum_{i=1}^{n}(X_{n+i} - \overline{X_2})^2 + 2\sum_{i=1}^{n}(X_i - \overline{X_1})(X_{n+i} - \overline{X_2})\right]$$

$$= (n-1)E\left[\frac{1}{n-1}\sum_{i=1}^{n}(X_i - \overline{X_1})^2\right] + (n-1)E\left[\frac{1}{n-1}\sum_{i=1}^{n}(X_{n+i} - \overline{X_2})^2\right]$$

$$+ 2E\left[\sum_{i=1}^{n}(X_i - \overline{X_1})(X_{n+i} - \overline{X_2})\right],$$

$$= (n-1)\sigma^2 + (n-1)\sigma^2 + 2\sum_{i=1}^{n}E\left[(X_i - \overline{X_1})(X_{n+i} - \overline{X_2})\right],$$

由题意有，$X_1, X_2, \cdots, X_{2n}$ 相互独立，从而 $X_i - \overline{X_1}$，$X_{n+i} - \overline{X_2}$ 独立，则

$$E\left[(X_i - \overline{X_1})(X_{n+i} - \overline{X_2})\right] = E(X_i - \overline{X_1})E(X_{n+i} - \overline{X_2})$$

$$= \left[E(X_i) - E(\overline{X_1})\right]\left[E(X_{n+i}) - E(\overline{X_2})\right]$$

$$= (\mu - \mu)(\mu - \mu) = 0,$$

所以 $E(Y) = 2(n-1)\sigma^2 + 0 = 2(n-1)\sigma^2$.

【法2】由题意有，$X_1, X_2, \cdots, X_{2n}$ 相互独立且均服从 $N(\mu, \sigma^2)$，故有 $X_1 + X_{n+1}$，$X_2 + X_{n+2}$，

$\cdots$，$X_n + X_{2n}$ 也相互独立，且均服从 $N(2\mu, 2\sigma^2)$. 记 $Y_i = X_i + X_{n+i}$，$(i = 1, 2, \cdots, n)$，$\overline{Y} = \dfrac{1}{n}\sum_{i=1}^{n}Y_i$，

则

$$\overline{Y} = \frac{1}{n}\sum_{i=1}^{n}Y_i = \frac{1}{n}\sum_{i=1}^{n}(X_i + X_{n+i}) = \frac{1}{n}\sum_{i=1}^{2n}X_i = 2\overline{X}.$$

可将 $Y_1, Y_2, \cdots Y_n$ 看成来自总体 $N(2\mu, 2\sigma^2)$ 的简单随机样本，$\overline{Y}$ 为其样本均值，其样本方差

$$S^2 = \frac{1}{n-1}\sum_{i=1}^{n}(Y_i - \overline{Y})^2 = \frac{1}{n-1}\sum_{i=1}^{n}(X_i + X_{n+i} - 2\overline{X})^2.$$

所以

$$E(Y) = E\left[\sum_{i=1}^{n}(X_i + X_{n+i} - 2\overline{X})^2\right] = E\left[\sum_{i=1}^{n}(Y_i - \overline{Y})^2\right] = (n-1)E\left[\frac{1}{n-1}\sum_{i=1}^{n}(Y_i - \overline{Y})^2\right]$$

$$= (n-1)\cdot 2\sigma^2 = 2(n-1)\sigma^2.$$

良哥解读

此题中应用了重要结论 $E(S^2) = \sigma^2$，其中 $S^2 = \dfrac{1}{n-1}\sum_{i=1}^{n}(X_i - \overline{X})^2$ 为样本方差，σ^2 为总体

的方差. 当计算 $E\left[\sum_{i=1}^{n}(X_i - \overline{X})^2\right]$ 时，可以先将其凑成样本方差，再利用此结论解决，即

$$E\left[\sum_{i=1}^{n}(X_i - \overline{X})^2\right] = (n-1)E\left[\frac{1}{n-1}\sum_{i=1}^{n}(X_i - \overline{X})^2\right] = (n-1)\sigma^2.$$

例6.10 设 $X_1, X_2, \cdots, X_n$ 是总体 $N(\mu, \sigma^2)$ 的简单随机样本. 记

$$\overline{X} = \frac{1}{n}\sum_{i=1}^{n}X_i, \quad S^2 = \frac{1}{n-1}\sum_{i=1}^{n}(X_i - \overline{X})^2, \quad T = \overline{X}^2 - \frac{1}{n}S^2.$$

（1）求 $E(T)$；

（2）当 $\mu = 0, \sigma = 1$ 时，求 $D(T)$.

解析 （1）

$$E(T) = E\left(\overline{X}^2 - \frac{1}{n}S^2\right) = E(\overline{X}^2) - \frac{1}{n}E(S^2)$$

$$= D(\overline{X}) + \left[E(\overline{X})\right]^2 - \frac{1}{n}E(S^2)$$

$$= \frac{\sigma^2}{n} + \mu^2 - \frac{1}{n}\sigma^2 = \mu^2.$$

（2）当 $\mu = 0$，$\sigma = 1$ 时，由 $\dfrac{\overline{X} - \mu}{\sigma / \sqrt{n}} \sim N(0,1)$，则 $\sqrt{n}\overline{X} \sim N(0,1)$，从而 $n\overline{X}^2 \sim \chi^2(1)$，故

$D(n\overline{X}^2) = 2$，于是有 $n^2 D(\overline{X}^2) = 2$，解之得 $D(\overline{X}^2) = \dfrac{2}{n^2}$.

又 $\dfrac{(n-1)S^2}{\sigma^2} \sim \chi^2(n-1)$，则 $(n-1)S^2 \sim \chi^2(n-1)$，故有 $D[(n-1)S^2] = 2(n-1)$，于是有

$(n-1)^2 D(S^2) = 2(n-1)$，解之得 $D(S^2) = \dfrac{2}{n-1}$.

因 $\overline{X}$ 与 S^2 相互独立，故

$$D(T) = D\left(\overline{X}^2 - \frac{1}{n}S^2\right) = D(\overline{X}^2) + \frac{1}{n^2}D(S^2)$$

$$= \frac{2}{n^2} + \frac{1}{n^2}\cdot\frac{2}{n-1} = \frac{2}{n(n-1)}.$$

例 6.11 设总体 X 的概率密度 $f(x,\theta) = \begin{cases} \dfrac{3x^2}{\theta^3}, & 0 < x < \theta, \\ 0, & \text{其他}. \end{cases}$ 其中 $\theta \in (0,+\infty)$ 为未知参数，X_1, X_2, X_3

为来自 X 的简单随机样本，令 $T = \max(X_1, X_2, X_3)$。

（1）求 T 的概率密度；

（2）确定 a，使得 $E(aT) = \theta$。

解析 （1）X 的分布函数为 $F(x) = \int_{-\infty}^{x} f(t;\theta)\mathrm{d}t$。

当 $x < 0$ 时，$F(x) = 0$；

当 $0 \leqslant x < \theta$ 时，$F(x) = \int_{0}^{x} \dfrac{3t^2}{\theta^3}\mathrm{d}t = \dfrac{x^3}{\theta^3}$；

当 $x \geqslant \theta$ 时，$F(x) = 1$。

T 的分布函数为

$$F_T(t;\theta) = P\{T \leqslant t\} = P\{\max(X_1, X_2, X_3) \leqslant t\}$$
$$= P\{X_1 \leqslant t, X_2 \leqslant t, X_3 \leqslant t\},$$

因 X_1, X_2, X_3 相互独立同分布，故 $F_T(t) = P\{X_1 \leqslant t\}P\{X_2 \leqslant t\}P\{X_3 \leqslant t\} = F^3(t)$。

当 $t < 0$ 时，$F_T(t) = 0$；

当 $0 \leqslant t < \theta$ 时，$F_T(t) = \left(\dfrac{t^3}{\theta^3}\right)^3 = \dfrac{t^9}{\theta^9}$；

当 $t \geqslant \theta$ 时，$F_T(t) = 1$。

故 T 的密度函数为

$$f_T(t) = F_T'(t) = \begin{cases} \dfrac{9t^8}{\theta^9}, & 0 < t < \theta, \\ 0, & \text{其他}. \end{cases}$$

（2）因 $E(aT) = \theta$，即 $aE(T) = \theta$。

又

$$E(T) = \int_{-\infty}^{+\infty} tf_T(t)\mathrm{d}t = \int_{0}^{\theta} \dfrac{9t^9}{\theta^9}\mathrm{d}t = \dfrac{9}{10}\theta,$$

故有 $a \times \dfrac{9\theta}{10} = \theta$，解之得 $a = \dfrac{10}{9}$。

例 6.12 设总体 X 的概率分布为

X	1	2	3
P	$1-\theta$	$\theta - \theta^2$	θ^2

其中参数 $\theta \in (0,1)$ 未知，以 N_i 表示来自总体 X 的简单随机样本（样本容量为 n）中等于 i 的个数

（ $i=1,2,3$ ），统计量 $T=\sum_{i=1}^{3} a_i N_i$. 试求常数 a_1, a_2, a_3 ，使 $E(T)=\theta$ ，并求 T 的方差.

解析 由题意知，$N_1 \sim B(n,1-\theta)$ ，$N_2 \sim B(n,\theta-\theta^2)$ ，$N_3 \sim B(n,\theta^2)$

因为 $E(T)=\theta$ ，故

$$E(T)=E\left(\sum_{i=1}^{3} a_i N_i\right)=a_1 E(N_1)+a_2 E(N_2)+a_3 E(N_3)$$
$$=a_1 n(1-\theta)+a_2 n(\theta-\theta^2)+a_3 n\theta^2$$
$$=na_1+n(a_2-a_1)\theta+n(a_3-a_2)\theta^2=\theta,$$

则 $\begin{cases} na_1=0, \\ n(a_2-a_1)=1, \\ n(a_3-a_2)=0, \end{cases}$ 解之得 $a_1=0, a_2=a_3=\dfrac{1}{n}$.

由于 $N_1+N_2+N_3=n$ ，故

$$D(T)=D\left(\sum_{i=1}^{3} a_i N_i\right)=D\left(\frac{1}{n}N_2+\frac{1}{n}N_3\right)=\frac{1}{n^2}D(N_2+N_3)$$
$$=\frac{1}{n^2}D(n-N_1)=\frac{1}{n^2}D(N_1)$$
$$=\frac{1}{n^2}n\theta(1-\theta)=\frac{\theta(1-\theta)}{n}.$$

良哥解读

从总体抽出 n 个简单随机样本，相当于对总体做了 n 次独立重复观测. N_i 表示对总体进行的 n 次独立重复观测中，观测值 i 发生的次数，故 N_i 服从二项分布.

题型 2　三大分布

例 6.13 设 $X_1, X_2, \cdots, X_n(n \geq 2)$ 为来自总体 $N(\mu,1)$ 的简单随机样本，记 $\bar{X}=\dfrac{1}{n}\sum_{i=1}^{n} X_i$ ，则下列结论不正确的是（　　）

（A）$\sum_{i=1}^{n}(X_i-\mu)^2$ 服从 χ^2 分布.　　　　（B）$2(X_n-X_1)^2$ 服从 χ^2 分布.

（C）$\sum_{i=1}^{n}(X_i-\bar{X})^2$ 服从 χ^2 分布.　　　（D）$n(\bar{X}-\mu)^2$ 服从 χ^2 分布.

解析 对于（A）选项：因 $X_1,\cdots,X_n$ 相互独立，且均服从 $N(\mu,1)$ ，故 $\dfrac{X_i-\mu}{1}\sim N(0,1)$ ，

（ $i=1,2,\cdots,n$ ），从而 $\sum_{i=1}^{n}(X_i-\mu)^2 \sim \chi^2(n)$ ，故（A）正确；

对于（C）选项：由 $\dfrac{(n-1)S^2}{\sigma^2}\sim\chi^2(n-1)$ ，其中 $\sigma=1$ ，有 $\sum_{i=1}^{n}(X_i-\overline{X})^2 \sim \chi^2(n-1)$ ，

故（C）正确；

对于（D）选项：由 $\dfrac{\overline{X}-\mu}{\sigma/\sqrt{n}} \sim N(0,1)$，其中 $\sigma=1$，故 $\sqrt{n}(\overline{X}-\mu) \sim N(0,1)$，从而 $n(\overline{X}-\mu)^2 \sim \chi^2(1)$，

故（D）正确；

对于（B）选项：因 $X_n-X_1 \sim N(0,2)$，故 $\dfrac{X_n-X_1-0}{\sqrt{2}} \sim N(0,1)$，从而有 $\dfrac{(X_n-X_1)^2}{2} \sim \chi^2(1)$，

故（B）不正确. 应选（B）.

例6.14 设 $X_1,\cdots,X_n$ 是来自正态总体 $N(\mu,\sigma^2)$ 的简单随机样本，$\overline{X}$ 为样本均值，S^2 为样本方差，则可以作出服从自由度为 n 的 χ^2 分布的随机变量为（　　）

（A）$\dfrac{\overline{X}^2}{\sigma^2}+\dfrac{(n-1)S^2}{\sigma^2}$．　　　　　　　　　　（B）$\dfrac{n\overline{X}^2}{\sigma^2}+\dfrac{(n-1)S^2}{\sigma^2}$．

（C）$\dfrac{(\overline{X}-\mu)^2}{\sigma^2}+\dfrac{(n-1)S^2}{\sigma^2}$．　　　　　　　（D）$\dfrac{n(\overline{X}-\mu)^2}{\sigma^2}+\dfrac{(n-1)S^2}{\sigma^2}$．

解析 由于总体 $X \sim N(\mu,\sigma^2)$，故 $\dfrac{\overline{X}-\mu}{\sigma/\sqrt{n}} \sim N(0,1)$，$\dfrac{(n-1)S^2}{\sigma^2} \sim \chi^2(n-1)$，进而有

$(\dfrac{\overline{X}-\mu}{\sigma/\sqrt{n}})^2 = \dfrac{n(\overline{X}-\mu)^2}{\sigma^2} \sim \chi^2(1)$．又因 $\overline{X}$ 与 S^2 相互独立，故 $\dfrac{n(\overline{X}-\mu)^2}{\sigma^2}$ 与 $\dfrac{(n-1)S^2}{\sigma^2}$ 相互独立. 由 χ^2 分布的性质，有 $\dfrac{n(\overline{X}-\mu)^2}{\sigma^2}+\dfrac{(n-1)S^2}{\sigma^2} \sim \chi^2(n)$，应选（D）.

例6.15 设 X_1,X_2,X_3,X_4 为来自总体 $N(1,\sigma^2)(\sigma>0)$ 的简单随机样本，则统计量 $\dfrac{X_1-X_2}{|X_3+X_4-2|}$ 的分布（　　）

（A）$N(0,1)$．　　　　（B）$t(1)$．　　　　（C）$\chi^2(1)$．　　　　（D）$F(1,1)$．

解析 由题意知，X_1,X_2,X_3,X_4 相互独立，且均服从 $N(1,\sigma^2)(\sigma>0)$，故 $X_1-X_2 \sim N(0,2\sigma^2)$，$X_3+X_4-2 \sim N(0,2\sigma^2)$，将其标准化有

$\dfrac{X_1-X_2}{\sqrt{2}\sigma} \sim N(0,1)$，$\dfrac{X_3+X_4-2}{\sqrt{2}\sigma} \sim N(0,1)$，则 $\left(\dfrac{X_3+X_4-2}{\sqrt{2}\sigma}\right)^2 \sim \chi^2(1)$．

又 $\dfrac{X_1-X_2}{\sqrt{2}\sigma}$ 与 $\dfrac{(X_3+X_4-2)^2}{2\sigma^2}$ 相互独立，由 t 分布的构成形式得

$$\dfrac{\dfrac{X_1-X_2}{\sqrt{2}\sigma}}{\sqrt{\dfrac{(X_3+X_4-2)^2}{2\sigma^2}\Big/1}} = \dfrac{X_1-X_2}{|X_3+X_4-2|} \sim t(1),$$

故应选（B）.

例6.16 设 $X_1,X_2,\cdots,X_n(n\geqslant 2)$ 为来自总体 $N(0,\sigma^2)$ 的简单随机样本，$\overline{X}$ 为样本均值，S^2 为样本

方差，则 $\dfrac{n(\overline{X})^2}{S^2}$ 服从____分布，参数为____.

解析 因 $X_1, X_2, \cdots, X_n (n \geqslant 2)$ 为来自总体 $N(0, \sigma^2)$ 的简单随机样本，故

$$\dfrac{\overline{X}-0}{\sigma/\sqrt{n}} = \dfrac{\sqrt{n}\,\overline{X}}{\sigma} \sim N(0,1) , \quad \dfrac{(n-1)S^2}{\sigma^2} \sim \chi^2(n-1) . \text{进而有} (\dfrac{\sqrt{n}\,\overline{X}}{\sigma})^2 = \dfrac{n(\overline{X})^2}{\sigma^2} \sim \chi^2(1) .$$

又因 $\overline{X}$ 与 S^2 相互独立，故 $\dfrac{n(\overline{X})^2}{\sigma^2}$ 与 $\dfrac{(n-1)S^2}{\sigma^2}$ 相互独立，故由 F 分布的典型模式有

$$\dfrac{\dfrac{n(\overline{X})^2}{\sigma^2} \Big/ 1}{\dfrac{(n-1)S^2}{\sigma^2} \Big/ (n-1)} = \dfrac{n(\overline{X})^2}{S^2} \sim F(1, n-1) . \text{故} \dfrac{n(\overline{X})^2}{S^2} \text{服从} F \text{分布，参数为} (1, n-1) .$$

例 6.17 设总体 X 与 Y 相互独立，且均服从正态分布 $N(0, \sigma^2)$，已知 $X_1, \cdots, X_m$ 与 $Y_1, \cdots, Y_n$ 分别是

来自总体 X 与 Y 的简单随机样本，若统计量 $Y = \dfrac{2(X_1 + \cdots X_m)}{\sqrt{Y_1^2 + \cdots Y_n^2}}$ 服从 $t(n)$ 分布，则 $\dfrac{m}{n}$ 等于（ ）

（A）1.　　　　　（B）$\dfrac{1}{2}$.　　　　　（C）$\dfrac{1}{3}$.　　　　　（D）$\dfrac{1}{4}$.

解析 因独立正态分布的线性组合服从一维正态分布，故 $\displaystyle\sum_{i=1}^{m} X_i \sim N(0, m\sigma^2)$，

将其标准化得，$U = \dfrac{\displaystyle\sum_{i=1}^{m} X_i}{\sqrt{m}\,\sigma} \sim N(0,1)$.

因 $Y_i \sim N(0, \sigma^2)$，将其标准化得，$\dfrac{Y_i}{\sigma} \sim N(0,1)$，又 $Y_1, \cdots, Y_n$ 相互独立，所以 $V = \displaystyle\sum_{i=1}^{n} \left(\dfrac{Y_i}{\sigma}\right)^2 \sim \chi^2(n)$.

由于总体 X 与 Y 相互独立，故 U 与 V 相互独立，根据 t 分布典型模式有，

$$\dfrac{U}{\sqrt{V/n}} = \sqrt{\dfrac{n}{m}} \dfrac{\displaystyle\sum_{i=1}^{m} X_i}{\sqrt{Y_1^2 + \cdots Y_n^2}} \sim t(n) . \text{由题意有}$$

$\sqrt{\dfrac{n}{m}} = 2$，故 $\dfrac{m}{n} = \dfrac{1}{4}$. 应选（D）.

例 6.18 设总体 X 服从正态分布 $N(0, \sigma^2)$，$X_1, \cdots, X_{10}$ 是来自总体 X 的简单随机样本，统计量

$Y = \dfrac{4(X_1^2 + \cdots + X_i^2)}{X_{i+1}^2 + \cdots + X_{10}^2} (1 < i < 10)$ 服从 F 分布，则 i 等于（ ）

（A）5.　　　　　（B）4.　　　　　（C）3.　　　　　（D）2.

解析 因 $X_j \sim N(0, \sigma^2)$，故 $\dfrac{X_j}{\sigma} \sim N(0,1)$，从而 $\left(\dfrac{X_j}{\sigma}\right)^2 \sim \chi^2(1) (j = 1, 2, \cdots, 10)$，则

$$U = \sum_{j=1}^{i} \left(\dfrac{X_j}{\sigma}\right)^2 \sim \chi^2(i), \quad V = \sum_{j=i+1}^{10} \left(\dfrac{X_j}{\sigma}\right)^2 \sim \chi^2(10-i),$$

又 U 与 V 独立，故

$$\frac{U/i}{V/10-i} = \frac{10-i}{i} \cdot \frac{X_1^2 + \cdots + X_i^2}{X_{i+1}^2 + \cdots + X_{10}^2} \sim F(i, 10-i),$$

由题意知 $\frac{10-i}{i} = 4$，解之得 $i = 2$．故应选（D）．

例6.19 设随机变量 $X \sim t(n)$，$Y \sim F(1, n)$，给定 $\alpha(0 < \alpha < 0.5)$，常数 c 满足 $P\{X > c\} = \alpha$，则 $P\{Y > c^2\} = ($ $)$

（A）α.   （B）$1-\alpha$.   （C）2α.   （D）$1-2\alpha$.

解析 因为 $X \sim t(n)$，故 $X^2 \sim F(1, n)$，从而 X^2 与 Y 同分布．因 $P\{X > c\} = \alpha(0 < \alpha < 0.5)$，则 $c > 0$，从而 $P\{Y > c^2\} = P\{X^2 > c^2\} = P\{X > c\} + P\{X < -c\} = 2\alpha$，故应选（C）．

例6.20 设 $X_1, X_2, \cdots, X_n (n \geq 2)$ 为来自总体 $N(\mu, \sigma^2) (\sigma > 0)$ 的简单随机样本，令

$$\overline{X} = \frac{1}{n}\sum_{i=1}^n X_i, \quad S = \sqrt{\frac{1}{n-1}\sum_{i=1}^n (X_i - \overline{X})^2}, \quad S^* = \sqrt{\frac{1}{n}\sum_{i=1}^n (X_i - \mu)^2}, \text{则}(\quad)$$

（A）$\dfrac{\sqrt{n}(\overline{X} - \mu)}{S} \sim t(n)$.   （B）$\dfrac{\sqrt{n}(\overline{X} - \mu)}{S} \sim t(n-1)$.

（C）$\dfrac{\sqrt{n}(\overline{X} - \mu)}{S^*} \sim t(n)$.   （D）$\dfrac{\sqrt{n}(\overline{X} - \mu)}{S^*} \sim t(n-1)$.

解析 由于 $X_1, X_2, \cdots, X_n$ 为来自总体 $X \sim N(\mu, \sigma^2)$ 的简单随机样本，根据一个正态总体抽样分布的结论知，$\dfrac{\overline{X} - \mu}{S/\sqrt{n}} = \dfrac{\sqrt{n}(\overline{X} - \mu)}{S} \sim t(n-1)$．故应选（B）．

【注】由于 $\overline{X}$ 与 S^* 的独立性不确定，故得不到 $\dfrac{\sqrt{n}(\overline{X} - \mu)}{S^*}$ 服从 $t(n)$ 分布．

例6.21 设总体 X 与 Y 相互独立，且都服从正态分布 $N(0, \sigma^2)$，$X_1, \cdots, X_n$ 与 $Y_1, \cdots, Y_n$ 是分别来自总体 X 与 Y 的简单随机样本，样本均值和方差分别为 $\overline{X}$，S_X^2，$\overline{Y}$，S_Y^2．则（   ）

（A）$\overline{X} - \overline{Y} \sim N(0, \sigma^2)$.   （B）$S_X^2 + S_Y^2 \sim \chi^2(2n-2)$.

（C）$\dfrac{\overline{X} - \overline{Y}}{\sqrt{S_X^2 + S_Y^2}} \sim t(2n-2)$.   （D）$\dfrac{S_X^2}{S_Y^2} \sim F(n-1, n-1)$.

解析 因从正态总体抽样有样本均值与样本方差独立，且总体 X 与 Y 相互独立，故 $\overline{X}$，$\overline{Y}$，S_X^2，S_Y^2 相互独立．

又因 $\overline{X} \sim N(0, \dfrac{\sigma^2}{n})$，$\overline{Y} \sim N(0, \dfrac{\sigma^2}{n})$，

故 $\overline{X} - \overline{Y} \sim N(0, \dfrac{2\sigma^2}{n})$，从而选项（A）不正确；

因 $\dfrac{(n-1)S_X^2}{\sigma^2} \sim \chi^2(n-1)$，$\dfrac{(n-1)S_Y^2}{\sigma^2} \sim \chi^2(n-1)$，故

$$\frac{(n-1)S_X^2}{\sigma^2} + \frac{(n-1)S_Y^2}{\sigma^2} = \frac{(n-1)}{\sigma^2}(S_X^2 + S_Y^2) \sim \chi^2(2n-2)，从而选项（B）不正确；$$

因 $\dfrac{\overline{X} - \overline{Y}}{\sqrt{2\sigma^2/n}} = \sqrt{n}(\overline{X} - \overline{Y})/\sqrt{2}\sigma \sim N(0,1)$， $\dfrac{(n-1)}{\sigma^2}(S_X^2 + S_Y^2) \sim \chi^2(2n-2)$，

故 $\dfrac{\sqrt{n}(\overline{X} - \overline{Y})/\sqrt{2}\sigma}{\sqrt{\dfrac{(n-1)}{\sigma^2}(S_X^2 + S_Y^2)/(2n-2)}} = \dfrac{\sqrt{n}(\overline{X} - \overline{Y})}{\sqrt{S_X^2 + S_Y^2}} \sim t(2n-2)$，从而选项（C）不正确；

因 $\dfrac{\dfrac{(n-1)S_X^2}{\sigma^2}/n-1}{\dfrac{(n-1)S_Y^2}{\sigma^2}/n-1} = \dfrac{S_X^2}{S_Y^2} \sim F(n-1, n-1)$，故应选（D）.

李良概率章节笔记

第七章

参数估计与假设检验

题型 1 矩估计与最大似然估计

基础知识回顾

1. 矩估计法

根据大数定律，样本的 k 阶原点矩 $A_k = \dfrac{1}{n}\sum_{i=1}^{n} X_i^{k}$ 依概率收敛到总体的 k 阶原点矩

$E(\dfrac{1}{n}\sum_{i=1}^{n} X_i^{k}) = E(X^k)$ $(k=1,2,\cdots)$，故我们用样本的 k 阶原点矩近似代替总体的 k 阶原点矩，解出

未知参数 $\hat{\theta}$，作为 θ 的矩估计，从一阶矩开始建立方程．

如果只有一个未知参数 θ，则需建立一个方程：令 $\dfrac{1}{n}\sum_{i=1}^{n} X_i = E(X)$．若一阶原点矩不能解决问题，

则需用二阶原点矩建立方程：令 $\dfrac{1}{n}\sum_{i=1}^{n} X_i^2 = E(X^2)$，解出未知参数 $\hat{\theta}$，作为 θ 的矩估计．

如果含有两个未知参数 θ_1，θ_2，则需建立方程组：令 $\begin{cases} \dfrac{1}{n}\sum\limits_{i=1}^{n} X_i = E(X), \\ \dfrac{1}{n}\sum\limits_{i=1}^{n} X_i^2 = E(X^2). \end{cases}$ 解出 $\hat{\theta}_1$，$\hat{\theta}_2$ 作为未知参数 θ_1，

θ_2 的矩估计．

2. 最大似然估计法

（1）离散型总体的最大似然估计．

设总体 X 是离散型随机变量，概率分布为 $P(X=t_i)=p(t_i;\theta), i=1,2,\cdots,$

其中 $\theta \in \Theta$ 为待估参数，设 $X_1, X_2, \cdots, X_n$ 是来自总体 X 的样本，$x_1, x_2, \cdots, x_n$ 是样本值，函数

$$L(\theta) = L(x_1, x_2, \cdots, x_n; \theta) = \prod_{i=1}^{n} p(x_i, \theta)$$

为样本 $x_1, x_2, \cdots, x_n$ 的似然函数．

如果 $\hat{\theta} \in \Theta$，使得 $L(\hat{\theta}) = \max\limits_{\theta \in \Theta} L(\theta)$，这样的 $\hat{\theta}$ 与 $x_1, x_2, \cdots, x_n$ 有关，记作

$\hat{\theta}(x_1, x_2, \cdots, x_n)$ 称为未知参数 θ 的最大似然估计值，相应的统计量 $\hat{\theta}(X_1, X_2, \cdots, X_n)$ 称为 θ 的最大似然估计量．

（2）连续型总体的最大似然估计．

设总体 X 具有概率密度函数 $f(x;\theta)$，其中 $\theta \in \Theta$ 为待估参数，设 $X_1, X_2, \cdots, X_n$ 是来自总体 X 的样本，

$x_1, x_2, \cdots, x_n$ 是样本值，称函数

$$L(\theta) = L(x_1, x_2, \cdots, x_n; \theta) = \prod_{i=1}^{n} f(x_i, \theta)$$

为样本 $x_1, x_2, \cdots, x_n$ 的似然函数.

如果 $\hat{\theta} \in \Theta$，使得 $L(\hat{\theta}) = \max_{\theta \in \Theta} L(\theta)$，这样的 $\hat{\theta}$ 与 $x_1, x_2, \cdots, x_n$ 有关，记作 $\hat{\theta}(x_1, x_2, \cdots, x_n)$ 称为未知参

数 θ 的最大似然估计值，相应的统计量 $\hat{\theta}(X_1, X_2, \cdots, X_n)$ 称为 θ 的最大似然估计量.

（3）最大似然估计解题的一般步骤.

①写出似然函数；

$$L(\theta) = L(x_1, x_2, \ldots, x_n; \theta) = \prod_{i=1}^{n} p(x_i, \theta) \text{（离散型）}；$$

$$L(\theta) = L(x_1, x_2, \ldots, x_n; \theta) = \prod_{i=1}^{n} f(x_i, \theta) \text{（连续型）}.$$

②取对数 $\ln L(\theta)$；

③将 $\ln L(\theta)$ 对 θ 求导 $\dfrac{\mathrm{d} \ln L(\theta)}{\mathrm{d}\theta}$；

④判断方程组 $\dfrac{\mathrm{d} \ln L}{\mathrm{d}\theta} = 0$ 是否有解. 若有唯一的解，则其解即为所求最大似然估计；若有不同的解，

则根据题干条件取舍；若无解，则最大似然估计常在 θ 取值的端点上取得.

> ⚓ 考点及方法小结
>
> （1）矩估计的本质是用样本的 k 阶原点矩 $A_k = \dfrac{1}{n} \sum_{i=1}^{n} X_i^k$ 代替总体的 k 阶原点矩 $E(X^k)$ 解未知参
>
> 数. 从 $k = 1$ 开始建立方程，一个未知参数建立一个方程，两个未知参数建立方程组.
>
> （2）最大似然估计的核心是构造似然函数.
>
> 离散型总体的似然函数是取到这组样本的概率，也等于取到的每个样本点概率乘积；
>
> 连续型总体的似然函数是取到这组样本的联合密度函数，也等于取到的每个样本边缘密度函
>
> 数乘积.

✋ 精选例题

例 7.1 设总体 X 的概率分布为 $P\{X = 1\} = \dfrac{1-\theta}{2}, P\{X = 2\} = P\{X = 3\} = \dfrac{1+\theta}{4}$，利用来自总体的

样本值 $1, 3, 2, 2, 1, 3, 1, 2$. 可得 θ 的最大似然估计值为（　　）

（A）$\dfrac{1}{4}$.　　　　　　　　（B）$\dfrac{3}{8}$.　　　　　　　（C）$\dfrac{1}{2}$.　　　　　　　（D）$\dfrac{5}{2}$.

解析 由题意，似然函数为

$$L(\theta) = \left(\frac{1-\theta}{2} \right)^3 \left(\frac{1+\theta}{4} \right)^5.$$

两边取对数有

$$\ln L(\theta) = 3[\ln(1-\theta) - \ln 2] + 5[\ln(1+\theta) - \ln 4],$$

令 $\dfrac{\mathrm{d}\ln L(\theta)}{\mathrm{d}\theta}=\dfrac{-3}{1-\theta}+\dfrac{5}{1+\theta}=0$，解之得 θ 的最大似然估计值为 $\hat{\theta}=\dfrac{1}{4}$．故应选（A）．

例 7.2 设总体 X 的概率密度为 $f(x;\theta)=\begin{cases}\dfrac{\theta^2}{x^3}\mathrm{e}^{-\frac{\theta}{x}}, & x>0,\\[2mm] 0, & \text{其他}.\end{cases}$ 其中 θ 为未知参数且大于零．

$X_1,X_2,\cdots,X_n$ 为来自总体 X 的简单随机样本．

（1）求 θ 的矩估计量；

（2）求 θ 的最大似然估计量．

解析 （1）因 $E(X)=\displaystyle\int_{-\infty}^{+\infty}xf(x;\theta)\mathrm{d}x=\int_0^{+\infty}x\dfrac{\theta^2}{x^3}\mathrm{e}^{-\frac{\theta}{x}}\mathrm{d}x\overset{t=\frac{1}{x}}{=}\theta\int_0^{+\infty}\theta\mathrm{e}^{-\theta t}\mathrm{d}t=\theta,$

样本均值 $\overline{X}=\dfrac{1}{n}\displaystyle\sum_{i=1}^{n}X_i$，故令 $E(X)=\overline{X}$，则有 $\hat{\theta}=\overline{X}$ 为 θ 的矩估计量．

（2）设 $x_1,x_2,\cdots,x_n$ 为样本的观测值，似然函数为

$$L(\theta)=\prod_{i=1}^{n}f(x_i;\theta)=\begin{cases}\dfrac{\theta^{2n}}{\prod\limits_{i=1}^{n}x_i^3}\mathrm{e}^{-\theta\sum\limits_{i=1}^{n}\frac{1}{x_i}}, & x_i>0,i=1,2,\cdots,n,\\[4mm] 0, & \text{其他}.\end{cases}$$

当 $x_i>0(i=1,2,\cdots,n)$ 时，$L(\theta)=\dfrac{\theta^{2n}}{\prod\limits_{i=1}^{n}x_i^3}\mathrm{e}^{-\theta\sum\limits_{i=1}^{n}\frac{1}{x_i}}$，两边取对数得

$$\ln L(\theta)=2n\ln\theta-3\sum_{i=1}^{n}\ln x_i-\theta\sum_{i=1}^{n}\dfrac{1}{x_i},$$

令 $\dfrac{\mathrm{d}\ln L(\theta)}{\mathrm{d}\theta}=0$，有 $\dfrac{2n}{\theta}-\displaystyle\sum_{i=1}^{n}\dfrac{1}{x_i}=0$，解之得 $\hat{\theta}=\dfrac{2n}{\sum\limits_{i=1}^{n}\dfrac{1}{x_i}}$ 为 θ 的最大似然估计值，所以 θ 的最大似然

估计量为 $\hat{\theta}=\dfrac{2n}{\sum\limits_{i=1}^{n}\dfrac{1}{X_i}}$ ．

例 7.3 设总体 X 的分布函数为

$$F(x;\theta)=\begin{cases}1-\mathrm{e}^{-\frac{x^2}{\theta}}, & x\geqslant0,\\[2mm] 0, & x<0,\end{cases}$$

其中 θ 是未知参数且大于零．$X_1,X_2,\cdots,X_n$ 为来自总体 X 的简单随机样本．

（1）求 $E(X)$ 与 $E(X^2)$；

（2）求 θ 的最大似然估计量 $\hat{\theta}_n$；

（3）是否存在实数 a，使得对任何 $\varepsilon > 0$，都有 $\lim\limits_{n \to \infty} P\left\{\left|\hat{\theta}_n - a\right| \geqslant \varepsilon\right\} = 0$？

解析 （1）总体 X 的概率密度为

$$f(x;\theta) = F'(x;\theta) = \begin{cases} \dfrac{2x}{\theta}\,\mathrm{e}^{-\frac{x^2}{\theta}}, & x > 0, \\ 0, & \text{其他}. \end{cases}$$

于是

$$E(X) = \int_{-\infty}^{+\infty} xf(x;\theta)\mathrm{d}x = \int_0^{+\infty} x\,\frac{2x}{\theta}\,\mathrm{e}^{-\frac{x^2}{\theta}}\mathrm{d}x = \int_{-\infty}^{+\infty} \frac{x^2}{\theta}\,\mathrm{e}^{-\frac{x^2}{\theta}}\mathrm{d}x$$

$$= \frac{\sqrt{\pi\theta}}{\theta} \int_{-\infty}^{+\infty} x^2\,\frac{1}{\sqrt{2\pi}\cdot\sqrt{\frac{\theta}{2}}}\,\mathrm{e}^{-\frac{x^2}{2\left(\sqrt{\frac{\theta}{2}}\right)^2}}\mathrm{d}x$$

$$= \frac{\sqrt{\pi\theta}}{\theta}\left(\frac{\theta}{2} + 0\right) = \frac{\sqrt{\pi\theta}}{2}.$$

$$E(X^2) = \int_{-\infty}^{+\infty} x^2 f(x;\theta)\mathrm{d}x = \int_0^{+\infty} x^2\,\frac{2x}{\theta}\,\mathrm{e}^{-\frac{x^2}{\theta}}\mathrm{d}x$$

$$= \int_0^{+\infty} x^2\,\frac{1}{\theta}\,\mathrm{e}^{-\frac{x^2}{\theta}}\mathrm{d}x^2 \xlongequal{\text{令}\,t = x^2} \int_0^{+\infty} t\,\frac{1}{\theta}\,\mathrm{e}^{-\frac{t}{\theta}}\mathrm{d}t = \theta.$$

（2）设 $x_1, \cdots, x_n$ 为样本的观测值，则似然函数

$$L(\theta) = \prod_{i=1}^n f(x_i;\theta) = \begin{cases} \dfrac{2^n \prod\limits_{i=1}^n x_i}{\theta^n}\,\mathrm{e}^{-\frac{\sum\limits_{i=1}^n x_i^2}{\theta}}, & x_i > 0(i = 1, 2, \cdots, n), \\ 0, & \text{其他} \end{cases}$$

当 $x_i > 0(i = 1, 2, \cdots, n)$ 时，$L(\theta) = \dfrac{2^n \prod\limits_{i=1}^n x_i}{\theta^n}\,\mathrm{e}^{-\frac{\sum\limits_{i=1}^n x_i^2}{\theta}}$.

两边取对数有

$$\ln L(\theta) = n\ln 2 + \sum_{i=1}^n \ln x_i - n\ln\theta - \frac{1}{\theta}\sum_{i=1}^n x_i^2,$$

令 $\dfrac{\mathrm{d}\ln L(\theta)}{\mathrm{d}\theta} = 0$，则 $-\dfrac{n}{\theta} + \dfrac{1}{\theta^2}\sum\limits_{i=1}^n x_i^2 = 0$，解之得 $\theta = \dfrac{1}{n}\sum\limits_{i=1}^n x_i^2$，故 $\hat{\theta}_n = \dfrac{1}{n}\sum\limits_{i=1}^n X_i^2$ 为 θ 的最大似然估计量.

（3）因为 $X_1, X_2, \cdots, X_n$ 相互独立同分布，故 $X_1^2, X_2^2, \cdots, X_n^2$ 相互独立同分布，且 $E(X_i^2) = \theta$，$(i = 1, 2, \cdots, n)$.

由辛钦大数定律有，对任意 $\varepsilon > 0$，$\lim\limits_{n \to \infty} P\left\{\left|\dfrac{1}{n}\sum\limits_{i=1}^n X_i^2 - E\left(\dfrac{1}{n}\sum\limits_{i=1}^n X_i^2\right)\right| < \varepsilon\right\} = 1$.

而 $E\left(\dfrac{1}{n}\sum\limits_{i=1}^n X_i^2\right) = \dfrac{1}{n}\sum\limits_{i=1}^n E(X_i^2) = \theta$，即有 $\lim\limits_{n \to \infty} P\left\{\left|\hat{\theta}_n - \theta\right| < \varepsilon\right\} = 1$，所以存在 $a = \theta$，对任意 $\varepsilon > 0$，有

$$\lim_{n\to\infty}P\left\{\left|\hat{\theta}_n-\theta\right|<\varepsilon\right\}=1,\ \ \text{即}\ \lim_{n\to\infty}P\left\{\left|\hat{\theta}_n-a\right|\geqslant\varepsilon\right\}=0.$$

例 7.4 设总体X的概率密度为

$$f(x;\sigma^2)=\begin{cases}\dfrac{A}{\sigma}e^{-\frac{(x-\mu)^2}{2\sigma^2}},&x\geqslant\mu,\\[3mm]0,&x<\mu,\end{cases}$$

其中μ是已知参数，$\sigma>0$是未知参数，A是常数. $X_1,X_2,\cdots,X_n$是来自总体X的简单随机样本.

（1）求A；

（2）求σ^2的最大似然估计量.

解析 （1）由$\displaystyle\int_{-\infty}^{+\infty}f(x;\sigma^2)\mathrm{d}x=1$，得$\displaystyle\int_{\mu}^{+\infty}\dfrac{A}{\sigma}e^{-\frac{(x-\mu)^2}{2\sigma^2}}\mathrm{d}x=1$.

又$\displaystyle\int_{\mu}^{+\infty}\dfrac{A}{\sigma}e^{-\frac{(x-\mu)^2}{2\sigma^2}}\mathrm{d}x=A\sqrt{2\pi}\int_{\mu}^{+\infty}\dfrac{1}{\sqrt{2\pi}\sigma}e^{-\frac{(x-\mu)^2}{2\sigma^2}}\mathrm{d}x=\dfrac{\sqrt{2\pi}}{2}A$，故

$\dfrac{\sqrt{2\pi}}{2}A=1$，解之得$A=\dfrac{2}{\sqrt{2\pi}}$.

（2）设$x_1,x_2,\cdots,x_n$为样本的观测值，似然函数为

$$L\left(\sigma^2\right)=\prod_{i=1}^{n}f\left(x_i;\sigma^2\right)=\begin{cases}\left(\dfrac{2}{\sqrt{2\pi}\sigma}\right)^n\cdot e^{-\frac{\sum\limits_{i=1}^{n}(x_i-\mu)^2}{2\sigma^2}},&x_i\geqslant\mu\left(i=1,2,\cdots,n\right)\\[5mm]0,&\text{其他.}\end{cases}$$

当$x_i\geqslant\mu\left(i=1,2,\cdots,n\right)$时，$L\left(\sigma^2\right)=\left(\dfrac{2}{\sqrt{2\pi}\sigma}\right)^n\cdot e^{-\frac{\sum\limits_{i=1}^{n}(x_i-\mu)^2}{2\sigma^2}}$，令$\sigma^2=t$,则有

$$L(t)=\left(\dfrac{2}{\sqrt{2\pi t}}\right)^n\cdot e^{-\frac{\sum\limits_{i=1}^{n}(x_i-\mu)^2}{2t}},$$

取对数有$\ln L(t)=n\ln 2-\dfrac{n}{2}\ln 2\pi t-\dfrac{\sum\limits_{i=1}^{n}(x_i-\mu)^2}{2t}$，

令$\dfrac{\mathrm{d}\ln L(t)}{\mathrm{d}t}=-\dfrac{n}{2t}+\dfrac{\sum\limits_{i=1}^{n}(x_i-\mu)^2}{2t^2}=0$，解得$t=\dfrac{1}{n}\sum\limits_{i=1}^{n}(x_i-\mu)^2$,从而有$\widehat{\sigma^2}=\dfrac{1}{n}\sum\limits_{i=1}^{n}(X_i-\mu)^2$为$\sigma^2$的最大

似然估计量.

例 7.5 设 X 与 Y 分别服从均值为 θ 与 $\dfrac{\theta}{2}$ 的指数分布，且 X 与 Y 相互独立. $Z = \min(X, Y)$，试求：

（1）Z 的概率密度 $f_Z(z)$；

（2）设 $Z_1, Z_2, \cdots, Z_n$ 为来自总体 Z 的简单随机样本，求 θ 的最大似然估计量 $\hat{\theta}$；

（3）$E\hat{\theta}$.

解析 由题意知，$F_X(x) = \begin{cases} 1 - \mathrm{e}^{-\frac{x}{\theta}}, & x > 0, \\ 0, & \text{其他}, \end{cases} F_Y(y) = \begin{cases} 1 - \mathrm{e}^{-\frac{2y}{\theta}}, & y > 0, \\ 0, & \text{其他}. \end{cases}$

（1）Z 的分布函数为

$$\begin{aligned} F_Z(z) &= P\{Z \leqslant z\} = P\{\min(X, Y) \leqslant z\} \\ &= 1 - P\{\min(X, Y) > z\} \\ &= 1 - P\{X > z, Y > z\} = 1 - P\{X > z\}P\{Y > z\} \\ &= 1 - [1 - F_X(z)][1 - F_Y(z)], \end{aligned}$$

当 $z < 0$ 时，$F_Z(z) = 0$；

当 $z \geqslant 0$ 时，

$$F_Z(z) = 1 - \left[1 - \left(1 - \mathrm{e}^{-\frac{z}{\theta}}\right)\right]\left[1 - \left(1 - \mathrm{e}^{-\frac{2z}{\theta}}\right)\right] = 1 - \mathrm{e}^{-\frac{3z}{\theta}},$$

故 $f_Z(z) = F_Z'(z) = \begin{cases} \dfrac{3}{\theta} \mathrm{e}^{-\frac{3z}{\theta}}, & z > 0, \\ 0, & \text{其他}. \end{cases}$

（2）设 $z_1, z_2, \cdots, z_n$ 为样本观测值，似然函数为

$$L(\theta) = \prod_{i=1}^{n} f_Z(z_i, \theta) = \begin{cases} \left(\dfrac{3}{\theta}\right)^n \mathrm{e}^{-\frac{3}{\theta}\sum\limits_{i=1}^{n} z_i}, & z_i > 0 (i = 1, 2, \cdots, n), \\ 0, & \text{其他}. \end{cases}$$

当 $z_i > 0 (i = 1, 2, \cdots, n)$ 时，$L(\theta) = \left(\dfrac{3}{\theta}\right)^n \mathrm{e}^{-\frac{3}{\theta}\sum\limits_{i=1}^{n} z_i}$，

两边取对数，得 $\ln L(\theta) = n(\ln 3 - \ln \theta) - \dfrac{3}{\theta}\sum\limits_{i=1}^{n} z_i$，

令 $\dfrac{\mathrm{d}\ln L(\theta)}{\mathrm{d}\theta} = -\dfrac{n}{\theta} + \dfrac{3}{\theta^2}\sum\limits_{i=1}^{n} z_i = 0$，解得 $\theta = \dfrac{3}{n}\sum\limits_{i=1}^{n} z_i$，故 θ 的最大似然估计量为 $\hat{\theta} = \dfrac{3}{n}\sum\limits_{i=1}^{n} Z_i$.

（3）由（1）知，Z 服从参数为 $\dfrac{3}{\theta}$ 的指数分布，故

$$E\hat{\theta} = E\left(\dfrac{3}{n}\sum_{i=1}^{n} Z_i\right) = \dfrac{3}{n}\sum_{i=1}^{n} EZ_i = \dfrac{3}{n} \cdot n \cdot \dfrac{\theta}{3} = \theta.$$

例 7.6 设总体 X 的概率密度为 $f(x;\theta) = \begin{cases} \dfrac{1}{\theta}, & 0 \leq x \leq \theta, \\ 0, & \text{其他}. \end{cases}$ $X_1, X_2, \cdots, X_n$ 为来自总体的简单随机样本.

（1）求 θ 的最大似然估计量；

（2）求 $E\hat{\theta}$.

解析 （1）设 $x_1, x_2, \cdots, x_n$ 为样本的观测值，故似然函数为

$$L(\theta) = \prod_{i=1}^{n} f(x_i;\theta) = \begin{cases} \dfrac{1}{\theta^n}, & 0 \leq x_i \leq \theta, i = 1, 2, \cdots, n, \\ 0, & \text{其他}. \end{cases}$$

当 $0 \leq x_i \leq \theta (i = 1, 2, \cdots, n)$ 时，$L(\theta) = \dfrac{1}{\theta^n}$，两边取对数，有

$$\ln L(\theta) = -n \ln \theta,$$

两边再对 θ 求导，得

$$\frac{\mathrm{d}}{\mathrm{d}\theta} \ln L(\theta) = -\frac{n}{\theta} < 0,$$

故 $L(\theta)$ 单调递减.

又 $x_i \leq \theta (i = 1, 2, \cdots, n)$，故有 $\max\{x_1, x_2, \cdots, x_n\} \leq \theta$，从而 θ 的最大似然估计量为

$$\hat{\theta} = \max\{X_1, X_2, \cdots, X_n\}.$$

（2）由于

$$\begin{aligned} F_{\hat{\theta}}(x) &= P\{\hat{\theta} \leq x\} = P\{\max\{X_1, X_2, \cdots, X_n\} \leq x\} \\ &= P\{X_1 \leq x, X_2 \leq x, \cdots, X_n \leq x\} \\ &= P\{X_1 \leq x\} P\{X_2 \leq x\} \cdots P\{X_n \leq x\} \\ &= [F(x)]^n, \end{aligned}$$

又 $F(x) = \int_{-\infty}^{x} f(t)\mathrm{d}t (-\infty < x < +\infty)$，故

当 $x < 0$ 时，$F(x) = 0$，，此时 $F_{\hat{\theta}}(x) = [F(x)]^n = 0$；

当 $0 \leq x < \theta$ 时，$F(x) = \int_0^x \dfrac{1}{\theta}\mathrm{d}t = \dfrac{x}{\theta}$，此时 $F_{\hat{\theta}}(x) = \dfrac{x^n}{\theta^n}$；

当 $x \geq \theta$ 时，$F(x) = 1$，此时 $F_{\hat{\theta}}(x) = 1$. 所以

$$f_{\hat{\theta}}(x) = [F_{\hat{\theta}}(x)]' = \begin{cases} \dfrac{nx^{n-1}}{\theta^n}, & 0 < x < \theta, \\ 0, & \text{其他}, \end{cases}$$

则

$$E\hat{\theta} = \int_{-\infty}^{+\infty} x f_{\hat{\theta}}(x)\mathrm{d}x = \int_0^{\theta} x \frac{nx^{n-1}}{\theta^n}\mathrm{d}x = \frac{n}{\theta^n} \cdot \frac{x^{n+1}}{n+1}\bigg|_0^{\theta} = \frac{n}{n+1}\theta.$$

例 7.7 设 $X_1, X_2, \cdots, X_n$ 为来自均值为 θ 的指数分布总体的简单随机样本，$Y_1, Y_2, \cdots, Y_m$ 为来自均值为 2θ 的指数分布总体的简单随机样本，且两样本相互独立，其中 $\theta(\theta > 0)$ 为未知参数．利用样本 $X_1, X_2, \cdots, X_n; Y_1, Y_2, \cdots, Y_m$ 求 θ 的最大似然估计量 $\hat{\theta}$，并求 $D(\hat{\theta})$．

解析 由题意 $f_X(x) = \begin{cases} \dfrac{1}{\theta} \mathrm{e}^{-\frac{1}{\theta}x}, & x > 0, \\ 0, & \text{其他}. \end{cases}$ $f_Y(y) = \begin{cases} \dfrac{1}{2\theta} \mathrm{e}^{-\frac{1}{2\theta}y}, & y > 0, \\ 0, & \text{其他}. \end{cases}$

分别设 $x_1, x_2, \cdots x_n, y_1, y_2 \cdots y_m$ 为来自总体 X, Y 的样本观测值，又 X 与 Y 独立，故

$$L(\theta) = \prod_{i=1}^{n} f_X(x_i; \theta) \prod_{j=1}^{n} f_Y(y_j; \theta)$$

$$= \begin{cases} \left(\dfrac{1}{\theta}\right)^n \cdot \left(\dfrac{1}{2\theta}\right)^m \cdot \mathrm{e}^{-\frac{1}{\theta}\sum\limits_{i=1}^{n} x_i} \cdot \mathrm{e}^{-\frac{1}{2\theta}\sum\limits_{j=1}^{m} y_j}, & x_i > 0, y_j > 0 (i = 1, 2, \cdots n, j = 1, 2, \cdots m), \\ 0, & \text{其他}. \end{cases}$$

当 $x_i > 0, y_j > 0$，$(i = 1, 2, \cdots n, j = 1, 2, \cdots m)$ 时，

$$L(\theta) = \frac{1}{2^m} \cdot \frac{1}{\theta^{m+n}} \cdot \mathrm{e}^{-\frac{1}{\theta}\sum\limits_{i=1}^{n} x_i} \cdot \mathrm{e}^{-\frac{1}{2\theta}\sum\limits_{j=1}^{m} y_j},$$

$$\ln L(\theta) = m \ln \frac{1}{2} + (m+n) \ln \frac{1}{\theta} - \frac{1}{\theta} \sum_{i=1}^{n} x_i - \frac{1}{2\theta} \sum_{j=1}^{m} y_j$$

$$= -m \ln 2 - (m+n) \ln \theta - \frac{1}{\theta} \sum_{i=1}^{n} x_i - \frac{1}{2\theta} \sum_{j=1}^{m} y_j,$$

令 $\dfrac{\mathrm{d} \ln L(\theta)}{\mathrm{d}\theta} = -\dfrac{m+n}{\theta} + \dfrac{1}{\theta^2} \sum\limits_{i=1}^{n} x_i + \dfrac{1}{2\theta^2} \sum\limits_{j=1}^{m} y_j = 0$，解之得 $\theta = \dfrac{1}{m+n}\left(\sum\limits_{i=1}^{n} x_i + \dfrac{1}{2}\sum\limits_{j=1}^{m} y_j\right)$，故

$$\hat{\theta} = \frac{1}{m+n}\left(\sum_{i=1}^{n} X_i + \frac{1}{2}\sum_{j=1}^{m} Y_j\right) \text{为 } \theta \text{ 的最大似然估计量}．$$

$$D\hat{\theta} = D\left[\frac{1}{m+n}\left(\sum_{i=1}^{n} X_i + \frac{1}{2}\sum_{j=1}^{m} Y_j\right)\right] = \left(\frac{1}{m+n}\right)^2\left(\sum_{i=1}^{n} DX_i + \frac{1}{4}\sum_{j=1}^{m} DY_j\right)$$

$$= \left(\frac{1}{m+n}\right)^2\left(\sum_{i=1}^{n} \theta^2 + \frac{1}{4}\sum_{j=1}^{m} 4\theta^2\right) = \left(\frac{1}{m+n}\right)^2\left(n\theta^2 + m\theta^2\right) = \frac{\theta^2}{m+n}．$$

题型 2　估计量的评选标准（数学一）

基础知识回顾

1. 无偏性

如果估计量 $\hat{\theta}(X_1, X_2, \cdots, X_n)$ 的数学期望 $E(\hat{\theta})$ 存在，且对于任意 $\hat{\theta} \in \Theta$，有 $E(\hat{\theta}) = \theta$，则称 $\hat{\theta}$ 是未知参数 θ 的无偏估计量．

2. 有效性

设 $\hat{\theta}_1(X_1, X_2, \cdots, X_n)$ 和 $\hat{\theta}_2(X_1, X_2, \cdots, X_n)$ 都是未知参数 θ 的无偏估计量，如果对于任意 $\hat{\theta} \in \Theta$，有

$D(\hat{\theta}_1) \leqslant D(\hat{\theta}_2)$，则称 $\hat{\theta}_1(X_1, X_2, \cdots, X_n)$ 比 $\hat{\theta}_2(X_1, X_2, \cdots, X_n)$ 更有效.

3. 一致性（相合性）

设 $\hat{\theta}(X_1, X_2, \cdots, X_n)$ 为未知参数 θ 的估计量，如果对于任意 $\theta \in \Theta$，当 $n \to \infty$ 时，$\hat{\theta}(X_1, X_2, \cdots, X_n)$ 依概率收敛于 θ，则称 $\hat{\theta}(X_1, X_2, \cdots, X_n)$ 为未知参数 θ 的一致估计量或相合估计量.

精选例题

例 7.8 已知总体 X 的期望 $EX = 0$，方差 $DX = \sigma^2$，$X_1, \cdots, X_n$ 是来自总体 X 的简单随机样本，其均值为 $\overline{X}$，则可以作出 σ^2 的无偏估计量的为（　　　）

（A）$\dfrac{1}{n}\sum_{i=1}^{n}(X_i - \overline{X})^2$.

（B）$\dfrac{1}{n+1}\sum_{i=1}^{n}(X_i - \overline{X})^2$.

（C）$\dfrac{1}{n}\sum_{i=1}^{n}X_i^2$.

（D）$\dfrac{1}{n+1}\sum_{i=1}^{n}X_i^2$.

解析 由于 $EX = 0$，则 $DX = EX^2 - (EX)^2 = \sigma^2$，故

$$E\left(\frac{1}{n}\sum_{i=1}^{n}X_i^2\right) = \frac{1}{n}\sum_{i=1}^{n}EX_i^2 = \frac{n\sigma^2}{n} = \sigma^2.$$ 应选（C）.

其他选项都不是 σ^2 的无偏估计量，由（C）选项正确显然可以排除（D），又

$$ES^2 = E\left(\frac{1}{n-1}\sum_{i=1}^{n}(X_i - \overline{X})^2\right) = \sigma^2，故$$

$$E\left(\frac{1}{n}\sum_{i=1}^{n}(X_i - \overline{X})^2\right) = \frac{n-1}{n}\cdot\sigma^2，\quad E\left(\frac{1}{n+1}\sum_{i=1}^{n}(X_i - \overline{X})^2\right) = \frac{n-1}{n+1}\sigma^2，$$

从而排除（A）（B）.

例 7.9 设 $X_1, X_2, \cdots, X_n$ 为来自总体 $N(0, \sigma^2)$ 的简单随机样本，$\overline{X}$ 为样本均值，即 $\overline{X} = \dfrac{1}{n}\sum_{i=1}^{n}X_i$，记 $Y_i = X_i - \overline{X}$，$(i = 1, 2, \cdots, n)$，若 $c(Y_1 + Y_n)^2$ 是 σ^2 的无偏估计量，求常数 c.

解析 由题设知 $X_1, X_2, \cdots, X_n(n > 2)$ 相互独立，且均服从 $N(0, \sigma^2)$，故

$$E(X_i) = 0, D(X_i) = \sigma^2 \ (i = 1, 2, \cdots, n),$$

$$E(\overline{X}) = 0, D(\overline{X}) = \frac{\sigma^2}{n}.$$

因 $c(Y_1 + Y_n)^2$ 是 σ^2 的无偏估计量，故

$$E[c(Y_1 + Y_n)^2] = \sigma^2，\quad 则 \ cE[(Y_1 + Y_n)^2] = \sigma^2.$$

而

$$E[(Y_1 + Y_n)^2] = D(Y_1 + Y_n) + \left[E(Y_1 + Y_n)\right]^2$$

$$= D(Y_1) + D(Y_n) + 2\operatorname{cov}(Y_1, Y_n) + \left[E(Y_1) + E(Y_n)\right]^2,$$

因为 $D(Y_i) = D(X_i - \overline{X}) = D(X_i) + D(\overline{X}) - 2\operatorname{cov}(X_i, \overline{X}) \ (i = 1, 2, \cdots, n)$，

又

$$\text{cov}(X_i, \overline{X}) = \text{cov}(X_i, \frac{1}{n}X_i + \frac{1}{n}\sum_{\substack{j=1 \\ j \neq i}}^{n} X_j)$$

$$= \frac{1}{n}\text{cov}(X_i, X_i) + \text{cov}(X_i, \frac{1}{n}\sum_{\substack{j=1 \\ j \neq i}}^{n} X_j)$$

$$= \frac{1}{n}D(X_i) + 0 = \frac{\sigma^2}{n},$$

所以 $D(Y_i) = \sigma^2 + \frac{\sigma^2}{n} - \frac{2\sigma^2}{n} = \frac{n-1}{n}\sigma^2$，进而有 $D(Y_1) = \frac{n-1}{n}\sigma^2$，$D(Y_n) = \frac{n-1}{n}\sigma^2$．

因 $\text{cov}(Y_1, Y_n) = \text{cov}(X_1 - \overline{X}, X_n - \overline{X})$

$= \text{cov}(X_1, X_n) - \text{cov}(X_1, \overline{X}) - \text{cov}(X_n, \overline{X}) + \text{cov}(\overline{X}, \overline{X})$，

而 $\text{cov}(X_1, \overline{X}) = \text{cov}(X_n, \overline{X}) = \frac{\sigma^2}{n}$，$\text{cov}(\overline{X}, \overline{X}) = D(\overline{X}) = \frac{\sigma^2}{n}$，

又 X_1 与 X_n 相互独立，故 $\text{cov}(X_1, X_n) = 0$，所以

$$\text{cov}(Y_1, Y_n) = 0 - \frac{\sigma^2}{n} - \frac{\sigma^2}{n} + \frac{\sigma^2}{n} = -\frac{\sigma^2}{n}．$$

又 $E(Y_i) = E(X_i - \overline{X}) = E(X_i) - E(\overline{X}) = 0 \, (i = 1, 2, \cdots, n)$，故 $E(Y_1) = E(Y_n) = 0$．

所以 $E[(Y_1 + Y_n)]^2 = \frac{2(n-1)}{n}\sigma^2 - \frac{2\sigma^2}{n} = \frac{2(n-2)}{n}\sigma^2$．

综上有

$$c \cdot \frac{2(n-2)}{n}\sigma^2 = \sigma^2，\text{解之得} \, c = \frac{n}{2(n-2)}．$$

例7.10 设 n 个随机变量 $X_1, X_2, \cdots, X_n$ 独立同分布，$D(X_1) = \sigma^2$，$\overline{X} = \frac{1}{n}\sum_{i=1}^{n} X_i$，

$S^2 = \frac{1}{n-1}\sum_{i=1}^{n}(X_i - \overline{X})^2$，则（　　　　）

（A）S 是 σ 的无偏估计量． 　　　　（B）S 是 σ 的最大似然估计量．

（C）S 是 σ 的相合估计量（即一致估计量）． 　　（D）S 与 $\overline{X}$ 相互独立．

解析 虽然 $E(S^2) = \sigma^2$，但 $E(S)$ 不一定等于 σ，故不能选（A）．对于正态总体，S 与 $\overline{X}$ 相互独立，

但此题总体 X 的分布未知，不能选（D）．同理由于分布未知，无法做最大似然估计，故不选（B）．

综上应选（C）．

事实上对于（C）选项，因为

$$S^2 = \frac{1}{n-1}\sum_{i=1}^{n}(X_i - \overline{X})^2 = \frac{1}{n-1}\sum_{i=1}^{n}(X_i^2 - 2X_i\overline{X} + \overline{X}^2)$$

$$= \frac{1}{n-1}\left(\sum_{i=1}^{n}X_i^2 - \sum_{i=1}^{n}2X_i\overline{X} + \sum_{i=1}^{n}\overline{X}^2\right)$$

$$= \frac{1}{n-1}\left(\sum_{i=1}^{n}X_i^2 - 2\overline{X}\sum_{i=1}^{n}X_i + n\overline{X}^2\right)$$

$$= \frac{1}{n-1}\left(\sum_{i=1}^{n}X_i^2 - 2n\overline{X}^2 + n\overline{X}^2\right)$$

$$= \frac{1}{n-1}\left(\sum_{i=1}^{n}X_i^2 - n\overline{X}^2\right)$$

$$= \frac{n}{n-1}\left(\frac{1}{n}\sum_{i=1}^{n}X_i^2 - \overline{X}^2\right),$$

由于样本的 $k(k \geqslant 1)$ 阶原点矩 A_k 是总体 k 阶原点矩 μ_k 的相合估计量，即

$$\frac{1}{n}\sum_{i=1}^{n}X_i^2 \xrightarrow{P} E(X^2), \quad \overline{X}^2 \xrightarrow{P} [E(X)]^2，故$$

$$S^2 = \frac{n}{n-1}\left(\frac{1}{n}\sum_{i=1}^{n}X_i^2 - \overline{X}^2\right) \xrightarrow{P} E(X^2) - [E(X)]^2 = D(X) = \sigma^2,$$

即 S^2 是 σ^2 的相合估计量，从而 S 也是 σ 的相合估计量.

题型 3 区间估计（数学一）

📖 **基础知识回顾**

1. 置信区间的定义

设总体 X 的分布函数为 $F(x;\theta)$，其中 θ 为未知参数，从总体 X 中抽取样本 $X_1, X_2, \cdots, X_n$，对于给定的 $\alpha(0 < \alpha < 1)$，如果两个统计量 $\theta_1 = \theta_1(X_1, X_2, \cdots, X_n)$，$\theta_2 = \theta_2(X_1, X_2, \cdots, X_n)$，满足 $P(\theta_1 < \theta < \theta_2) = 1 - \alpha$，则称随机区间 (θ_1, θ_2) 为参数 θ 的置信水平（或置信度）是 $1 - \alpha$ 的置信区间（或区间估计），简称为 θ 的 $1 - \alpha$ 的置信区间，θ_1 和 θ_2 分别称为置信下限和置信上限.

2. 一个正态总体的区间估计

设 $X \sim N(\mu, \sigma^2)$，从总体 X 中抽取样本 $X_1, X_2, \cdots, X_n$，样本均值为 $\overline{X}$，样本方差为 S^2.

未知参数		$1 - \alpha$ 置信区间
μ	σ^2 已知	$\left(\overline{X} - U_{\alpha/2}\dfrac{\sigma}{\sqrt{n}}, \overline{X} + U_{\alpha/2}\dfrac{\sigma}{\sqrt{n}}\right)$
	σ^2 未知	$\left(\overline{X} - t_{\alpha/2}(n-1)\dfrac{S}{\sqrt{n}}, \overline{X} + t_{\alpha/2}(n-1)\dfrac{S}{\sqrt{n}}\right)$

	μ已知	$$\left(\dfrac{\sum\limits_{i=1}^{n}(X_i-\mu)^2}{\chi^2_{\alpha/2}(n)}, \dfrac{\sum\limits_{i=1}^{n}(X_i-\mu)^2}{\chi^2_{1-\frac{\alpha}{2}}(n)} \right)$$
σ^2	μ未知	$$\left(\dfrac{(n-1)S^2}{\chi^2_{\alpha/2}(n-1)}, \dfrac{(n-1)S^2}{\chi^2_{1-\frac{\alpha}{2}}(n-1)} \right)$$

3. 两个正态总体参数的区间估计

设两个总体 $X \sim N(\mu_1, \sigma_1^2)$，$Y \sim N(\mu_2, \sigma_2^2)$ 相互独立，从总体 X 中抽取样本 $X_1, X_2, \cdots, X_{n_1}$，样本均值为 $\overline{X}$，样本方差为 S_1^2，从总体 Y 中抽取样本 $Y_1, Y_2, \cdots, Y_{n_2}$，样本均值为 $\overline{Y}$，样本方差为 S_2^2．

未知参数		$1-\alpha$ 置信区间
$\mu_1-\mu_2$	σ_1^2, σ_2^2 已知	$$\left(\overline{X}-\overline{Y}-U_{\alpha/2}\sqrt{\dfrac{\sigma_1^2}{n_1}+\dfrac{\sigma_2^2}{n_2}},\ \overline{X}-\overline{Y}+U_{\alpha/2}\sqrt{\dfrac{\sigma_1^2}{n_1}+\dfrac{\sigma_2^2}{n_2}} \right)$$
	σ_1^2, σ_2^2 未知，但 $\sigma_1^2=\sigma_2^2$	$$\left(\overline{X}-\overline{Y}-t_{\alpha/2}(n_1+n_2-2)S_w\sqrt{\dfrac{1}{n_1}+\dfrac{1}{n_2}},\ \overline{X}-\overline{Y}+t_{\alpha/2}(n_1+n_2-2)S_w\sqrt{\dfrac{1}{n_1}+\dfrac{1}{n_2}} \right)$$
$\dfrac{\sigma_1^2}{\sigma_2^2}$	μ_1, μ_2 已知	$$\left(\dfrac{n_2\sum\limits_{i=1}^{n_1}(X_i-\mu_1)^2}{n_1\sum\limits_{j=1}^{n_2}(Y_j-\mu_2)^2}\cdot\dfrac{1}{F_{\alpha/2}(n_1,n_2)},\ \dfrac{n_2\sum\limits_{i=1}^{n_1}(X_i-\mu_1)^2}{n_1\sum\limits_{j=1}^{n_2}(Y_j-\mu_2)^2}\cdot F_{\alpha/2}(n_2,n_1) \right)$$
	μ_1, μ_2 未知	$$\left(\dfrac{S_1^2}{S_2^2}\dfrac{1}{F_{\alpha/2}(n_1-1,n_2-1)},\ \dfrac{S_1^2}{S_2^2}\dfrac{1}{F_{1-\alpha/2}(n_1-1,n_2-1)} \right)$$

其中 $S_w = \sqrt{\dfrac{(n_1-1)S_1^2+(n_2-1)S_2^2}{n_1+n_2-2}}$．

（1）一个正态总体抽样中，参数 μ 的置信度为 $1-\alpha$ 的置信区间是关于样本均值 $\overline{X}$ 对称的，故若已知置信下限、置信上限和样本均值中的任意两个皆能求出另外一个值．比如 μ 的置信度为 $1-\alpha$ 的置信区间，若已知其置信上限为为8.2，样本均值的观测值为6，则其置信下限为3.8.

（2）正态总体抽样的区间估计核心是构造统计量．若估计参数 μ，当 σ 已知时，则构造统计量 $\dfrac{\overline{X}-\mu}{\sigma/\sqrt{n}}\sim N(0,1)$，当 σ 未知时，则构造统计量 $\dfrac{\overline{X}-\mu}{S/\sqrt{n}}\sim t(n-1)$；若估计参数 σ^2，当 μ 已知时，构造统计量 $\dfrac{1}{\sigma^2}\sum_{i=1}^{n}(X_i-\mu)^2\sim\chi^2(n)$，当 μ 未知时，构造统计量 $\dfrac{(n-1)S^2}{\sigma^2}\sim\chi^2(n-1)$．

☝ 精选例题

例7.11 设由来自正态总体 $X\sim N(\mu,0.9^2)$ 容量为9的简单随机样本，样本均值 $\overline{X}=5$，则未知参数 μ 的置信度为0.95的置信区间是_____．

解析 单个正态总体方差已知条件下，μ 的置信区间为 $\left(\overline{X}-u_{\frac{\alpha}{2}}\dfrac{\sigma}{\sqrt{n}},\overline{X}+u_{\frac{\alpha}{2}}\dfrac{\sigma}{\sqrt{n}}\right)$，其中

$P\{|Z|<u_{\frac{\alpha}{2}}\}=1-\alpha$，其中 $Z\sim N(0,1)$．

由题设，$1-\alpha=0.95$，则

$P\{|Z|<u_{\frac{\alpha}{2}}\}=P\{-u_{\frac{\alpha}{2}}<Z<u_{\frac{\alpha}{2}}\}=2\Phi(u_{\frac{\alpha}{2}})-1=0.95\Rightarrow\Phi(u_{\frac{\alpha}{2}})=0.975$，

因 $\Phi(1.96)=0.975$，故 $u_{\frac{\alpha}{2}}=1.96$．

将 $\sigma^2=0.9^2$，$n=9$，$\overline{X}=5$ 带入 $\left(\overline{X}-u_{\frac{\alpha}{2}}\dfrac{\sigma}{\sqrt{n}},\overline{X}+u_{\frac{\alpha}{2}}\dfrac{\sigma}{\sqrt{n}}\right)$，得置信区间 $(4.412,5.588)$．

例7.12 设总体 X 服从正态分布 $N(\mu,\sigma^2)$，其中 σ^2 已知，则总体均值 u 的置信区间长度 L 与置信度 $1-\alpha$ 的关系是（ ）

（A）当 $1-\alpha$ 减小时，L 变小．　　　　　　（B）当 $1-\alpha$ 减小时，L 增大．

（C）当 $1-\alpha$ 减小时，L 不变．　　　　　　（D）当 $1-\alpha$ 减小时，L 增减不定．

解析 首先求出 L，进而推断 L 与 $1-\alpha$ 的关系．当总体 $X\sim N(\mu,\sigma^2)$，σ^2 已知时，μ 的置信区间为 $\left(\overline{X}-\dfrac{\sigma}{\sqrt{n}}u_{\frac{\alpha}{2}},\overline{X}+\dfrac{\sigma}{\sqrt{n}}u_{\frac{\alpha}{2}}\right)$（其中 $u_{\frac{\alpha}{2}}$ 是标准正态分布上 $\dfrac{\alpha}{2}$ 分位数），故置信区间长度 $L=\dfrac{2\sigma}{\sqrt{n}}u_{\frac{\alpha}{2}}$．

又 $\Phi(u_{\frac{\alpha}{2}})=1-\dfrac{\alpha}{2}=\dfrac{1+(1-\alpha)}{2}$，其中 $\Phi(x)$ 是 x 单调增函数，因此当样本容量 n 固定，$1-\alpha$ 减小时，$u_{\frac{\alpha}{2}}$ 也减小，则 L 变小．故应选（A）．

题型 4 假设检验（数学一）

1. 假设

关于总体分布的未知参数的假设，所提出的假设称为零假设或原假设，记为 H_0，对立于零假设的假设称为对立假设或备择假设，记为 H_1.

2. 假设检验

根据样本，按照一定规则判断所做假设 H_0 的真伪，并作出接受还是拒绝接受 H_0 的决定.

3. 假设检验的原理（实际推断原理）

小概率事件在一次试验中几乎是不可能发生的.

4. 两类错误

拒绝实际真的假设 H_0（弃真）称为第一类错误；

接受实际不真的假设 H_0（纳伪）称为第二类错误.

5. 显著性检验

在确定检验法则时,应尽可能地使犯两类错误的概率都小些,但是一般来说,当样本容量取定后,如果要减少犯某一类错误的概率,则犯另一类错误的概率往往要增大. 要使犯两类错误的概率都减少,只好加大样本容量. 在给定样本容量的情况下,我们总是控制犯第一类错误的概率,使它不大于给定的 $\alpha(0 < \alpha < 1)$，这种检验问题称为显著性检验问题,给定的 α 称为显著性水平,通常取 $\alpha = 0.1, 0.05, 0.01, 0.001$.

在对假设 H_0 进行检验时，常使用某个统计量 T，称为检验统计量. 当检验统计量在某个区域 W 取值时，我们就拒绝假设 H_0，称区域 W 为拒绝域.

6. 显著性检验的一般步骤

（1）根据问题要求提出原假设 H_0 和对立假设 H_1；

（2）给出显著性水平 $\alpha(0 < \alpha < 1)$ 及样本容量 n；

（3）确定检验统计量及拒绝域形式；

（4）按犯第一类错误的概率等于 α，求出拒绝域 W；

（5）根据样本值计算检验统计量 T 的观测值 t，当 $t \in W$ 时，拒绝原假设 H_0，否则接受原假设 H_0.

7. 正态总体参数的假设检验

设显著性水平为 α，单个正态总体为 $N(\mu, \sigma^2)$ 的参数的假设检验列表如下：

检验参数	情形	假设		检验统计量	为真时检验统计量的分布	拒绝域
		H_0	H_1			
μ	σ^2 已知	$\mu = \mu_0$	$\mu \neq \mu_0$	$U = \dfrac{\overline{X} - \mu_0}{\sigma / \sqrt{n}}$	$N(0,1)$	$\|U\| \geq u_{\alpha/2}$
	σ^2 未知	$\mu = \mu_0$	$\mu \neq \mu_0$	$T = \dfrac{\overline{X} - \mu_0}{S / \sqrt{n}}$	$t(n-1)$	$\|T\| \geq t_{\alpha/2}(n-1)$

σ^2	μ 已知	$\sigma^2 = \sigma_0^2$	$\sigma^2 \neq \sigma_0^2$	$\chi^2 = \dfrac{1}{\sigma_0^2}\sum\limits_{i=1}^{n}(X_i - \mu)^2$	$\chi^2(n)$	$\chi^2 \leq \chi_{1-\alpha/2}^2(n)$ 或 $\chi^2 \geq \chi_{\alpha/2}^2(n)$
	μ 未知	$\sigma^2 = \sigma_0^2$	$\sigma^2 \neq \sigma_0^2$	$\chi^2 = \dfrac{(n-1)S^2}{\sigma_0^2}$	$\chi^2(n-1)$	$\chi^2 \leq \chi_{1-\alpha/2}^2(n-1)$或 $\chi^2 \geq \chi_{\alpha/2}^2(n-1)$

精选例题

例7.13 设 $X_1, X_2, \cdots, X_n$ 是来自正态总体 $N(\mu,\sigma^2)$ 的简单随机样本，其中参数 μ,σ^2 未知．记

$\overline{X} = \dfrac{1}{n}\sum\limits_{i=1}^{n}X_i$，$Q^2 = \sum\limits_{i=1}^{n}(X_i - \overline{X})^2$，则假设 $H_0: \mu = 0$ 的使用的检验统计量为_____．

解析 该题是属于一个正态总体方差未知的关于期望值 μ 的假设检验问题．据此类型应该选取 t 检验的统计量是

$$t = \frac{\overline{X} - \mu_0}{S / \sqrt{n}} = \frac{\overline{X}}{\sqrt{\dfrac{1}{n(n-1)}\sum\limits_{i=1}^{n}(X_i - \overline{X})^2}},$$

化简得 $t = \dfrac{\overline{X}}{Q}\sqrt{n(n-1)}$，故使用的检验统计量为 $\dfrac{\overline{X}}{Q}\sqrt{n(n-1)}$．

例7.14 设 $X_1, X_2, \cdots, X_{16}$ 是来自总体 $N(\mu,4)$ 的简单随机样本，考虑假设检验问题：

$H_0: \mu \leq 10, H_1: \mu > 10$．$\Phi(x)$ 表示标准正态分布函数，若该检验问题的拒绝域为 $W = \{\overline{X} \geq 11\}$，

其中 $\overline{X} = \dfrac{1}{16}\sum\limits_{i=1}^{16}X_i$．则 $\mu = 11.5$ 时，该检验犯第二类错误的概率为（　　　）

（A）$1 - \Phi(0.5)$． 　　　（B）$1 - \Phi(1)$． 　　　（C）$1 - \Phi(1.5)$． 　　　（D）$1 - \Phi(2)$．

解析 由题意有 $\overline{X} \sim N\left(\mu, \dfrac{1}{4}\right)$．

犯第二类错误是指在 H_0 不真时接受 H_0，也叫存伪错误．因拒绝域为 $W = \{\overline{X} \geq 11\}$，故接受域为 $\{\overline{X} < 11\}$．当 $\mu = 11.5$ 时，接受 H_0 的概率为

$$P\{\overline{X} < 11\} = P\left\{\frac{\overline{X} - 11.5}{\dfrac{1}{2}} < \frac{11 - 11.5}{\dfrac{1}{2}}\right\} = \Phi(-1) = 1 - \Phi(1).$$

故应选（B）．

李良概率章节笔记

李良概率章节笔记